“十四五”时期国家重点出版物出版专项规划项目

“中国山水林田湖草生态产品监测评估及绿色核算”系列丛书

王　兵 ■ 主编

国家退耕还林工程
生态监测区划和布局研究

牛　香　王　兵　郭　珂　等 ■ 著

中国林业出版社
China Forestry Publishing House

图书在版编目(CIP)数据

国家退耕还林工程生态监测区划和布局研究 / 牛香等著. -- 北京 : 中国林业出版社,
2022.5
("中国山水林田湖草生态产品监测评估及绿色核算"系列丛书)
ISBN 978-7-5219-1636-2

Ⅰ. ①国… Ⅱ. ①牛… Ⅲ. ①退耕还林－生态效应－监测－研究－中国 Ⅳ. ①S718.56

中国版本图书馆CIP数据核字(2022)第059802号

审图号：GS（2022）1823 号

策划、责任编辑： 于界芬 于晓文

出版发行 中国林业出版社有限公司（100009 北京西城区德内大街刘海胡同 7 号）
网　　址 http://www.forestry.gov.cn/lycb.html
电　　话 (010) 83143542
印　　刷 河北京平诚乾印刷有限公司
版　　次 2022 年 5 月第 1 版
印　　次 2022 年 5 月第 1 次印刷
开　　本 889mm × 1194mm 1/16
印　　张 13.25
字　　数 280 千字
定　　价 128.00 元

《国家退耕还林工程生态监测区划和布局研究》著者名单

项目完成单位：

中国林业科学研究院森林生态环境与自然保护研究所

中国森林生态系统定位观测研究网络（CFERN）

国家林业和草原局典型林业生态工程效益监测评估国家创新联盟

国家林业和草原局生态建设工程管理中心

项目首席科学家：

王　兵　中国林业科学研究院森林生态环境与自然保护研究所

项目组成员：

王　兵　牛　香　郭　珂　宋庆丰　陈　波　刘　润　王　慧
李慧杰　许庭毓　王　南　段玲玲　白浩楠　袁卿语　林野墨
刘　艳　刘萍萍　杜佳洁　王　强　王以惠　罗佳妮　寿　烨
艾训儒　曹建生　曹秀文　罗　佳　陈本文　丁访军　冯万富
甘先华　姜　艳　李明文　厉月桥　倪细炉　邱　林　彭明俊
申文辉　阮宏华　师贺雄　宋希强　孙建军　魏江生　夏尚光
徐丽娜　杨会侠　梁　启　姚　兰　张慧东　张维康　周　梅
任　军　李显玉　李向晨　李　倞　孟广涛　卢　峰　罗蔚生
马全林　江期川

编写组成员：

牛　香　王　兵　郭　珂　宋庆丰　李慧杰　李世东　敖安强
刘再清　段　昆　陈应发　郭希的

序

2018年5月18日，习近平总书记在全国生态环境保护大会上发表的重要讲话中指出："生态兴则文明兴，生态衰则文明衰。"2022年3月30日，习近平总书记在参加首都义务植树活动时强调"森林是水库、钱库、粮库，现在应该再加上一个'碳库'"。森林和草原对国家生态安全具有基础性、战略性作用，林草兴则生态兴。

退耕还林还草工程作为世界上投资最大、政策性最强、涉及面最广、群众参与度最高的超大生态环境建设工程，对新世纪以来的全球增绿贡献率超过4%，已成为全球生态治理事业中具有标志意义的典范。退耕还林还草工程作为党中央、国务院在世纪之交，着眼中华民族长远发展和国家生态安全所作出的重大决策，实施至今已二十余年，经历了试点示范、全面启动、巩固成果及新一轮发展四个阶段。截至2020年，中央财政已累计投资5353亿元，在25个省（自治区、直辖市）和新疆生产建设兵团的2435个县实施退耕还林还草3480万公顷，其中退耕地还林还草1420万公顷、荒山荒地造林1753万公顷、封山育林307万公顷，占同期全国重点工程造林总面积的40%，有4100万农户、1.58亿农民从中直接受益。

党的十九届五中全会通过了《中共中央关于制定国民经济和社会发展第十四个五年规划和二〇三五年远景目标的建议》，明确提出："坚持绿水青山就是金山银山理念，科学推进荒漠化、石漠化、水土流失综合治理，开展大规模国土绿化行动，开展生态系统保护评估"。然而，应该如何开展生态工程的生态效益监测，为全面提升生态工程质量提供准确、及时、科学的监测数据，更为客观地评价生态工程实施成效，已成为当前亟需解决的重大基础性科技问题。迄今为止，关于退耕还林还草工程效益的监测评估研究已经获得了长足发展，取得了丰硕成果，但依然面临着监测站数量和空间代表性不足、分布不够合理、监测技术落后、技术规范不明等问题，迫切需要针对退耕还林还草工程生态效益评估的生态监测区划、站点布局及技术规范开展系统性的科学研究。

中国林业科学院王兵研究员带领团队，基于对我国的森林植被、气候和土壤条件，以及生态功能和相关规划的综合分析，根据影响退耕还林还草工程生态功能驱动力之间的有机联系，利用地统计学、叠置分析等空间分层和异质性抽样技术，开展了全国退耕还林还草工程实施区域的科学区划，进而统筹考虑了监测站点密度、全国各部门的生态监测资源，创新性地提出了退耕还林还草工程生态功能及效益监测网络布局的规划方案、监测评估指标及技术规范，并在省域、区域及国家尺度上得到实践应用，为国家的退耕还林还草工程效益评估提供了强有力的科技支撑。

《国家退耕还林工程生态监测区划和布局研究》的出版，是对该项研究工作的系统总结，回应了当前国家退耕还林工程生态功能和综合效益监测评估的科技需求，期待能够助力于开创我国重大生态工程效益监测事业发展的新局面，更期望能够在更为广泛的森林生态系统服务、“森林水库”、“森林碳库”、森林生态产品及生态资产的网络化、精准化和定量监测方面发挥更大作用。

中国科学院院士 于贵瑞

2022 年 4 月于中国科学院地理科学与资源研究所

前 言

天育物有时，地生财有限。生态兴则文明兴，生态衰则文明衰。

退耕还林还草是党中央、国务院站在中华民族长远发展的战略高度，着眼经济社会可持续发展全局，审时度势，为改善生态环境、建设生态文明做出的重大决策，是我国乃至世界上投资最大、政策性最强、涉及面最广、群众参与程度最高的一项重大生态工程。1998 年长江、松花江、嫩江等流域特大洪灾后，党中央、国务院着眼国土生态保护和灾后重建，提出了包括“封山植树，退耕还林”在内的一系列重要措施。1999 年起，按照“退耕还林（草）、封山绿化、以粮代赈、个体承包”的总要求，四川、陕西、甘肃 3 省份率先开展退耕还林还草试点，2002 年在全国范围内全面启动退耕还林还草工程,2014 年启动实施新一轮退耕还林还草。截至 2020 年，中央财政累计投入 5353 亿元，在 25 个省份和新疆生产建设兵团 2435 个县实施退耕还林还草 5.22 亿亩，其中退耕地还林还草 2.13 亿亩、荒山荒地造林 2.63 亿亩、封山育林 0.46 亿亩。据统计，全国 4100 万农户、1.58 亿农民通过退耕还林（草）工程直接获得利益。

退耕还林还草工程的实施，改变了我国延续几千年的“毁林开荒”的局面，极大地推进了国土绿化、生态修复进程，对改善生态环境、打赢脱贫攻坚战、振兴乡村经济、拓宽农民就业增收渠道等发挥了显著作用。主要表现：一是生态效益突出。20 年来，退耕还林还草完成造林面积占同期全国林业重点生态工程造林总面积的 40.50%，工程区生态修复明显加快，短时期内林草植被大幅度增加，森林覆盖率平均提高 4 个百分点，一些地区提高十几个甚至几十个百分点，林草植被得到恢复，生态状况显著改善。二是经济效益明显。退耕还林还草不仅让退耕农户直接获取国家财政补助，而且发展了大量用材林、经济林、牧草等生态资源，促进了产业结构调整，推动了地方经济发展，拓宽了农民就业渠道，对农户增收、脱贫攻坚、乡村振兴提供了重要支撑和保障。三是社会效益显现。退耕还林还草增强了全民生态意识，普及了生态保护修复技能，为推动形成“产业兴旺、生态宜居、乡风文明、治理有效、生活富裕”的社会主义新农村格局产生了重要作用。四是国际影响良好。退耕还林还草彰显了我国党和政府重视生态保护建设、积极履行全球生态保护与治理国际义务的良好形象。根据美国国家航空航天局（NASA）2019 年发布的研究结果，2000—2017 年我国绿化净增长面积占全球绿化净增长总面积的 25.00%，其中植树造林占到 42.00%，为世界增绿、增加森林碳汇、应对气候变化作出了巨大贡献。20 年来的实践证明，退耕还林还草是“最合民意的德政工程、国内外广泛关注的社会工程、影响深远的生态工程”。

当前，退耕还林还草已进入新阶段，面临着巩固已有成果和继续扩大规模的“双重任务”，亟待认真总结经验，全面提质增效，全力推进高质量发展，以更好地适应党和国家全局工作的需要。全国退耕还林还草生态效益监测评价就是要通过“拿数据说话”，评估工程建设成效、总结发现经验、查找工程建设管理工作中的薄弱环节，是贯彻落实习近平总书记关于坚持不懈开展退耕还林还草的重要指示精神、推进退耕还林还草工程建设管理水平和能力现代化的基础工作。退耕还林生态效益监测于 2012 年正式启动，2013 年对河北、辽宁、湖北、湖南、云南、甘肃 6 个重点工程省开展生态效益监测评估试点，2014 年对长江、黄河中上游地区及二者流经的 13 个工程省进行了退耕还林工程生态效益评估，2015 年对北方 10 个工程省和新疆生产建设兵团开展北方沙化区退耕还林工程生态效益监测评估，2016 年首次全口径评估了全国所有工程省退耕还林工程的整体生态效益，2017 年对集中连片特困地区 14 个片区的退耕还林生态效益进行了监测评估。经过多年探索和不断积累经验，退耕还林生态效益监测工作获得了长足的发展，取得了丰富的监测成果，出台了一系列技术标准，建立了务实的工作机制，培养了稳定的监测评估队伍。总体上看，退耕还林还草生态效益监测已经具备良好的工作基础，但目前仍面临着一些突出问题，特别是监测站数量不足、分布不够合理，监测水平参差不齐、与工程结合不紧密等，对退耕还林还草工程生态效益进行科学、系统、全面的监测和精准评估仍是一大难题。

为认真贯彻落实习近平生态文明思想，深入践行“绿水青山就是金山银山”理念，特别是习近平总书记关于坚持不懈开展退耕还林还草的指示精神，按照党的十九大提出的“加快生态文明体制改革”的精神和2021年4月中央办公厅、国务院办公厅印发《关于建立健全生态产品价值实现机制的意见》的要求，通过信息技术和生态监测站等现代化的科技手段，提供退耕还林还草实施过程中准确、及时、科学的数据，客观评价工程实施成效和全面提升工程质量，成为退耕还林还草工程当前亟待解决的问题。

退耕还林的空间异质性、生态系统结构复杂性与功能多样性决定了退耕还林还草生态效益监测与评估十分复杂。王兵研究员在借鉴国内外森林生态系统服务研究成果基础上，结合中国国情和林情，提出一套森林生态系统服务评估技术体系——森林生态连清体系，有效地解决了当今评估中的关键技术瓶颈，成为能够精准开展森林生态系统服务功能评估的先进评估体系，是我国森林生态系统服务功能评估的标准方法，在国家层面森林生态系统服务评估、重大林业工程及省、市、县级层面森林生态系统服务评估、林区和保护地尺度森林生态系统服务评估等方面得到了广泛应用。森林生态连清体系是经过理论与实践检验的，是最适合于退耕还林工程森林生态功能监测与生态效益核算的科学技术体系。要将森林生态连清体系应用于退耕还林工程森林生态功能效益核算需要海量的观测数据，而森林生态系统长期定位观测研究网络可以获取海量的观测数据，是应用森林生态连清体系进行森林生态功能核算的一个关键基础。为了客观、合理地对全国退耕还林工程森林生态功能和生态效益进行有效监测与评估，国家林业和草原局退耕还林（草）工程管理中心领导高度重视，并依托中国林业科学研究院王兵研究员科研团队启动了该项工作。

项目组坚持“用数据说话，向人民报账”的理念，立足退耕还林还草在长江经济带建设、黄河流域生态保护和高质量发展、京津冀协同发展、乡村振兴、脱贫攻坚、全国重要生态系统保护和修复重大工程等重大国家战略中的地位作用，遵循工程导向和退耕还林特色、科学区划、分区布局、长期稳定、开放共享的原则，突出生态监测网络长期连续性、空间固定性、观测指标和方法一致性的特点，着力在更大时空尺度和更高层次上开展退耕还林还草效益评估。

基于对森林植被、气候、土壤、生态功能以及与退耕还林还草相关规划的系统综合分析，选取影响退耕还林还草生态功能的关键驱动因素，构建了包含气候、植被、地形地貌和典型生态区（全国重要生态系统保护与修复重大工程区、全国生态

脆弱区、生态屏障区、国家重点生态功能区）在内的指标体系，建立了退耕还林生态功能监测与布局研究的空间数据库，并以典型抽样和空间分层异质性抽样为理论指导，采用GIS空间分析技术进行了全国退耕还林工程区生态功能监测区划。在监测区划的基础上，采用以退耕还林工程规模为优先、已建生态站的空间分布为依据、典型生态区域为重点，统筹考虑监测站布局密度的布局方法，科学布局退耕还林生态功能监测网络，以满足更大时空尺度和更高层次上的退耕还林生态效益评估。

退耕还林工程生态监测站，依据监测内容，可分为兼容型监测站（除监测退耕还林工程区外，还兼顾国家级森林生态系统监测、其他生态工程监测等任务的生态站）和专业型监测站（针对退耕还林工程森林生态功能进行监测的生态站）。另外，本研究依据退耕还林工程实施面积、区位重要程度、森林生态系统典型性、监测站的科研实力等因素按照重要性由大到小，将兼容型监测站和专业型监测站划分为一级站和二级站，以合理利用监测站资源，发挥重点监测站的引领示范作用。全国退耕还林生态功能监测网络共布局99个监测站，兼容型监测站51个，占比为52%，其中，一级站20个，二级站31个。专业型监测站48个，占比为48%，其中，一级站18个，二级站30个。一级站共38个，占比为38%；二级站共61个，占比为62%。

退耕还林工程生态功能监测区划和监测站网络布局共同构成了退耕还林工程生态监测体系，是研究退耕还林植被恢复特征、监测退耕还林生态系统动态变化、评估退耕还林工程生态效益、核查林业“三增长”目标的重要技术支撑平台，在未来退耕还林工程“碳中和”监测、生态质量监测和生态效益监测方面将发挥重要作用。国家林业和草原局高度重视退耕还林工程生态连清监测区划与网络布局工作，在项目实施的过程中得到了国家林业和草原局有关领导、相关司局的大力支持。在此，向所有对本项工作给予帮助与支持的人员表示深深的感谢！

同时，欢迎专家和读者对本专著进行批评指正。

著　者

2022年3月

目 录

附 表

附 件

第一章
绪　论

退耕还林还草工程是从保护生态环境出发，将水土流失严重的耕地，沙化、盐碱化、石漠化严重的耕地以及粮食产量低而不稳的耕地，有计划、有步骤地停止耕种，因地制宜地造林种草，恢复植被。其是党中央、国务院站在中华民族长远发展的战略高度，着眼于经济社会可持续发展全局，审时度势，为改善生态环境、建设生态文明做出的重大决策，已成为我国乃至世界上投资最大、政策性最强、涉及面最广、群众参与程度最高的一项重大生态工程，为我国在世界生态建设史上写下绚烂的一笔。

新时代退耕还林工程建设事业任重道远，既需要进一步完善退耕还林管理制度，也需要提高退耕还林生态系统稳定性，整体改善退耕还林生态系统质量和全面增强退耕还林生态产品供给能力。科学高效地开展退耕还林工程森林生态功能监测是实时、全面地掌握并评估全国退耕还林工程生态效益的状态及动态变化，推进退耕还林工程进一步完善和发展的重要基石。20 年的退耕还林工程持续建设，中央财政累计投入 5353 亿元，在 25 个省（自治区、直辖市）和新疆生产建设兵团的 287 个地（市）2435 个县（市、区）实施退耕还林还草 5 亿多亩，占同期全国林业重点工程造林总面积的 40.50%，4100 万农户 1.58 亿农民直接受益。工程建设取得了显著的综合效益，促进了生态改善、农民增收、农业增效和农村发展，有效推动了工程区产业结构调整和脱贫致富奔小康。但要准确评估退耕还林工程发挥的生态效益还必须以监测数据为支撑，才能形成科学的、客观的、精准的退耕还林工程国家报告。

森林生态学研究实践表明，建立森林生态系统定位观测研究站，形成布局合理、建设标准、监测规范、协调高效的退耕还林工程森林生态功能监测站网络是开展森林生态功能监测最有效的手段（国家林业局，2017）。森林生态系统定位观测研究始于 1939 年的美国 Laguillo 实验站，该站点对美国南方热带雨林森林生态系统结构和功能的状况和变化展开研究。随后，更多国家相继开展定位观测研究工作，并逐渐由单独台站形成生态系统定位观测研究网络。

美国、英国、加拿大、波兰、巴西、中国等国家以及联合国开发计划署（UNDP）、联合国环境规划署（UNEP）、联合国教育、科学及文化组织（UNESCO）、联合国粮食及农业组织（FAO）等国际组织都独立或合作建立了国家、区域或全球性的长期监测研究网络。在国家尺度上主要有美国的长期生态学研究网络（US-LTER）（Hobbie et al.，2003）、美国国家生态观测站网络（NEON）、英国环境变化监测网络（ECN）（Miller et al.，2001）、加拿大生态监测与评估网络（EMAN）等（Vaughan et al.，2001）；在区域尺度上主要有亚洲通量观测网络（AsiaFlux）等；在全球尺度上主要有全球陆地观测系统（GTOS）、全球气候观测系统（GCOS）、全球海洋观测系统（GOOS）和国际长期生态学研究网络（ILTER）等。观测研究对象几乎囊括了地球表面的所有生态系统类型，涵盖了包括极地在内的不同区域和气候带。根据其研究对象差异，生态系统研究网络可分为综合生态系统研究网络和专项生态系统研究网络，其中前者主要针对网络范围内生态系统和环境变化进行研究，在世界尺度上有国际长期生态学研究网络（ILTER）。目前，已有40多个国家网络加入ILTER，如美国国家生态观测站网络（NEON）、澳大利亚陆地生态系统研究网络（TERN）、法国区域长期生态学研究网络（ZA-LTER）、英国环境变化监测网络（ECN）、加拿大生态监测与评估网络（EMAN）等。

我国森林生态站建设始于20世纪50年代末，国家结合自然条件和林业建设的实际需要，在西南林区、东北林区、海南热带雨林等典型生态区域开展了专项半定位观测研究，并逐步建立了森林生态站，标志着我国生态系统定位观测研究的开始。1978年，林业部首次组织编制了《全国森林生态站发展规划草案》。随后，在林业生态工程区、荒漠化地区等典型区域陆续补充建立了多个生态站。1998年起，原国家林业局逐步加快了生态站网建设进程，新建了一批生态站，形成了初具规模的生态站网。2003年3月，召开了“全国森林生态系统定位研究网络工作会议”，正式研究成立中国森林生态系统定位研究网络（Chinese Terrestrial Ecosystem Research Network，CFERN），明确了生态站网络在林业科技创新体系中的重要地位，标志着生态站网络建设进入了加速发展、全面推进的关键时期。目前，我国森林生态站网络（CFERN）发展迅速，已基本形成横跨30个纬度的全国性观测研究网络，以及由北向南以热量驱动和自东向西以水分驱动的生态梯度十字网，是目前全球范围内单一生态类型、生态站数量最多的国家生态观测网络，一些生态站还被GTOS收录，并且与ILTER、ECN、AsiaFlux等建立了合作交流关系。但该网络的建设目的是对全国的森林生态系统进行长期定位观测研究，虽然与退耕还林工程生态效益监测有重合，但并不是一个具有明确指向性的退耕还林工程森林生态功能监测站网。

2020年10月，党的十九届五中全会通过了《中共中央关于制定国民经济和社会发展第十四个五年规划和二〇三五年远景目标的建议》，明确提出：“坚持绿水青山就是金山银山理念，科学推进荒漠化、石漠化、水土流失综合治理，开展大规模国土绿化行动，开展生态系统保护评估”。为全面掌握并评估全国退耕还林工程生态效益的状况及动态变化，满足国家

生态文明建设的需要、应对区域政策的需要、党中央、国务院和主管部门决策的需要、巩固退耕还林工程成果及其高质量发展的需要，亟待规划和建设具有明确指向性的退耕还林工程专项森林生态功能监测网络。

一、退耕还林工程发展历史沿革

（一）启动背景

中国是传统的农业大国，长期以来，人口快速增长的压力以及相对粗放的农业生产方式，致使大量森林草原湿地被改变用途，山地丘陵土地垦殖率越来越高，耕种坡度越来越陡。1949—1998 年的 50 年间，我国人口增长 7.1 亿人，耕地面积增加 4.7 亿亩。据第一次全国土地资源调查，全国 19.5 亿亩耕地中，15 ～ 25 度坡耕地 1.87 亿亩，25 度以上坡耕地 9105 万亩，绝大部分分布在西部地区。大面积毁林开荒造成土壤侵蚀量增加，水土流失加剧，土地退化严重，旱涝灾害不断，生态环境急剧恶化。根据全国第二次水土流失遥感调查结果，我国水土流失面积达 356 万平方千米，占国土面积的 37.1%，每年土壤流失总量 50 亿吨左右。特别是长江、黄河上中游地区因为毁林毁草开荒、坡地耕种，成为世界上水土流失最严重的地区之一，每年流入长江、黄河的泥沙量达 20 多亿吨，其中 2/3 来自坡耕地。根据第二次全国荒漠化沙化土地监测结果，我国有荒漠化土地 267.4 万平方千米、沙化土地 174.3 万平方千米，分别占国土总面积的 27.9% 和 18.2%，并分别以年均 1.04 万平方千米和 3436 平方千米的速度扩展。

新中国成立后，特别是改革开放以来，我国逐步重视退耕还林还草工作。1984 年 3 月，中共中央、国务院印发的《关于深入扎实地开展绿化祖国运动的指示》要求：“在宜林地区，要调整粮食的征购、供销政策，处理好农业和林业的矛盾，有计划有步骤地退耕还林。”1985 年 1 月，中共中央、国务院印发《关于进一步活跃农村经济的十项政策》规定：“山区 25 度以上的坡耕地要有计划有步骤地退耕还林还牧，以发挥地利优势。”1991 年实施的《中华人民共和国水土保持法》明确禁止开垦陡坡地。1997 年，党中央发出了“再造一个山川秀美的西北地区”的伟大号召。在此期间，以四川省、甘肃省、内蒙古自治区乌兰察布盟、云南省会泽县和路南县、宁夏回族自治区西吉县等为代表的西部一些地区开展了退耕还林还草的探索和实践。但是，由于全国粮食比较紧缺，退耕还林还草的设想始终难以大规模实施，我国生态环境恶化的趋势并未得到根本遏制，各种自然灾害频繁发生。

1998 年，长江、松花江、嫩江流域发生历史罕见的特大洪涝灾害，受灾面积 21.2 万平方千米，受灾人口 2.33 亿人，因灾死亡 3004 人，各地直接经济损失 2551 亿元，使当年国民经济增速降低 2%。1998 年 10 月，党的十五届三中全会通过的《中共中央关于农业和农村工作若干重大问题的决定》提出，对过度开垦、围垦的土地，要有计划有步骤地还林、还草、还湖。10 月 20 日，中共中央、国务院印发的《关于灾后重建、整治江湖、兴修水利的若干意见》

将“封山植树、退耕还林”放在灾后重建三十二字综合措施的首位，并指出：积极推行封山植树，对过度开垦的土地，有步骤地退耕还林，加快林草植被的恢复建设，是改善生态环境、防治江河水患的重大措施。1999 年 6 月，时任国家主席江泽民在谈到改善西部地区生态环境时指出：“西部地区自然环境不断恶化，特别是水资源短缺，水土流失严重，生态环境越来越恶劣，荒漠化年复一年地加剧，并不断向东推进。这不仅对西部地区，而且对其他地区的经济社会发展也带来不利的影响。改善生态环境，是西部地区的开发建设必须首先研究和解决的一个重大课题。如果不从现在起，努力使生态环境有一个明显的改善，在西部地区实现可持续发展的战略就会落空。”1999 年 8 ~ 10 月，国务院主要领导先后视察陕西、云南、四川、甘肃、青海和宁夏 6 省（自治区），统筹考虑加快山区生态环境建设、实现可持续发展和解决粮食库存积压等多个目标，提出“退耕还林（草）、封山绿化、以粮代赈、个体承包”的政策措施。至此，通过退耕还林还草改善和保护生态环境的政策思路基本成熟。

从世界范围来看，工业革命以来，全球性生态问题日趋严重，存在森林破坏、土地退化、环境污染、气候变暖、生物多样性减少等突出问题，直接影响到人类生存和经济社会发展。大力保护和修复生态，促进可持续发展，已成为全人类的共识。1992 年，联合国环境与发展大会通过《21 世纪议程》，中国政府作出了履行《21 世纪议程》等文件的庄严承诺。1994 年 3 月，中国政府制订了《中国 21 世纪议程》，提出了人口、经济、社会、资源和环境相互协调、可持续发展的总体战略、对策和行动方案。从国内形势来看，改革开放以后，我国的社会经济建设取得巨大成就。20 世纪 90 年代中后期，我国粮食连年丰收，粮食产量稳步增长，粮食库存水平较高，粮食供应出现阶段性、结构性供大于求的状况。1999 年，我国经济总量居世界第七位，人均国内生产总值、农村居民家庭人均纯收入分别是 1980 年的 20.50 倍、13.10 倍。综合国力的提高、财政收入的增长、农业科技的进步和粮食生产供应形势的变化，为集中一部分财力和物力实施退耕还林还草奠定了坚实的经济基础。人民群众的迫切期盼，生态修复技术经验的进一步丰富，为开展退耕还林还草创造了良好条件。大规模实施退耕还林还草的时机已经成熟。退耕还林还草成为中华民族顺应历史、顺应自然的必然选择。党中央、国务院审时度势，果断决策，决定在四川、陕西、甘肃 3 省份率先开展试点，正式拉开了中国退耕还林还草工程建设的序幕。

（二）发展历程

退耕还林（草）工程，自 1999 年启动至今已 20 余年，包括 1999 年起实施的前一轮退耕还林还草和 2014 年起实施的新一轮退耕还林还草。

1. 前一轮退耕还林还草

前一轮退耕还林还草始于 1999 年，历时 15 年，共实施退耕地还林还草 1.39 亿亩、宜林荒山荒地造林 2.62 亿亩、封山育林 0.46 亿亩，造林总面积 4.47 亿亩。主要分为三个阶段。

（1）试点示范。1999 年，四川、陕西、甘肃 3 省份按照国务院的要求率先开展退耕还

林还草试点，当年完成退耕地还林 572.2 万亩、宜林荒山荒地造林 99.7 万亩。2000 年 1 月，中共中央、国务院印发《关于转发国家发展计划委员会〈关于实施西部大开发战略初步设想的汇报〉的通知》和国务院西部地区开发领导小组第一次会议将退耕还林还草列入西部大开发的重要内容。2000 年 3 月，国家林业局、国家发展改革委、财政部联合下发《关于开展 2000 年长江上游、黄河上中游地区退耕还林（草）试点示范工作的通知》并确定试点示范实施方案，在长江上游的云南、四川、贵州、重庆、湖北和黄河上中游的陕西、甘肃、青海、宁夏、内蒙古、山西、河南、新疆（含生产建设兵团）13 个省（自治区、直辖市）的 174 个县（团、场）开展退耕还林还草试点。2000 年 7 月，国务院在北京召开中西部地区退耕还林还草试点工作座谈会，研究积极稳妥、健康有序地做好试点和示范工作。为推动退耕还林还草试点工作的健康发展，2000 年 9 月，国务院下发《关于进一步做好退耕还林还草试点工作的若干意见》，明确了实行省级政府负总责、完善退耕还林还草政策、健全种苗生产供应机制、合理确定林草种机构和植被恢复方式、加强建设管理和严格检查监督等方面的规定。2001 年《政府工作报告》强调，有步骤因地制宜推进天然林保护、退耕还林还草以及防沙治沙、草原保护等重点工程建设，并要求西部大开发“十五”期间要突出重点，搞好开局，着重加强基础设施和生态环境建设，力争 5 ～ 10 年内取得突破性进展。同年，退耕还林还草被列入《中华人民共和国国民经济和社会发展第十个五年计划纲要》。2001 年 8 月，经国务院同意，中央机构编制委员会办公室批准国家林业局成立退耕还林（草）工程管理中心。截至 2001 年年底，21 个省（自治区、直辖市）和新疆生产建设兵团参与退耕还林还草试点，3 年共完成试点任务 3455.1 万亩，其中退耕地还林还草 1809.1 万亩、宜林荒山荒地造林 1646 万亩，造林成活率达到国家规定标准。

3 年的退耕还林还草试点工作取得了阶段性成功，试点的成效、经验和探索实践，为退耕还林还草工程全面展开奠定了良好基础。

（2）全面实施。2001 年 10 月到 2002 年 1 月，国务院西部地区开发领导小组第二次会议、中央经济工作会议、中央农村工作会议先后召开，提出将退耕还林还草作为拉动内需、增加农民收入的一项重要举措，进一步扩大退耕还林还草规模。

2002 年 1 月，国务院西部开发办、国家林业局召开全国退耕还林电视电话会议，宣布全面启动退耕还林还草工程，当年分两批安排 25 个省份和新疆生产建设兵团退耕地还林还草 3970 万亩、宜林荒山荒地造林 4623 万亩。2002 年 4 月，国务院下发《关于进一步完善退耕还林政策措施的若干意见》，进一步明确退耕还林还草必须遵循的原则和有关政策措施，要求切实把握“林权是核心，给粮是关键，种苗要先行，干部是保证”的基本经验，把退耕还林还草工作扎实、稳妥、健康地向前推进。2002 年 12 月，《退耕还林条例》经国务院第 66 次常务会议审议通过并颁布，于 2003 年 1 月 20 日起施行。2003 年，全国共实施退耕地还林还草 5050 万亩、宜林荒山荒地造林 5650 万亩，总任务达 1.07 亿亩。

2004年，根据宏观经济形势和全国粮食供求关系的变化，国家对退耕还林还草年度任务进行结构性、适应性调整。2004年4月，国务院办公厅下发《关于完善退耕还林粮食补助办法的通知》，原则上将补助粮食实物改为补助现金。2005年4月，国务院办公厅下发《关于切实搞好“五个结合”进一步巩固退耕还林成果的通知》，要求在继续推进重点区域退耕还林还草的同时，把工作重点转到解决好农民当前生计和长远发展问题上来。2005年，退耕还林还草计划重点解决2004年超计划实施的遗留问题，2006年进一步调减了退耕还林还草计划任务。

2002—2006年，25个省份和新疆生产建设兵团共实施退耕还林还草3.30亿亩，其中退耕地还林还草1.21亿亩、宜林荒山荒地造林1.89亿亩、封山育林0.20亿亩。

（3）巩固成果。按照原定退耕还生态林补助8年、还经济林补助5年、还草补助2年的规定，直补农户的政策陆续到期，部分退耕农户生计出现困难。2007年6月，国务院第181次常务会议研究决定现行退耕还林还草补助政策再延长一个周期，原定补助到期后继续对退耕农户给予适当补偿。2007年8月，《国务院关于完善退耕还林政策的通知》明确了今后一个时期退耕还林还草工作的指导思想、目标任务、基本原则，提出巩固发展退耕还林还草成果、稳步推进工程建设的主要政策措施，出台了延长一个周期补助政策的具体办法，按相关标准测算，中央财政安排专项补助资金1147.4亿元。从2007年起，为确保“十一五”期间全国耕地不少于18亿亩，暂停安排退耕地还林还草，继续安排宜林荒山荒地造林、封山育林。2007—2013年，有关部门逐步将人工造林补助标准从每亩50元提高到300元，将封山育林补助标准从每亩50元提高到70元，全国共完成宜林荒山荒地造林5663.5万亩、封山育林2650万亩，有力地推动了国土绿化进程。

为集中力量解决影响退耕农户长远生计的突出问题，从2008年起，中央财政按8年集中安排巩固退耕还林成果专项资金958.65亿元，主要用于西部地区、京津风沙源治理区和享受西部地区政策的中部地区退耕农户的基本口粮田建设、农村能源建设、生态移民、后续产业发展和退耕农民就业创业转移技能培训以及补植补造，并向特殊困难地区倾斜。2008年，有关部门联合审核批复各工程省份的巩固退耕还林成果专项规划。2008年开始，有关部门连续审核下达25个工程省份和新疆生产建设兵团巩固成果专项年度建设任务，共召开3次部级联席会议、4次现场会，并组成联合检查组，对各工程省份专项规划实施情况进行督查。全国共建设基本口粮田54470万亩，建设户用沼气池、节柴节煤灶、太阳能热水器等农村能源801万口（座、台），实施生态移民121万人，发展产业基地9213万亩，培训退耕农民1208万人次，补植补造7567万亩，并实施森林抚育经营、低产林改造、设施农业等建设项目。通过专项规划的实施，各地建设了一批稳产高产基本口粮田，农村特色产业得到发展，农村劳动力加快转移，退耕农户人均纯收入年均增速高于全国同期水平，生产生活方式发生可喜变化。延长退耕还林还草补助政策并实施巩固成果专项规划，为促进退耕还林还草

成果巩固、缓解退耕农户生计困难发挥了重要作用。

2. 新一轮退耕还林还草

党的十八大以来，党中央、国务院高度重视退耕还林还草工作。习近平总书记强调，要扩大退耕还林、退牧还草，有序实现耕地、河湖休养生息，让河流恢复生命、流域重现生机。李克强总理要求，要下决心实施退耕还林，使生态得保护，农民得实惠；这件事一举多得，务必抓好。《国民经济和社会发展第十二个五年规划纲要》《国务院关于切实加强中小河流治理和山洪地质灾害防治的若干意见》等都提出，巩固和发展退耕还林成果，在重点生态脆弱区和重要生态区位，结合扶贫开发和库区移民，适当增加退耕还林任务，重点治理25度以上的坡耕地。党的十八大将生态文明建设纳入"五位一体"总体布局，十八届三中全会将"稳定和扩大退耕还林、退牧还草范围"作为全面深化改革重点任务之一。2014年以后的多个中央文件和《政府工作报告》都要求巩固退耕还林还草成果，并扩大退耕还林还草规模，加快实施进度。

2014年8月，经国务院同意，国家发展改革委、财政部、国家林业局、农业部、国土资源部联合向各省级人民政府印发《关于印发新一轮退耕还林还草总体方案的通知》，提出到2020年将全国具备条件的坡耕地和严重沙化耕地约4240万亩退耕还林还草。2015年，中共中央、国务院印发的《生态文明体制改革总体方案》提出："编制耕地、草原、河湖休养生息规划，调整严重污染和地下水严重超采地区的耕地用途，逐步将25度以上不适宜耕种且有损生态的陡坡地退出基本农田，建立巩固退耕还林还草、退牧还草成果长效机制"。2015年12月，财政部等8部门联合下发《关于扩大新一轮退耕还林还草规模的通知》，要求将确需退耕还林还草的陡坡耕地基本农田调整为非基本农田，并认真研究在陡坡耕地梯田、重要水源地15～25度坡耕地以及严重污染耕地退耕还林还草的需求。2017年，国务院批准核减17个省份3700万亩陡坡基本农田用于扩大退耕还林还草规模。2018年，中共中央、国务院印发的《关于打赢脱贫攻坚战三年行动的指导意见》要求："加大贫困地区新一轮退耕还林还草支持力度，将新增退耕还林还草任务向贫困地区倾斜，在确保省级耕地保有量和基本农田保护任务前提下，将25度以上坡耕地、重要水源地15～25度坡耕地、陡坡梯田、严重石漠化耕地、严重污染耕地、移民搬迁撂荒耕地纳入新一轮退耕还林还草工程范围，对符合退耕政策的贫困村、贫困户实现全覆盖。"2019年国务院又批准扩大山西等11个省份贫困地区陡坡耕地、陡坡梯田、重要水源地15～25度坡耕地、严重沙化耕地、严重污染耕地退耕还林还草规模2070万亩。新一轮退耕还林还草的总规模已超过1亿亩。2014—2019年，新一轮退耕还林还草6783.80万亩（其中还林6150.60万亩、还草533.20万亩、宜林荒山荒地造林100万亩），中央已投入749.20亿元。

经过20余年的实践，退耕还林还草多环节、全覆盖的管理体系基本形成，管理水平不断提高，技术手段逐步升级，工程建设质量和农户合法权益得到有效保障。

（三）建设效果

1. 显著改善生态环境

退耕还林还草是加快国土绿化进程、加速生态修复的重大战略举措，对改善生态环境、维护国家生态安全的作用显著。工程区生态修复明显加快，短时期内林草植被大幅度增加，森林覆盖率显著增加，林草植被得到恢复，生态状况显著改善，为建设生态文明和美丽中国创造了良好条件。据监测，全国 25 个工程省份和新疆生产建设兵团退耕还林工程显著发挥着涵养水源功能的“绿色水库”作用、固碳释氧功能的“绿色碳库”作用、净化大气环境功能的“绿色氧吧库”作用、生物多样性保护功能的“绿色基因库”作用，生态服务功能显著提升。此外，通过实施退耕还林还草，大江大河干流及重要支流、重点湖库周边水土流失状况明显改善，长江三峡等重点水利枢纽工程安全得到切实保障。

2. 助推农民脱贫致富

农民群众是退耕还林还草工程的建设者，也是最直接的受益者。全国 4100 万农户参与实施退耕还林还草，1.58 亿农民直接受益，经济收入明显增加。截至 2019 年，退耕农户户均累计获得国家补助资金 9000 多元。同时，退耕后农民增收渠道不断拓宽，后续产业增加了经营性收入，林地流转增加了财产性收入，外出务工增加了工资性收入，农民收入更加稳定多样。据国家统计局监测，2007—2016 年，退耕农户人均可支配收入年均增长 14.70%，比全国农村居民人均可支配收入增长水平高 1.80 个百分点。退耕还林还草工程区大多是贫困地区和民族地区，工程的扶贫作用日益显现，成为实现国家脱贫攻坚战略的有效抓手。2016—2019 年，全国共安排集中连片特殊困难地区和国家扶贫开发工作重点县退耕还林还草任务 3923 万亩，占 4 年总任务的 75.60%。据国家林业和草原局退耕还林还草样本县监测，截至 2017 年年底，新一轮退耕还林还草对建档立卡贫困户的覆盖率达 31.20%，其中西部地区有些县超过 50%。

3. 促进农村产业结构调整

退耕还林还草将水土流失、风沙危害严重的劣质耕地停止耕种，恢复林草植被，优化了土地利用结构，促进了农业结构调整，使农民从繁重低效的劳作中解放出来，农村生产方式由小农经济向市场经济转变，生产结构由以粮为主向多种经营转变，粮食生产由广种薄收向精耕细作转变，畜牧业生产由散养向舍饲圈养转变，传统农业逐步向现代农业转型，不仅促进了农业生产要素转移集中和木本粮油、干鲜果品、畜牧业发展，保障和提高了农业综合生产能力，而且使许多地区跳出了“越穷越垦、越垦越穷”的恶性循环，大力培育绿色产业，农村面貌焕然一新。国家统计局数据显示，与 1998 年相比，2017 年退耕还林还草工程区和非工程区谷物单产分别为 402.70 千克 / 亩、428.50 千克 / 亩，比 1998 年分别增长 26.30%、15.20%，退耕还林还草工程区增长较快；工程区粮食作物播种面积、粮食产量分别增长 9.8% 和 40.50%，非工程区分别下降 20.60% 和 7.10%。各地依托退耕还林还草培育的绿色资源，大力发展观光旅游、休闲采摘、森林康养等新型业态，绿水青山正在变成老百姓的金山银山。

4. 增强全民生态意识

退耕还林还草任务分配到户、政策直补到户、工程管理到户，政策措施家喻户晓。20年的工程建设，已经成为生态意识的“播种机”和生态文化的“宣传员”，生态优先、绿色发展的理念深入人心，爱绿护绿、保护生态的行为蔚然成风。尤其是工程实施20年来取得的显著成效，让工程区老百姓深切感受到了生态环境的巨大变化和生产生活条件的明显改善，人们对生产发展、生活富裕、生态良好的文明发展道路有了更加深刻的认识，开展生态修复、保护生态环境成为全社会广泛共识，天更蓝、地更绿、水更清成为全体人民共同追求。通过退耕还林还草平台凝聚各方力量，形成政府机构、社会资本、人民群众等多方多点发力、全面绿色发展的格局，工程区“产业兴旺、生态宜居、乡风文明、治理有效、生活富裕”的社会主义新农村格局初步形成。

5. 树立全球生态治理典范

20年来，退耕还林还草工程为确保我国在全球森林面积和蓄积量不断减少的情况下连续多年保持“双增长”和人工林保存面积长期处于世界首位作出重要贡献，推动我国提前实现了《联合国2030年可持续发展议程》确立的“到2030年实现全球土地退化零增长”目标。实施大规模退耕还林还草在我国乃至世界上都是一项伟大创举，为增加森林碳汇、应对气候变化、参与全球生态治理作出了重要贡献。退耕还林还草工程已成为我国政府高度重视生态建设、积极履行国际公约的标志性工程，成为人类修复生态系统、建设生态文明、推动可持续发展的成功典范，得到全世界的高度赞誉。根据美国国家航空航天局2019年发布的研究结果，2000—2017年全球绿化面积增加了5%，其中我国绿化面积净增长和净增长率分别达135.1万平方千米和17.8%，均排名全球首位，绿化面积净增长面积占全球净增长总面积的25%，相当于俄罗斯、美国和澳大利亚之和，并且植树造林占42%。根据同期数据推算，退耕还林还草工程贡献了全球绿化净增长面积的4%以上。2019年2月，《自然》杂志发表文章，对我国实施退耕还林还草、应对气候变化的举措作了详细介绍，呼吁全球学习中国的土地使用管理办法。

退耕还林工程是党中央、国务院的重大战略部署，关系人民福祉，关乎民族未来。习近平总书记强调，生态兴则文明兴，生态衰则文明衰。实施退耕还林工程不仅是为生态脆弱地区构筑生态屏障的有力措施，也是维护国家生态安全、建设美丽乡村、践行绿水青山就是金山银山理念的有效手段，不断增加绿水青山等优质产品供给，满足人民日益增长的美好生活需要，为建设生态文明和美丽中国作出新的更大贡献。

二、中国典型生态地理区划对比分析

生态地理区划是自然地域系统研究引入生态系统理论后在新形势下的继承和发展，是在对生态系统客观认识和充分研究的基础上，应用生态学原理和方法，揭示自然生态区域的相似性和差异性规律，以及人类活动对生态系统干扰的规律，通过整合和分区划分生态环境的区域单元。生态地理区划充分体现了一个区域的空间分异性规律，能提高我们对单个区域内生物和非生物过程相关的地理和生态现象的理解，在越来越多领域如流域监测评价体系中开始应用（Lu et al.，2017），是选择典型地区布设生态站的基础。

退耕还林工程区的环境多样性极其丰富，主要反映在气候、地形和植被的多样性上，如何选择具有代表性的区域设置退耕还林工程生态效益监测站，开展长期连续定位观测，是进行退耕还林工程生态效益评价的基础。生态地理区域的划分主要根据生态地理的地域分异规律进行，根据生态地理特征的相似性和差异性，以生态环境特点为基础，将大面积的区域根据温度、水分、植被、地形等情况的不同划分为相对匀质的区域，按照丛属关系得出一定的区域等级系统。每个生态区都有自己独特的生态系统特点和特征，形成不同于相邻区域生态系统的生态区。生态地理区划为地表自然过程与全球变化的基础研究以及环境、资源与发展的协调提供了宏观的区域框架（郑度，2008）。以生态地理区划为依据完成生态站网络布局，是在大尺度范围内进行长期生态学研究，完成点到面转换的较好的方式（郭慧，2014）。

（一）中国典型生态地理区划

生态地理区划是宏观生态系统地理地带性的客观表现。生态地理区划通常是在掌握了比较丰富的生态地理现象和事实，大致了解了区域生态地理过程、全面地认识了地表自然界的地域分异规律、在恰当的原则和方法论的基础上完成生态地理区划。因此，国家或地区生态地理区划研究发展情况，是该国家或地区对自然环境及其地域分异的认识深度和研究水平的体现。生态地理区域系统的建立和研究，不断促进、完善有关生态地理过程和类型的综合研究，进一步促进气候、地貌、生态过程、全球环境变化、水热平衡、化学地理、生物地理群落、土壤侵蚀和坡地利用等研究的发展和完善（杨勤业和郑度，2002）。

目前国外最具影响力的生态分区框架主要是以美国为主，其中以 Omernik 为代表的美国环境保护署开展的生态分区体系、以 Bailey 为代表的美国林务局开展的生态分区体系、世界自然基金会对北美地区开展的生态分区框架最具有代表性。美国自 1987 年公布首张生态区域图以来，关于生态区划的讨论一直存在，从经济和政治等方面考虑生态系统和环境资源的价值是错综复杂的。2004 年，Omernik 在 1987 年生态区划方案的基础上完善、细化、综合成更加详细的四级空间单元，反映了生态系统之间的差异性和相似性，并讨论了区划成图过程的发展（宋小叶等，2016）。

竺可桢先生于 1930 年发表“中国气候区域论”，标志着我国现代自然地域划分的开始。1959 年，由黄秉维院士主编完成了《中国综合自然区划（初稿）》。在此之后，我国学者将生态系统的观点引入自然地域划分中，应用生态学的原理和方法进行自然地域划分。2008 年，郑度院士等在总结前人工作的基础上，利用 1950 年以来积累的大量观测数据和科研资料，对中国生态地理区域系统进行了综合分析研究，提出《中国生态地理区域系统研究》。此外，各专业领域的区划也相继展开。1980 年，吴征镒院士等编制《中国植被》一书，提出中国植被区划系统，该系统将中国植被共分 3 级：植被区域、植被地带和植被区，在各级单位还可以划分为亚级，如：亚区域、亚地带和亚区。1997 年，由吴中伦院士牵头编制的《中国森林》一书出版，这是生态地理区划在林业领域的具体应用。1998 年，蒋有绪院士等在《中国森林群落分类及其群落学特征》中提出中国森林分区，该分区是以中国森林立地区划为基础完成的，剔除不适宜森林生长区域，形成中国森林分区（张万儒，1997；蒋有绪等，1999）。2007 年，由张新时院士牵头，中国科学院中国植被图编辑委员会主编的《中国植被》由地质出版社出版。该书从 1983 年开始，汇总大量研究成果，完成中国植被图（1：1000000）和中国植被区划图（1：6000000）。

国家重点生态功能区划是国务院顺应新时期生态环境建设的需要而提出的，为了增强各类生态系统对经济社会发展的服务功能，运用生态学原理，以协调人与自然的关系、协调生态保护与经济社会发展关系、增强生态支撑能力、促进经济社会可持续发展为目标，在充分认识区域生态系统结构、过程及生态服务功能空间分异规律的基础上，推进形成主体功能区。本节选取中国综合自然区划、中国植被区划（1980，2007）、中国森林区划（1997，1998）、中国生态地理区域系统和国家重点生态功能区等典型生态地理区划进行对比分析。

（二）原则对比分析

中国典型生态区划方案的区划原则既有共性原则，又有差异性原则。中国综合自然区划、中国植被区划（1980，2007）、中国森林区划（1997，1998）、中国生态地理区域系统（2008）均采用了自上而下的演绎法完成对全国的划分。国家重点生态功能区是采用自下而上的归纳法，从生态功能区的角度完成区划。中国典型生态区划方案具体对比分析见表 1-1。

表 1-1　中国典型生态区划方案的区划原则对比

典型区划	差异原则	共性原则
中国综合自然区划（1959）	补充说明了较高级别与较低级别单元的具体区划	Ⅰ.逐级分区原则 Ⅱ.主导因素原则 Ⅲ.地带性规律(较高级别单元) Ⅳ.非地带性因素(较低级别单元) Ⅴ.空间连续性原则
中国植被区划（1980，2007）	将各种自然与社会因素的影响融入植被类型中，根据植被的三向地带性，结合非地带性作为区划的根本原则	
中国森林区划（1997）	在处理三维（纬度、经度和海拔高度）的水热关系对地带性森林类型的影响关系上，采用了基带地带性原则；对于大的岛屿，则视其具体情况而定	
中国生态地理区域系统（2008）	用历史的态度对待生态地域系统的区划与合并问题，遵循生态地理区发生的同一性与区内特征相对一致性原则；生态地理区与行政区界线相结合	
中国森林区划（1998）	重视与森林生产力密切相关的自然地理因子及其组合，系统层次不要求过细，必要时候设置辅助等级（亚级）	
国家重点生态功能区（2010）	强调生态功能性，隶属“国家主体功能区规划”，为空间非连续性区划；重点采用保护环境和协调发展的原则	

（三）区划指标对比分析

指标体系是生态区划的核心研究内容，根据不同的区划目的与原则，为不同的区划确定具体的区划指标是国内外研究的热点和难点问题（郑度等，2005，2008）。中国典型生态区划方案中，通常采用的区划指标包括温度指标、水分指标、地形指标、植被指标、生态功能指标等类别，在每一类指标的具体选择与运用方面，不同区划体系又有所不同，其对比分析结果见表 1-2。

中国综合自然区划和中国地理区域系统的第一级区划指标均为温度，中国地理区域系统的温度指标比中国综合自然区划的温度指标更加完善；两者的二级指标差别较大，前者的二级指标为土壤和植被条件；而后者的二级指标为水分指标，采用了干燥指数；中国综合自然区划的三级指标为地形，而中国地理区域系统的三级指标则综合了土壤、植被和地形等因素。中国植被区划(1980)和中国植被区划(2007)基本指标体系相同，但中国植被区划(2007)指标划分比中国植被区划（1980）更加细致。中国森林区划（1997）划分指标为大地形和林区，但中国森林区划（1998）为森林立地条件。国家重点生态功能区则是根据生态功能类型进行区划的划分。

表 1-2　中国典型生态区划方案的区划指标和结果对比

区划类型	等级	区划指标	区划结果（个）
中国综合自然区划（1959）	温度带	地表积温和最冷月气温的地域差异	6
	自然地带和亚地带	土壤、植被条件	25
	自然区	地形的大体差异	64
中国植被区划（1980）	植被区域	年均温、最冷月均温、最暖月均温、≥10℃积温值数、无霜期、年降水和干燥度	8
	植被亚区域	植被区域内的降水季节分配、干湿程度	16
	植被地带（亚地带）	南北向光热变化，或地势高低引起的热量分异	18（8）
	植被区	植被地带中的水热及地貌条件	85
中国植被区划（2007）	植被区域	水平地带性的热量—水分综合因素	8
	植被亚区域	植被区域内水分条件差异及植被差异	12
	植被地带	南北向光热变化或地势引起的热量	28
	植被亚地带	植被地带内根据优势植被类型中与热量水分有关的伴生植物的差异	15
	植被区	局部水热状况和中等地貌单元造成的差异	119
	植被小区	植被区内植被差异和植被利用与经营方向不同	453
中国森林区划（1997）	地区	以大地貌单元为单位，大地貌的自然分界为主	9
	林区	以自然流域或山系山体为单位，以流域和山系山体的边界为界	48

（续）

区划类型	等级	区划指标	区划结果（个）
中国森林区划（1998）	森林立地区域	根据我国综合自然条件	3
	森林立地带	气候（≥10℃积温、≥10℃日数、地貌、植被、土壤等）	10
	森林立地区（亚区）	大地貌构造、干湿状况、土壤类型、水文状况等	121
中国生态地理区域系统（2008）	温度带	日平均气温≥10℃持续期间的日数和积温、1月平均气温、7月平均气温和平均年极端最低气温	11
	干湿地区	年干燥指数	21
	自然区	地形因素、土壤、植被等	49
国家重点生态功能区（2010）	重点生态功能区	土地资源、水资源、环境容量、生态系统重要性、自然灾害危险性、人口集聚度以及经济发展水平和交通优势等方面	25

（四）区划结果对比分析

综合分析中国典型生态区划方案，除国家重点生态功能区外，其他都是以自然地域分异规律为主导进行划分。虽然区划的目的、原则和指标不同，但基本上都是在中国三大自然地理区域（东部季风气候湿润区、西部大陆性干旱半干旱区和青藏高原高寒区）进行的划分，各体系的具体划分结果存在着显著差异（表1-2）。

中国植被区划（1980）和中国植被区划（2007）相比，中国植被区划（2007）划分指标更加详细，因此获得区划数量更多。中国综合自然区划（1959）和中国生态地理区域系统（2008）结果划分数量相似，但中国生态地理区域系统指标划分更完善，考虑积温、水分、地形等指标，中国综合自然区划（1959）作为新中国成立后我国最早的综合区划，其划分相对较为简单，而且多采用新中国成立前的数据。中国森林区划（1997）是以地貌单元为主的森林区划，但中国森林区划（1998）则考虑森林立地因素的森林区划，划分依据更加全面。国家重点生态功能区根据生态功能类型进行划分。

上述生态地理区划根据不同的形成时期和建设目标有各自不同的特点。由于退耕还林工程生态效益监测站是针对森林生态系统全指标要素，单一的生态地理区划由于侧重点不同较难满足退耕还林工程森林生态系统长期定位观测网络生态地理区划的特点。因此，需选择不同区划的指标整合形成符合布局退耕还林工程生态效益监测站要求的生态地理区划，构建退耕还林工程森林生态功能长期定位监测网络。

三、目的与意义

（一）区划与布局目的

科学规划、合理布局的退耕还林工程森林生态功能监测网络是研究退耕还林工程区森林生态学特征、监测退耕还林工程区森林生态系统动态变化、评估退耕还林工程森林生态功能的重要基础，为工程监测提供决策依据和技术保障的重要平台，为生态建设和社会可持续发展提供决策依据，为生态补偿、生态审计以及绿色 GDP 核算提供数据支撑。在解决重大科技问题、构建生态安全格局、服务国家生态文明建设等方面，退耕还林工程森林生态功能监测网络建设具有重大的科学意义和战略意义。

（1）有效监测退耕还林生态系统动态变化。退耕还林工程区的森林生态系统是一个动态系统，处于不断的变化之中。受全球气候变化、环境污染、自然灾害、森林不合理利用、人为干扰等不利因素的影响，有些人工林会逐渐退化，丧失其应有的生态服务功能，影响退耕还林工程生态效益。《中共中央关于制定国民经济和社会发展第十四个五年规划和二〇三五年远景目标的建议》，明确提出："坚持绿水青山就是金山银山理念，科学推进荒漠化、石漠化、水土流失综合治理，开展大规模国土绿化行动，开展生态系统保护评估"。然而，要长期连续、及时、精准的掌握全国退耕还林工程森林生态系统的动态变化，必须建立专项退耕还林工程生态功能监测网络。退耕还林工程森林生态功能监测网络的建设是监测退耕还林生态系统的有效手段，是掌握退耕还林生态系统变化过程和变化趋势的基础设施。

（2）科学计量退耕还林工程生态效益。生态效益是退耕还林工程的核心目标，是衡量工程成效、指引工程发展的关键指标，是制定和实施工程相关政策、法规、方案的依据，是指导工程建设的理论基础。由于退耕还林工程高度的空间异质性和生态系统复杂性，生态效益评估需要海量的、具有时空连续性的、详实可靠的生态数据支撑。这使得退耕还林工程生态效益科学计量难度远超其他林业生态工程，非一般技术手段所能够解决。森林生态连清技术体系的野外观测技术与分布式测算方法是科学计量退耕还林工程生态效益的最佳手段，而森林生态连清技术体系的基础是通过科学规划、合理布局建设一个覆盖工程区范围、涵盖工程区关键生态区域、包含工程区主要森林植被类型的专项生态功能监测网络，以提供足够的生态数据。专项生态功能监测网络积累和提供足够的数据和准确可靠的生态参数不仅可以用于生态效益评估，而且可以用于退耕还林生态系统的科学研究，从而能够更加深入地了解退耕还林生态系统的结构、功能、生态过程及恢复机制，发现森林生态系统恢复的相关知识与理论，为工程决策提供科技支撑和理论指导。

（3）服务林业"三增长"的发展战略目标。《林业发展"十三五"规划》中明确指出推进林业现代化建设，以维护森林生态安全为主攻方向，以增绿增质增效为基本要求。我国林业部门的职能重心已经从过去的木材生产逐步向提供生态产品的公共服务部门转变。习近平总书记提出的林业工作"三增长"目标，即增加森林总量、提高森林质量、增强生态功能，已成为中国林业可持续发展乃至推进中国生态文明建设和建设美丽中国的战略任务。全国第七次、第八次和第九次森林资源清查结果和森林生态系统服务功能评估结果显示，除面积和蓄积量有所增加以外，我国森林生态系统服务功能年价值分别达 10.01 万亿元、12.68 万亿元和 15.88 万亿元。在过去的十余年间，我国森林基本实现了林业"三增长"目标。《十四五林业草原保护发展规划纲要》明确的主要目标：到 2025 年，森林覆盖率达到 24.1%。森林蓄积量达到 190 亿立方米，森林生态系统服务价值达到 18 万亿元。退耕还林工程作为我国重大林业生态工程之一，是提高全国森林面积、覆盖率、蓄积量以及生态系统服务功能的有效途径，退耕还林工程生态监测区划和布局有助于退耕还林区森林生态系统质量和生态服务功能的提升，符合林业“三增长”发展战略目标，也是林业发展对退耕还林工程建设的必然要求。

（4）完善中国森林生态系统定位观测研究网络体系。我国森林生态系统定位观测研究经历了专项半定位观测研究、生态站长期定位观测、生态站联网协作三个阶段。在国家尺度上，实现了合理布局、科学规划，已经建成了一个规范化、标准化的国家森林生态系统研究网络。近年来，我国在省份尺度上也开展了森林生态系统定位观测网络的研究和建设，并且初具规模。尽管在全国森林生态功能监测站布局规划中明确了以重大林业生态工程为导向，但也只是部分站点具有兼顾退耕还林工程或天然林保护工程森林生态功能监测，林业重大工程尺度上的生态监测网络依然是一个空白。退耕还林工程生态监测站的规划和建设将填补这一类型生态监测网络的空白，使我国森林生态系统定位观测研究网络涵盖尺度更宽、层次更清晰、体系更完善。

（5）解决林业重大科学问题的研究平台。退耕还林工程森林生态系统是我国森林生态系统的重要组成部分，可为森林生态恢复过程研究提供数据支撑。退耕还林工程生态功能监测网络的建设能够建成一个跨区域、多尺度、多类型的研究网络，为林业重大科学问题的研究和解决提供基础数据，也是相关研究人员交流合作、共享数据、联合攻关的优良合作创新平台。此外，退耕还林工程监测网络可以为森林碳汇、森林生态系统健康、森林近自然经营等重大科学问题多尺度、跨区域、跨学科、多纬度研究提供有效的研究平台。

（6）支撑生态建设和社会可持续发展。退耕还林工程森林生态系统定位观测研究工作通过森林生态系统长期野外观测与研究，并结合室内模拟试验、遥感、模型模拟和传感器网络等高新技术手段，实现对全国主要退耕还林工程区的森林生态系统和环境状况的长期、综合的观测和研究，不仅为生态学的发展作出贡献，还为《全国重要生态系统保护和修复重大工程总体规划（2021—2035 年）》中提出的青藏高原生态屏障区、黄河重点生态区（含黄土高原生态屏障）、长江重点生态区（含川滇生态屏障）、东北森林带、北方防沙带、南方丘陵山地带和海岸带等重点区域生态保护和修复工作提供重要的科技支撑，同时，为《中国农村扶贫开发纲要（2011—2020 年）》（中共中央、国务院，2011）提出的 11 个集中连片特困地区和 3 个已明确实施特殊扶持政策地区的精准扶贫作出贡献，还为改善我国生态系统管理状况、保证自然资源可持续利用、促进社会经济可持续发展提供科学技术支撑。

（二）区划与布局意义

党的十八大以来，从山水林田湖草的“命运共同体”初具规模，到绿色发展理念融入生产生活，再到经济发展与生态改善实现良性互动，以习近平同志为核心的党中央将生态文明建设推向新高度，美丽中国新图景徐徐展开。党的十九大报告指出，“中国特色社会主义进入新时代，我国社会主要矛盾已经转化为人民日益增长的美好生活需要和不平衡不充分的发展之间的矛盾。”我国的生态文明建设应该准确把握这个时代特征，全面融入中国特色社会主义建设“五位一体”总体布局和“四个全面”战略布局伟大事业中，为人民提供更多的生态产品，成为解决新时期社会主要矛盾的重要战略突破。

退耕还林工程作为事关人民福祉的重大林业生态工程，对其进行生态效益监测是国家生态文明建设的需要，是应对区域政策的需要，是党中央、国务院和主管部门决策的需要，是巩固退耕还林工程成果的迫切需要。依照党的十五届五中全会通过的《中共中央关于制定国民经济和社会发展第十四个五年规划和二〇三五年远近目标的建议》中“坚持绿水青山就是金山银山，科学推进荒漠化、石漠化、水土流失综合治理，开展大规模国土绿化行动”等长期目标任务要求，新阶段退耕还林工程将以高质量发展为主体，以提升综合效益为目标，优化国土空间利用格局。从推进退耕还林工程走高质量发展之路，以及我国经济社会发展的新常态、快速增长的科技新需求来看，退耕还林工程生态监测区划和布局具有以下意义：

（1）退耕还林工程生态效益评估的迫切需要。退耕还林工程已经实施20余年，国家累计投资5000多亿元。那么退耕还林工程到底取得了哪些生态效益，未来还能够发挥多大的生态效益，工程下一步如何巩固和增强退耕还林工程的生态效益，这些问题不能够靠定性描述解决，必须用数据说话，向人民报账。因此，必须尽快建设退耕还林工程生态监测网络，获取退耕还林工程生态连清数据集，进而完成生态效益的科学评估。

（2）适应“互联网＋退耕还林工程”的大数据时代需要。退耕还林工程是重点生态工程，由于多年来没有建立专项监测网络，使得本底数据积累较少，丧失了宝贵的时间和机遇，这是无法弥补的。下一步，应立刻抓紧时间建设退耕还林工程生态监测网络，获得更多的退耕还林工程监测数据，紧抓“互联网＋”的时代浪潮，结合物联网技术、云技术、大数据处理技术、大数据平台与后台管理系统等现代化的科技手段，实现“互联网＋退耕还林工程”的实时数据传递云存储。

（3）整合野外监测平台和专项资源的科学需要。目前对退耕还林工程的观测还没有形成科学的体系和高效的平台，在国家网络中兼顾退耕还林工程生态效益监测的生态站所开展的相关研究大多集中在省域尺度，缺少跨区域的协作研究，成为制约进行退耕还林工程生态效益联合监测研究发展的一个重大障碍，限制了退耕还林工程整体格局和规律研究的突破、创新和发展。有效整合野外监测平台和专项资源成为当前退耕还林工程工作的重点。

此外，2014年发布的《全国生态保护与建设规划（2013—2020年）》提出，“加大对森林、草原、荒漠、湿地与河湖、城市、海洋等生态系统以及生物多样性、水土流失监测力度。强

化监测体系和技术规范建设；强化部门协调，建立信息共享平台；强化生态状况综合监测评估，实行定期报告制度，以适当方式向社会公布。”中央全面深化改革委员会第十三次会议审议通过的《全国重要生态系统保护和修复重大工程总体规划（2021—2035 年）》中，明确提出“加强生态保护和修复领域科技创新，开展生态保护修复基础研究、技术攻关、装备研制、标准规范建设，推进服务于生态保护和修复的国家重点实验室、生态定位观测研究站、国家级科研示范基地等科研平台建设。”

随着生态文明监测的推进，以及生态工程、森林生态等方面科学技术的发展，整合野外监测平台和专项资源，形成具有明确工程指向性的联合观测研究平台尤为重要，特别是能够与国际上同领域的先进生态站网络深层次合作的平台，成为解决更大尺度区域性综合科学问题、产出具有更大影响的科学成果、迎接国家目标和行业需求以及国际发展带来的一系列重大机遇和挑战的迫切需要。

第二章 退耕还林工程生态功能监测区划

退耕还林工程建设范围广，覆盖森林植被类型多，是我国森林生态系统的重要组成部分。因此，退耕还林工程生态功能监测区划体系既是森林生态系统长期定位研究的基础，又是评估全国退耕还林工程生态效益的基础，不同生态功能区之间存在着客观内在联系又有所区分，体现出森林生态功能监测站之间相互补充、相互依存、相互衔接的特点和构建网络的必要性（郭慧，2014）。基于此，要合理布局森林生态系统长期定位观测台站，构建退耕还林工程森林生态系统长期定位观测站网络，满足退耕还林工程生态效益评估的基础数据需求，开展退耕还林工程生态功能监测区划。

一、区划原则

（一）工程实施范围、林种类型和植被恢复模式

退耕还林工程覆盖全国25个省份和新疆生产建设兵团，从北到南横跨寒温带、中温带、暖温带、亚热带、热带等多个气候带，从西到东广泛分布于青藏高寒区、干旱半干旱地区、低山丘陵区等多个地形区，包括丰富的乔、灌、草等植被类型，涵盖退耕地还林、封山育林、宜林荒山荒地造林3个植被恢复模式和生态林、经济林、灌木林3个林种类型。因此，退耕还林工程生态功能监测区划应以退耕还林工程实施区域的森林生态功能监测为主要目标，并与退耕还林工程的林种类型和植被恢复模式紧密结合，以满足不同层面的退耕还林工程生态效益评估需求。

（二）生态区域空间异质性

退耕还林工程建设范围广，其森林生态系统因气候、地貌、地形、土壤条件的不同，表现出与此相关的生态系统的分异，进一步造成退耕还林工程森林生态功能和生态效益的差异。根据这些差异，划分出具有不同生态功能和生态效益的退耕还林生态监测单元，同时保证生态监测单元内部的相对均质性，即气候、地形、土壤等生态环境的相对一致性，使监测区划既适合“自上而下”顺序划分，又适合于“自下而上”的逐级合并。

（三）典型生态区

退耕还林工程的实施旨在减少水土流失，改善生态环境，而我国典型生态区是生态环境脆弱、亟待修复，关乎国家生态安全的重点区域，也是退耕还林工程的主要实施区域。因此，退耕还林工程生态功能监测区划要融合全国重要生态系统保护和修复重大工程区、全国生态脆弱区、国家生态屏障区和国家重点生态功能区等多项典型生态区，以增加典型生态区退耕还林工程生态功能监测和生态效益核算与评估的关键空间数据，为后续退耕还林工程生态功能监测网络的布局奠定基础，切实满足退耕还林工程生态效益评估的需要。

二、区划方法

退耕还林工程生态功能监测区划采用分层抽样方法，依据上述区划原则，构建退耕还林工程生态功能监测区划指标体系，利用 ArcGIS 空间分析技术实现退耕还林工程生态地理区划。在此基础上，提取相对均质区域作为退耕还林工程生态功能监测网络规划的目标靶区，并对森林生态站的监测范围进行空间分析，确定退耕还林工程生态功能监测网络规划的有效区划单元，获取退耕还林工程生态功能监测区划。

（一）区划技术流程

在对退耕还林工程实施背景进行分析后，收集获取相关资料，对比分析中国典型生态地理区划，并分析影响退耕还林工程森林生态功能的关键因素，构建适用于退耕还林工程生态功能监测区划的指标体系；基于所构建的指标体系，利用 ArcGIS 空间叠置分析、合并面积指数、地统计学和复杂区域均值模型等方法完成退耕还林工程生态功能监测区划。技术流程如图 2-1 所示。

（二）空间抽样方法

抽样是进行退耕还林工程生态功能监测区划与布局的基本方法。抽样主要分为概率抽样和非概率抽样两大类型，包括简单随机抽样、系统抽样、分层抽样、整群抽样、多阶段抽样、PPP 抽样等多种抽样方法，其中简单随机抽样、系统抽样和分层抽样是使用最广泛的经典抽样模型。

（1）简单随机抽样（simple random sampling）是经典抽样方法中的基础模型，是按照随机原则直接从总体中抽取若干个单位构成一个样本，抽取的样本称为简单随机样本。由于全样本方法和逐个无放回抽样是等价的。因而，也可以一次性从总体中抽出多个单元，这种样本也是简单随机样本。抽样的随机性通过抽样的随机化程序体现，而实现随机化程序则可以使用随机数字表，或者使用能产生符合要求的随机数字序列的计算机程序。

该方法简单直观，理论上符合随机原则，既是设计其他具体抽样方法的基础，又是衡量其他抽样效果的比较标准。该方法适合在目标总体 N 不是很大的条件下单独使用。同时，在抽样框完整时，可以直接从中抽选样本。由于所选概率相同，利用样本统计量对目标量进行

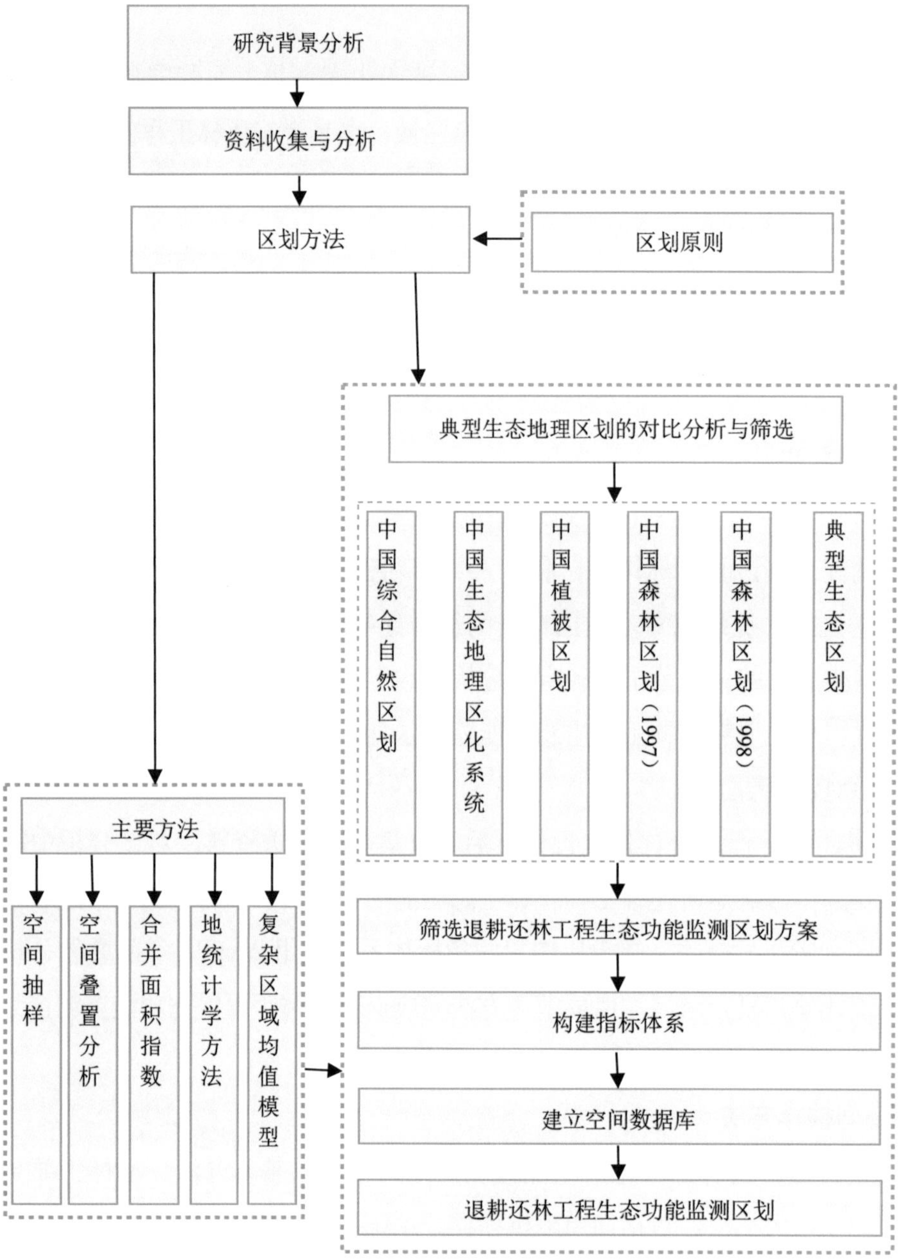

研究背景分析

资料收集与分析

区划方法

区划原则

典型生态地理区划的对比分析与筛选

中国综合自然区划

中国生态地理区化系统

中国植被区划

中国森林区划（1997）

中国森林区划（1998）

典型生态区划

主要方法

空间抽样

空间叠置分析

合并面积指数

地统计学方法

复杂区域均值模型

筛选退耕还林工程生态功能监测区划方案

构建指标体系

建立空间数据库

退耕还林工程生态功能监测区划

图 2-1　布局技术流程

估计较为方便。但是，当目标总体 N 很大时，该方法具有局限性。由于它要求包含所有总体单元的名单作为抽样框，当 N 很大时，建立数量庞大的抽样框并不容易。另外这种方法选出的单元很分散，给调查实施过程带来很大困难。此外，该方法也没有利用其他辅助信息来提高估计的效率。大规模调查很少直接采用简单随机抽样，通常是与其他抽样方法结合使用。

（2）系统抽样（systematic sampling）是经典抽样中较为常用的方法，是一种将总体中的抽样单元按某种次序排列，在规定的范围内随机抽取一个（或一组）初始单元，随后按某个规则确定其他样本单元的抽样方法。最典型的系统抽样是从数字 1 ～ k 之间随机抽取一个数字 m 作为抽选起始单元，然后依次抽取 $m+k$，$m+2k$，…，单元，所以可以把系统抽样看

作是将总体内的单元按顺序分成 k 群，用相同的概率抽取出一个群的方法。需要注意的是，如果在抽取初始单元后按相等的间距抽取其余样本单元，这种方法称为等距抽样。系统抽样的优点是只有初始单元需要抽取，组织、操作实施较为简便。该方法特别适合总体分布具有规律性的情况。其估计精度可以通过设定抽样规则、利用样本辅助信息等方式得到保证。但是，系统抽样方法显而易见的缺点是对估计量方差的估计比较困难。

（3）分层抽样（stratified sampling）又称为分类抽样或类型抽样，是指按照某种规则把总体划分为不同的层，然后在层内再进行抽样，各层的抽样是独立进行的。估计过程先在各层内进行，再由各层的估计量进行加权平均或求和最终得到总体的估计量。它是把异质性较强的总体分成一个个同质性较强的子总体，再从不同的子总体中抽取样本分别代表该子总体，所有样本的集合进而代表总体。空间异质性分层抽样能够分别估计出总体和各层的特征值。该种抽样方法是将总体单位按照其属性特征划分为若干同质类型或层，然后在类型或层中随机抽取样本单位。通过划类分层，获得共性较大的单位，更容易抽选出具有代表性的调查样本。该方法适用于总体情况复杂、各单位之间差异较大和单位较多的情况。当层间差异较大、层内差异较小时，该抽样方法能够显著提高估计精度。在抽样单元比较集中的情况下，使用分层抽样组织、实施调查就更为容易。基于上述优点，分层抽样广泛应用于动物分布、森林调查中。根据 Cochran 分层标准，分层属性值相对近似的分到同一层。传统的分层抽样中，样本无空间信息，但在空间分层抽样中，这种标准会使分层结果在空间上呈现离散分布，无法进行下一步工作。因此，在结合空间异质性信息进行分层抽样时，分层抽样除了要达到普通分层抽样的要求，还应具有空间连续性。该思路符合地理学第一定律（Tobler's First Law）：在进行空间分层抽样时，距离越近的对象，其相似度越高（Miller，2004）。

森林生态系统结构复杂，符合分层抽样的要求。退耕还林工程森林生态系统结构同样复杂，可以通过分层抽样的方法，以点带面，实现国家和区域范围的长期定位连续观测。另外，空间异质性分层抽样是研究全球及区域尺度环境变化的重要方式，也被应用于资源清查中生态质量与生态系统服务功能的调查研究。国家尺度退耕还林工程生态功能监测网络布局体系应选择典型的、有代表性的生态学研究区域进行长期生态学研究（Strayer et al.，1988），将空间异质性分层抽样思想应用于退耕还林工程生态功能监测区划中，既体现了退耕还林工程监测工作的全局意识，又兼顾了监测区划单元的独特性。因此，空间异质性分层抽样是进行退耕还林工程生态功能监测区划的合适方法。

（三）构建区划指标体系

区划是具有明确目标的一种地理分析方式。区划的目标是决定区划方法与区划指标的核心，贯穿于区划指标体系、空间数据库建立、空间分析的整个过程。张新时院士的区划是为了明确中国植被地理格局，指导区域农林生产；吴中伦院士是为了论述中国森林的总体概

况进行区划；郑度院士是为了明确地理区域系统进行的区划。退耕还林工程生态功能监测区划的目标是服务于工程森林生态功能的监测与生态效益的评估。区划表现出来的是划区，其关键在于界限与区域信息。退耕还林工程生态效益监测站布局区划的区域信息是围绕森林生态功能监测评估这个核心展开，而影响工程森林生态功能的主要因素包括退耕还林工程实施范围、森林分区、气候、典型生态区等方面。因此，在区划中必须包涵这几类信息。退耕还林工程实施范围可根据全国退耕还林工程县级实施面积信息获得。中国森林区划（1997），是针对全国森林分布特征所作出的区划，是很多林业政策、工程实施的依据。尽管其做到了二级区划，但由于退耕还林工程与地带性植被弱相关的特殊性，其一级区划更适用于退耕还林工程生态功能监测区划。

在气候区划方面，《中国生态地理区域系统研究》（郑度，2008）最为细致，对各温度带及湿润与干旱地区的划分进行深入分析，详细地调查了秦岭、南亚热带与热带等过渡区域特征，并分析了气候带波动性等问题，而且在区划过程中有效地借助神经网络等计算机技术。因此，选取《中国生态地理区域系统研究》中的气候区划作为退耕还林工程生态功能监测区划的气候指标。将退耕还林工程实施范围区划、中国森林区划（1997）的一级区划和气候区划进行空间叠置分析可以获取退耕还林工程的生态地理区划。退耕还林工程的生态地理区划，能够提供退耕还林工程的地理分区和气候特征，但这些因素没有突出区域的生态典型性，仅将退耕还林工程各种森林生态功能视为同一水平，而改善生态修复区和脆弱区的生态环境、减缓水土流失等生态功能是典型生态区退耕还林工程实施的关键生态诉求。因此，将全国重要生态系统保护和修复重大工程、全国生态脆弱区、国家生态屏障区和国家重点生态功能区等作为典型生态区，与退耕还林工程生态地理区划叠加，得到退耕还林工程生态功能监测区划。退耕还林工程生态功能监测区划涵盖了影响退耕还林工程生态效益核算的关键要素，且包含有退耕还林工程生态功能核算的关键空间数据，才能够满足退耕还林工程生态效益监测的实际需要。

1. **气候指标**

中国幅员辽阔，受纬度、地势和与海洋距离的影响，气候类型多样。从整体上看，中国东部属于季风气候，西北部属于温带大陆性气候，青藏高原由于海拔较高，气候比较独特，属于高寒气候。随着地势和海陆位置的影响，从近海到内陆可分为湿润地区、半湿润地区、半干旱地区和干旱地区。

（1）温度指标。本规划通过对比分析我国已有的综合自然区划，以郑度院士《中国生态地理区域系统研究》的“中国生态地理区域划分”为主导（图 2-2），根据温度指标 [≥ 10℃积温日数（天），≥ 10℃积温数值（℃）]，结合全国气象站 30 年日值气象数据确定不同温度区域的划分（表 2-1）。

表 2-1　温度指标（郑度，2008）

温度带	主要指标		辅助指标		
	≥积温日数（天）	≥积温数值（℃）	1月平均气温（℃）	7月平均气温（℃）	平均年极端最低气温（℃）
寒温带	<100	<1600	<-30	<16	<-44
中温带	100～170	1600～3200（3400）	-30～-12（-6）	16～24	-44～-25
暖温带	170～220	3200（3400）～4500（4800）	-12（-6）～0	24～28	-25～-10
北亚热带	220～240	4500（4800）～5100（5300） 3500～4000	0～4 3（5）～6	28～30 18～20	-14（-10）～-6（-4） -6～-4
中亚热带	240～285	5100（5300）～6400（6500） 4000～5000	4～10 5（6）～9（10）	28～30 20～22	-5～0 -4～0
南亚热带	285～365	6400（6500）～8000 5000～7500	10～15 9（10）～13（15）	28～29 22～24	0～5 0～2
边缘热带	365	8000～9000 7500～8000	15～18 13～15	28～29 >24	5～8 >2
中热带	365	>8000（9000）	18～24	>28	>8
赤道热带	365	>9000	>24	>28	>20
高原亚寒带	<50		-18～-10（-12）	6～12	
高原温带	50～180		-10（-12）～0	12～18	

（2）水分指标。该区划的水分指标通过干湿指数进行衡量。全国共有 4 个等级的水分区划，即湿润地区、半湿润地区、半干旱地区和干旱地区(表 2-2)。干湿指数的计算方式如下，

$$La=ET_0/P \tag{2-1}$$

式中：ET_0—— 参考作物蒸散量（毫米 / 月）；

P—— 年均降水量（毫米）；

La—— 干湿指数。

表 2-2　水分指标（郑度，2008）

水分区划类型	干湿指数
湿润类型	≤0.99
半湿润类型	1.00≤1.49

（续）

水分区划类型	干湿指数
半干旱类型	1.50≤3.99
干旱类型	≥4.00

基于温度指标和水分指标的区结果，获得中国生态地理区域图（图 2-2）。

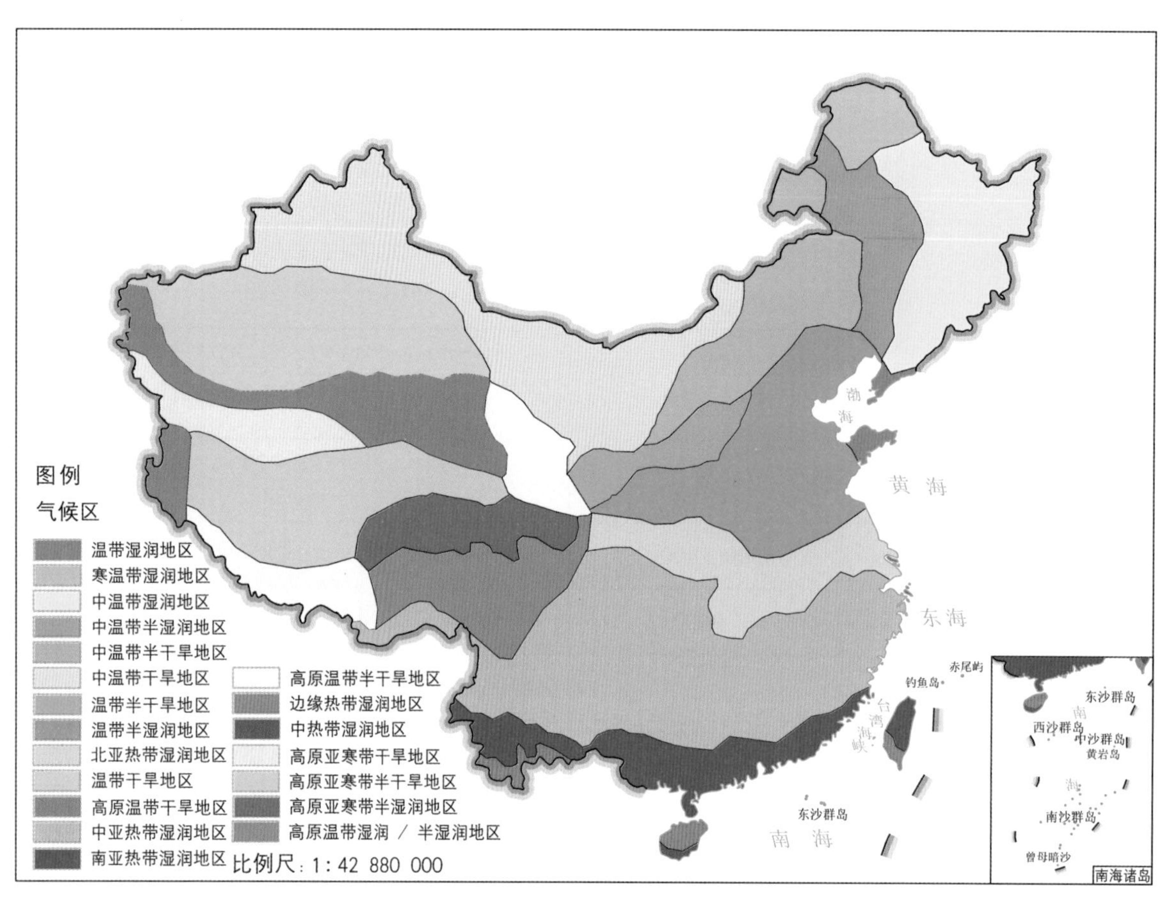

图 2-2　中国生态地理区域

2. 工程实施范围指标

退耕还林工程是我国乃至世界上投资最大、政策性最强、涉及面最广、群众参与程度最高的一项重大生态工程，其实施范围广，涉及 25 个工程省份和新疆生产建设兵团。退耕还林工程生态功能监测区划应覆盖全部退耕还林工程实施区域，实施范围如图 2-3 所示。

3. 森林植被指标

中国森林区划（吴中伦，1997）侧重于森林类型自然分布和主要森林自然地理环境特点，将中国森林分为两级，很好地反映了我国森林的地带性分布特征。I 级区，即“地区”，反映大的自然地理区，以及较大空间范围、自然地理环境特征和地带性森林植被的一致性，如东北地区、华北地区、西南高山峡谷地区等；在林业上则反映大的林业经营方向和经营特征的一致性，如东北地区主要是中国东部的温带，以温带针叶林和针阔叶混交林构成的天然

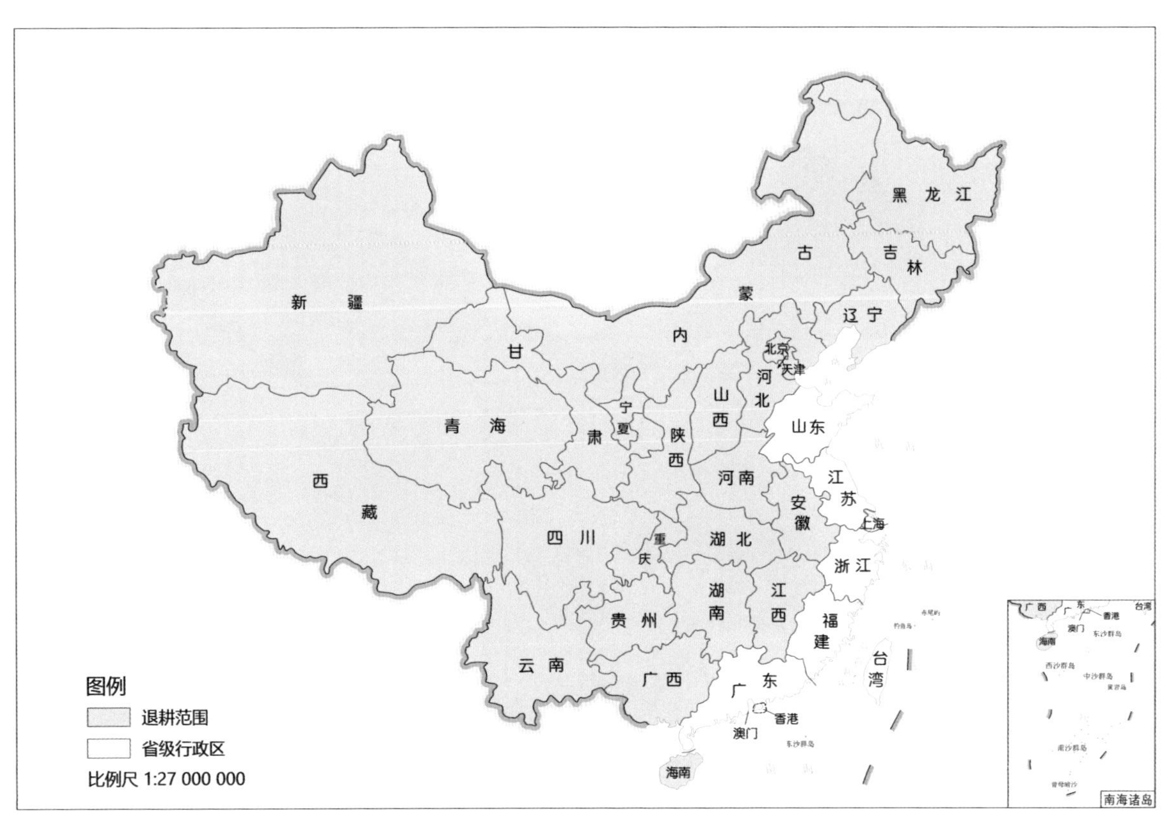

图 2-3 退耕还林工程实施范围

用材林区为主体；而华北区是中国东部暖温带，以华北山地水土保持林和华北平原农田防护林为主要经营方向等。I 级区的分界线基本上是以比较完整的地理大区，一般以大地貌单元为单位，以大地貌的自然分界为主。II 级区，即“林区”，是反映较小、较具体的自然地理环境的空间一致性，如相同或相近的地带性森林类型、树种、经营类型、经营方式等。一般以自然流域或山系山体为单位，以流域和山系山体的边界为界（图 2-4）。由于退耕还林工程与地带性植被弱相关的特殊性，中国森林区划一级区划更适用于退耕还林工程生态功能监测区划，以反映退耕还林工程植被所处于的地理大区。

地形地貌和土壤条件也对退耕还林生态功能的发挥有着重要影响。中国位于亚洲东部，国土总面积约为 960 万平方千米，地势西高东低，呈阶梯状，山地、高原和丘陵约占陆地总面积的 67%。中国地势呈三级阶梯状逐级下降，青藏高原平均海拔超 4000 米，气候条件独特，是中国第一阶梯；青藏高原以东的内蒙古高原、新疆地区、黄土高原、四川盆地和云贵高原是中国地势的第二阶梯；其余地区多为平原和丘陵，为中国第三级阶梯。中国土壤分布受气候和植被情况的影响。因此，我国土壤从南到北随着温度变化而不同，如热带地区多为砖红壤，南亚热带多为赤红壤，中亚热带多为红壤，北亚热带多为黄褐土和黄棕壤，温带多棕壤，寒温带多针叶林土。南方土壤偏酸性，北方土壤偏盐碱化，东部土壤中性，氮、磷、钾养分普遍缺乏，西部土壤较为贫瘠，有机质含量较低。

由于地形地貌、土壤分布与植被分布具有非常紧密的关系，因此植被类型可以反映出

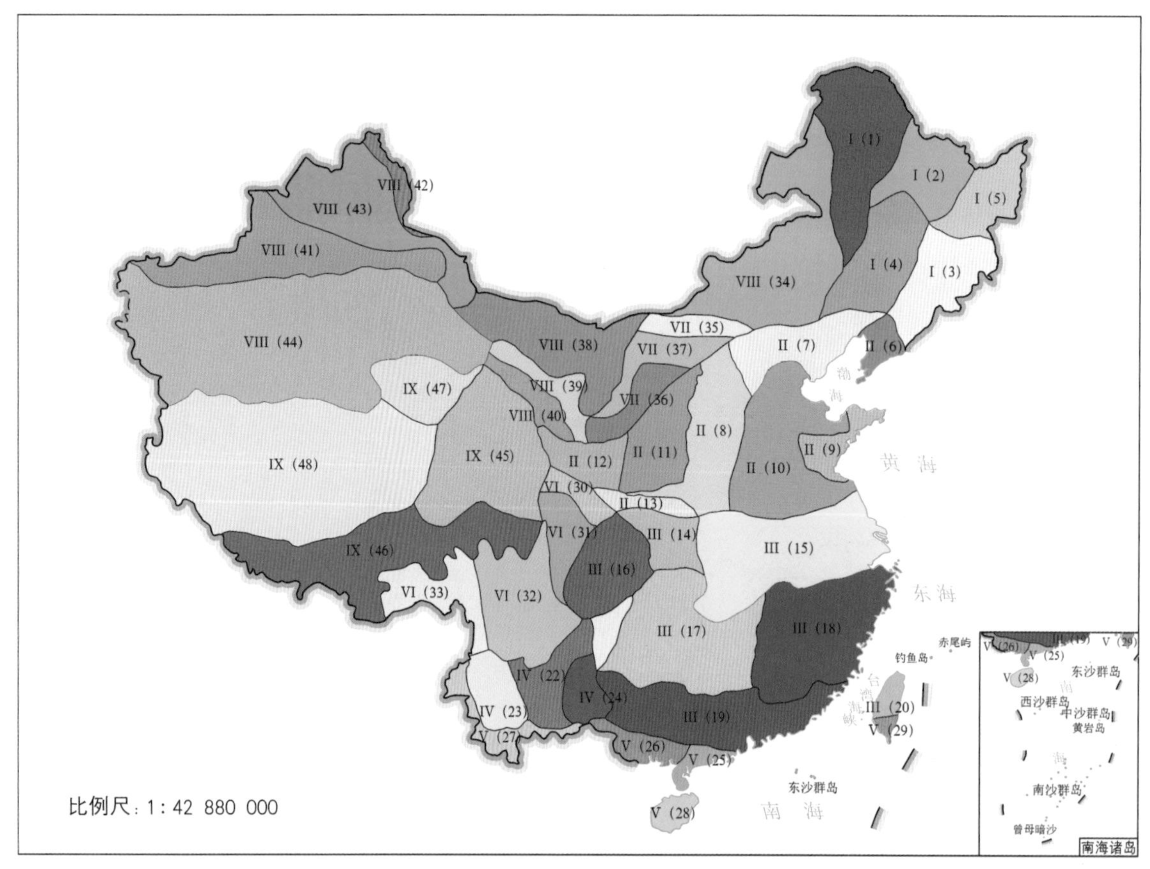

图 2-4 中国森林分区

地形地貌及土壤类型特征，地形地貌和土壤信息隐含在植被区划之中。所以在本区划中不单独将地形地貌和土壤类型作为单独区划指标而是将其与植被指标相结合。

4. 典型生态区指标体系

典型生态区是指生态环境脆弱、亟待修复、关乎国家生态安全的重点区域，也是退耕还林工程的主要实施区域。因此，本研究选取全国重要生态系统保护和修复重大工程区、全国生态脆弱区、国家生态屏障区和国家重点生态功能区，作为退耕还林工程生态功能监测区划的典型生态区指标体系。

（1）全国重要生态系统保护和修复重大工程。2020 年，国家发展改革委、自然资源部联合印发的《全国重要生态系统保护和修复重大工程总体规划（2021—2035 年）》（以下简称《规划》），是以习近平新时代中国特色社会主义思想为指导，全面贯彻落实党的十九大和十九届二中、三中、四中全会精神，深入贯彻习近平生态文明思想，按照党中央、国务院决策部署，坚持新发展理念，统筹山水林田湖草一体化保护和修复，在全面分析全国自然生态系统状况及主要问题、与《全国生态保护与建设规划（2013—2020 年）》及正在推动的国土空间规划体系充分衔接的基础上，以“两屏三带”及大江大河重要水系为骨架的国家生态安全战略格局为基础，突出对京津冀协同发展、长江经济带发展、粤港澳大湾区建设、海南全面深化改革开放、长三角一体化发展、黄河流域生态保护和高质发展等国家重大战略的生态

支撑，统筹考虑生态系统的完整性、地理单元的连续性和经济社会发展的可持续性，研究提出了到 2035 年推进森林、草地、荒漠、河流、湖泊、湿地、海洋等自然生态系统保护和修复工作的主要目标，以及统筹山水林田湖草一体化保护和修复的总体布局、重点任务、重大工程和政策举措。《规划》将全国重要生态系统保护和修复重大工程规划布局在青藏高原生态屏障区、黄河重点生态区（含黄土高原生态屏障）、长江重点生态区（含川滇生态屏障）、东北森林带、北方防沙带、南方丘陵山地带和海岸带等重点区域，具体区划如图 2-5。

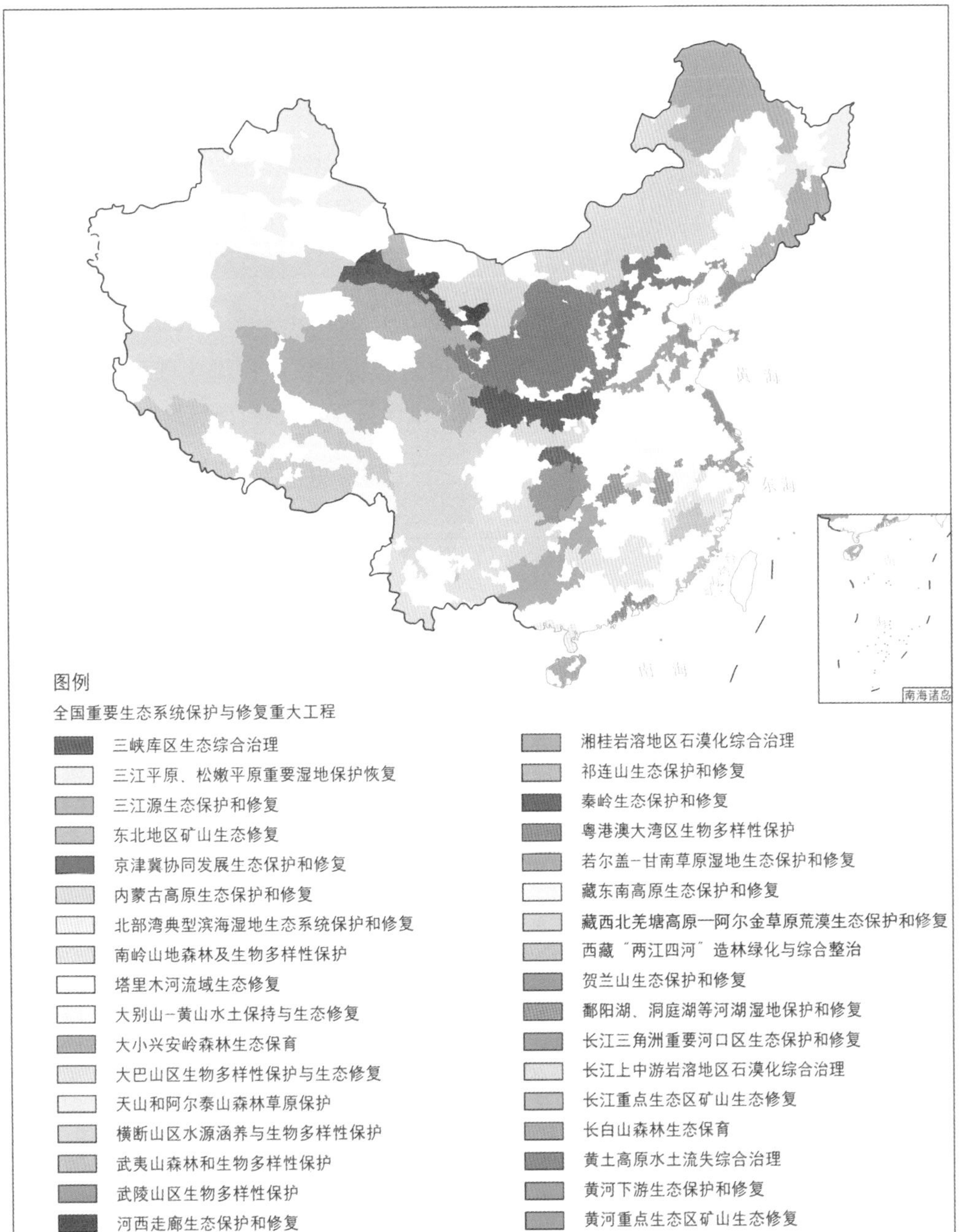

图例

全国重要生态系统保护与修复重大工程

三峡库区生态综合治理
三江平原、松嫩平原重要湿地保护恢复
三江源生态保护和修复
东北地区矿山生态修复
京津冀协同发展生态保护和修复
内蒙古高原生态保护和修复
北部湾典型滨海湿地生态系统保护和修复
南岭山地森林及生物多样性保护
塔里木河流域生态修复
大别山-黄山水土保持与生态修复
大小兴安岭森林生态保育
大巴山区生物多样性保护与生态修复
天山和阿尔泰山森林草原保护
横断山区水源涵养与生物多样性保护
武夷山森林和生物多样性保护
武陵山区生物多样性保护
河西走廊生态保护和修复
海南岛热带生态系统保护和修复
海峡西岸重点海湾河口生态保护和修复
湘桂岩溶地区石漠化综合治理
祁连山生态保护和修复
秦岭生态保护和修复
粤港澳大湾区生物多样性保护
若尔盖-甘南草原湿地生态保护和修复
藏东南高原生态保护和修复
藏西北羌塘高原—阿尔金草原荒漠生态保护和修复
西藏“两江四河”造林绿化与综合整治
贺兰山生态保护和修复
鄱阳湖、洞庭湖等河湖湿地保护和修复
长江三角洲重要河口区生态保护和修复
长江上中游岩溶地区石漠化综合治理
长江重点生态区矿山生态修复
长白山森林生态保育
黄土高原水土流失综合治理
黄河下游生态保护和修复
黄河重点生态区矿山生态修复
黄渤海生态综合整治与修复

比例尺 1:43 000 000

图 2-5 全国重要生态系统保护和修复重大工程区

（2）全国生态脆弱区。我国是世界上生态脆弱区分布面积最大、脆弱生态类型最多、生态脆弱性表现最明显的国家之一（环境保护部，2008）。我国生态脆弱区大多位于生态过渡区和植被交错区，处于农牧、林牧、农林等复合交错带，是我国目前生态问题突出、经济相对落后和人民生活贫困的区域。同时，也是我国环境监管的薄弱地区。加强生态脆弱区保护，增强生态环境监管力度，促进生态脆弱区经济发展，有利于维护生态系统的完整性，实现人与自然的和谐发展，是贯彻落实科学发展观，牢固树立生态文明观念，促进经济社会又好又快发展的必然要求。

2008年，环境保护部印发《全国生态脆弱区保护规划纲要》指出，我国生态脆弱区主要分布在北方干旱半干旱区、南方丘陵区、西南山地区、青藏高原区及东部沿海水陆交接地区，行政区域涉及黑龙江、内蒙古、吉林、辽宁、河北、山西、陕西、宁夏、甘肃、青海、新疆、西藏、四川、云南、贵州、广西、重庆、湖北、湖南、江西、安徽等21个省（自治区、直辖市）。主要类型包括东北林草交错生态脆弱区、北方农牧交错生态脆弱区、西北荒漠绿洲交接生态脆弱区、南方红壤丘陵山地生态脆弱区、西南岩溶山地石漠化生态脆弱区、西南山地农牧交错生态脆弱区、青藏高原复合侵蚀生态脆弱区、沿海水陆交接带生态脆弱区8个主要分布区（图2-6、表2-3）。生态脆弱区退耕还林工程的实施对于脆弱区生态修复意义重大。

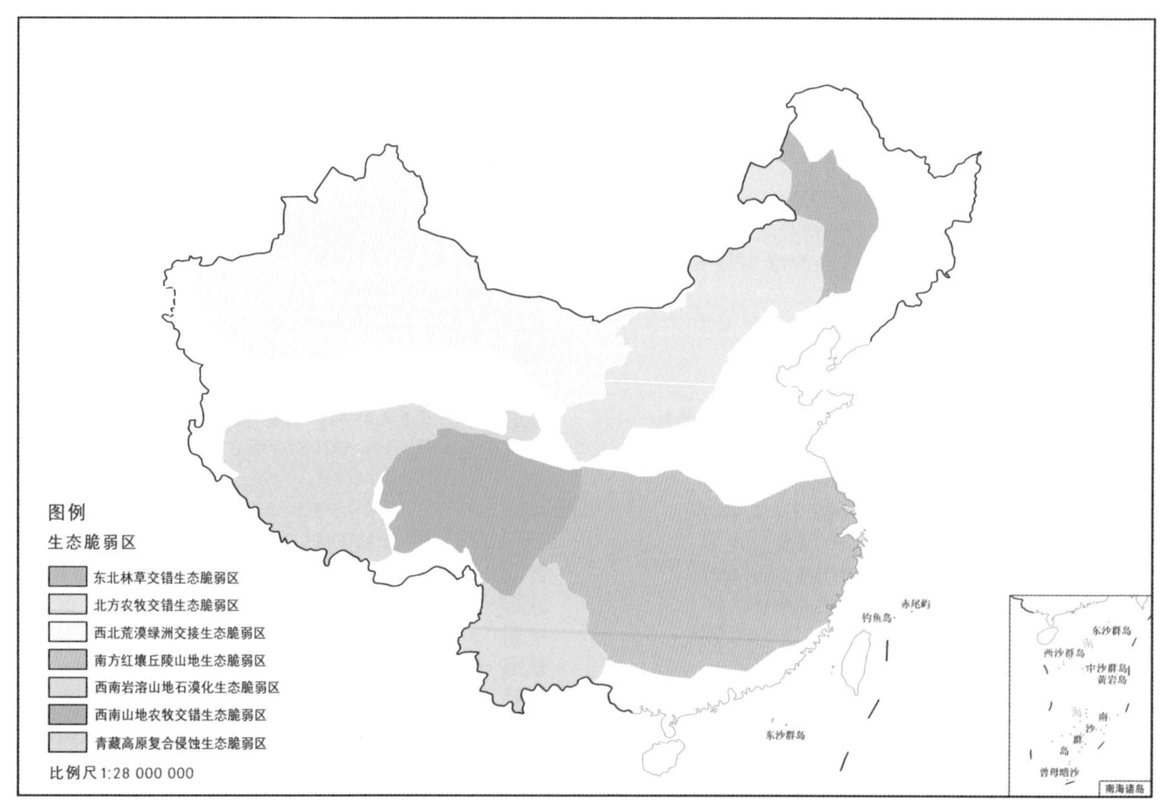

图2-6　全国生态脆弱区分布示意图

表 2-3　全国生态脆弱区重点保护区域及发展方向

生态脆弱区名称	序号	重点保护区域	主要生态问题	发展方向与措施
东北林草交错生态脆弱区	1	大兴安岭西麓山地林草交错生态脆弱重点区域	天然林面积减小，稳定性下降；水土保持、水源涵养能力降低，草地退化、沙化趋势激烈	严格执行天然林保护政策，禁止超采过牧、过度垦殖和无序采矿，防止草地退化与风蚀沙化，全面恢复林草植被，合理发展生态旅游业和特色养殖业
北方农牧交错生态脆弱区	2	辽西以北丘陵灌丛草原垦殖退沙化生态脆弱重点区域	草地过垦过牧，植被退化明显，土地沙漠化强烈，水土流失严重，气候干旱，水资源短缺	禁止过度垦殖、樵采和超载放牧，全面退耕还林(草)防治草地退化、沙化，恢复草原植被，发展节水农业和生态养殖业
	3	冀北坝上典型草原垦殖退沙化生态脆弱重点区域	草地退化，土地沙化趋势激烈，风沙活动强烈，干旱、沙尘暴等灾害天气频发，水土流失严重	严禁滥砍滥挖，全面退耕还林还草，严格控制耕地规模，禁牧休牧，以草定畜，大力推行舍饲圈养技术发展新型有机节水农业和生态养殖业
	4	阴山北麓荒漠草原垦殖退沙化生态脆弱重点区域	草地退化、沙漠化趋势激烈，风沙活动强烈，土壤侵蚀严重，气候灾害频发，水资源短缺	退耕还林还草，严格控制耕地规模，禁牧休牧，以草定畜，恢复植被，全面推行舍饲圈养技术，发展新型农牧业，防止草地沙化
	5	鄂尔多斯荒漠草原垦殖退沙化生态脆弱重点区域	气候干旱，植被稀疏，风沙活动强烈，沙漠化扩展趋势明显，气候灾害频发，水土流失严重	严格退耕还林还草，全面围封禁牧，恢复植被，防止沙丘活化和沙漠化扩展，加强矿区植被重建，发展生态产业
西北荒漠绿洲交接生态脆弱区	6	贺兰山及蒙宁河套平原外围荒漠绿洲生态脆弱重点区域	土地过垦，草地过牧，植被退化，水土保持能力下降，土壤次生盐渍化加剧，水资源短缺	禁止破坏林木资源，严格控制水土流失，发展节水农业，提高水资源利用效率，防止土壤次生盐渍化，合理更新林地资源
	7	新疆塔里木盆地外缘荒漠绿洲生态脆弱重点区域	滥伐森林，草地过牧，植被退化严重，高山雪线上移，水资源短缺，土壤贫瘠，风沙活动强烈，土地荒漠化及水土流失严重	严格保护林木资源和山地草原生态系统，禁止采伐过牧和过度利用水资源，发展节水型高效种植业和生态养殖业，防止土壤侵蚀与荒漠化扩展
	8	青海柴达木高原盆地荒漠绿洲生态脆弱重点区域	草地过牧，乱采滥挖，植被严重退化，水土保持及水源涵养能力下降，荒漠化扩展趋势明显	严禁乱采、滥挖野生药材，以草定畜、禁牧恢复、限牧育草，加强天然林保护，围栏封育，恢复草地植被，防治水土流失
南方红壤丘陵山地生态脆弱区	9	南方红壤丘陵山地流水侵蚀生态脆弱重点区域	土地过垦、林灌过樵，植被退化明显，水土流失严重，生态十分脆弱	杜绝樵采，封山育林，种植经济型灌草植物，恢复山体植被，发展生态养殖业和农畜产品加工业
	10	南方红壤山间盆地流水侵蚀生态脆弱重点区域	土地过垦、肥力下降，植被盖度低、退化明显，流水侵蚀严重	合理营建农田防护林，种植经济灌木和优良牧草，推广草田轮作，发展生态种养业和农畜产品加工业
西南岩溶山地石漠化生态脆弱区	11	西南岩溶山地丘陵流水侵蚀生态脆弱重点区域	过度樵采，植被退化，土层薄，土壤发育缓慢，溶蚀、水蚀严重	严禁樵采和破坏山地植被，封山育林，广种经济灌木和牧草，快速恢复山体植被，发展生态旅游业

（续）

生态脆弱区名称	序号	重点保护区域	主要生态问题	发展方向与措施
西南岩溶山地石漠化生态脆弱区	12	西南岩溶山间盆地流水侵蚀生态脆弱重点区域	土地过垦，林地过樵，植被退化，流水侵蚀严重，生态脆弱	建设经济型乔灌草复合植被，固土肥田，实施林网化保护，控制水土流失，发展生态旅游和生态种殖业
西南山地农牧交错生态脆弱区	13	横断山高中山农林牧复合生态脆弱重点区域	森林过伐，土地过垦，植被退化，土壤发育不全，土层薄而贫瘠，水土流失严重	严格执行天然林保护政策，禁止超采过牧和无序采矿，防止水土流失，恢复林草植被，合理发展生态旅游业
	14	云贵高原山地石漠化农林牧复合生态脆弱重点区域	森林过伐，土地过垦，植被稀疏，土壤发育不全，土层薄而贫瘠，水源涵养能力低下，水土流失十分严重，石漠化强烈	严禁采伐山地森林资源，严格退耕还林，封山育林加强小流域综合治理，控制水土流失，合理发展生态农业、生态旅游业
青藏高原复合侵蚀生态脆弱区	15	青藏高原山地林牧复合侵蚀生态脆弱重点区域	植被退化明显，受风蚀、水蚀、冻蚀以及重力侵蚀影响，水土流失严重	全面退耕还林、退牧还草，封山育林育草，恢复植被休养生息，建立高原保护区，适当发展生态旅游业
	16	青藏高原山间河谷风蚀水蚀生态脆弱重点区域	植被退化明显，受风蚀、水蚀、冻蚀以及重力侵蚀影响，水土流失严重	全面退耕还林、退牧还草，封山育林育草，恢复植被，适当发展旅游业和生态养殖业
沿海水陆交接带生态脆弱区	17	辽河、黄河、长江、珠江等滨海三角洲湿地及其近海水域	湿地退化，调蓄净化能力减弱，土壤次生盐渍化加重，水体污染，生物多样性下降	调整湿地利用结构，全面退耕还湿，合理规划，严格控制水体污染，重点发展特色养殖业和生态旅游业
	18	渤海、黄海、南海等滨海水陆交接带及其近海水域	台风、暴雨、潮汐等自然灾害频发，过渡区土壤次生盐渍化加剧，缓冲能力减弱	科学规划，合理营建滨海防护林和护岸林，加强滨海区域生态防护工程建设，因地制宜发展特色养殖业
	19	华北滨海平原内涝盐碱化生态脆弱重点区域	植被覆盖度低，受潮汐、台风影响大，地下水矿化度高，土壤盐碱化较重	合理营建滨海农田防护林和堤岸防护林，广种耐盐碱优良牧草，发展滨海养殖业

（3）国家生态屏障区。生态安全是 21 世纪人类社会可持续发展所面临的一个新主题，是国家安全的重要组成部分，与国防安全、金融安全等具有同等重要的战略地位。生态屏障是一个区域的关键地段，其生态系统对区域具有重要作用。因此，具有良好结构的生态系统是生态屏障的主体及第一要素。它有明确的保护对象和防御对象，是保护对象的“过滤器”“净化器”和“稳定器”，是防御对象的“紧箍咒”和“封存器”（傅伯杰等，2017）。2011 年，国务院发布的《全国主体功能区划》中，明确了我国以“两屏三带”为主体的生态安全战略格局，其既是构建国土空间“三大战略格局”的重要组成部分，也是城市化格局战略和农业战略格局的重要保障性格局（图 2-7）。

"两屏三带"生态安全战略格局是构建以青藏高原生态屏障、川滇—黄土高原生态屏障、东北森林屏障带、北方防沙带和南方丘陵山地带以及大江大河重要水系为骨架，以其他国家重点生态功能区为重要支撑，以点状分布的国家禁止开发区域为重要组成部分的生态安全战略格局。

青藏高原生态屏障重点保护多样独特的生态系统，发挥涵养大江大河水源和调节气候的作用。川滇—黄土高原生态屏障重点要加强水土流失防治和天然植被保护，发挥保障长江、黄河中下游地区生态安全的作用。东北森林屏障带重点要保护好森林资源和生态多样性，发挥东北平原生态安全屏障的作用。北方防沙带（内蒙古防沙带、河西走廊防沙带和塔里木防沙带）重点要加强防护林建设、草原保护和防风固沙，对暂不具备治理条件的沙化土地实行封禁保护，发挥三北地区生态安全屏障作用。南方丘陵山地带重点加强植被修复和水土流失防治，发挥华南和西南地区生态安全屏障的作用（国务院，2010）。构建"两屏三带"生态安全战略格局，对这些区域进行切实保护，使生态功能得到恢复和提升，对于保障国家生态安全，实现可持续发展具有重要战略意义。

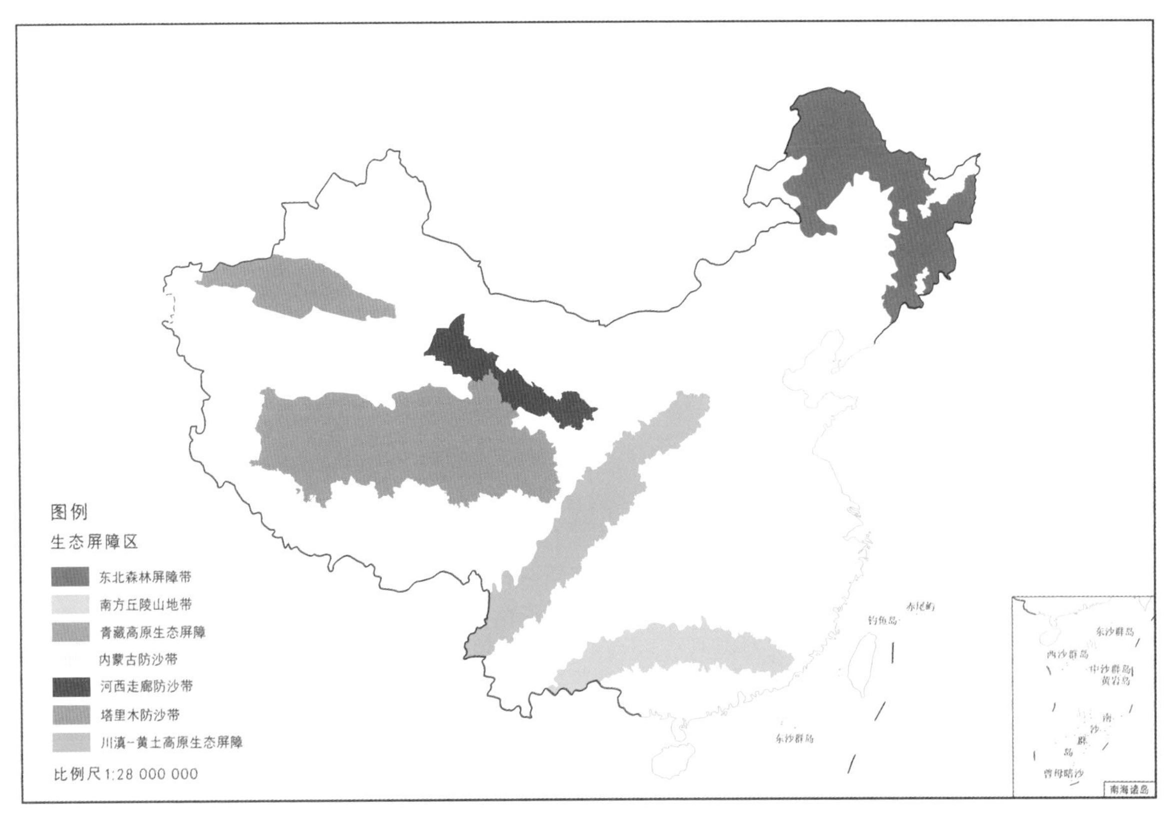

图 2-7　国家生态屏障区

注：北方防沙带包括内蒙古防沙带、河西走廊防沙带和塔里木防沙带。

（4）国家重点生态功能区。2010 年，在全国陆地国土空间及内水和领海（不包括香港、澳门、台湾地区）范围内，经过对土地资源、水资源、环境容量、生态系统重要性、自然灾害危险性、人口集聚度以及经济发展水平和交通优势等因素的综合评价，编制了《全国主体功能规划》，以保障国家生态安全重要区域，人与自然和谐相处的示范区为功能定位，经综合评价建立了包括大兴安岭森林生态功能区在内的 25 个功能区，总面积约 386 万平方千米。该规划的主要目标：第一，增强生态服务功能，改善生态环境质量；第二，形成点状开发、面上保护的空间结构，控制开发强度；第三，形成不影响生态系统功能的友好型产业结构；第四，减少人口总量，提高人口质量，降低人口对生态环境的压力；第五，提高公共服务水平，改善人民生活水平，提高义务教育质量，基本消除绝对贫困。

国家重点生态功能区是指承担水源涵养、水土保持、防风固沙和生物多样性维护等重要生态功能，关系全国或较大范围区域的生态安全，需要在国土空间开发中限制进行大规模高强度工业化城镇化开发，以保持并提高生态产品供给能力的区域。国家重点生态功能区是我国对于优化国土资源空间格局、坚定不移地实施主体功能区制度、推进生态文明制度建设所划定的重点区域。

国家重点生态功能区主要分为 4 种类型：8 个水源涵养型、5 个水土保持型、5 个防风固沙型和 7 个生物多样性维护型（表 2-4）。

表 2-4　国家重点生态功能区

区域	类型	综合评价	发展方向
大小兴安岭森林生态功能区	水源涵养	森林覆盖率高，具有完整的寒温带森林生态系统，是松嫩平原和呼伦贝尔草原的生态屏障。目前原始森林受到较严重的破坏，出现不同程度的生态退化现象	加强天然林保护和植被恢复，大幅度调减木材产量，对生态公益林禁止商业性采伐，植树造林，涵养水源，保护野生动物
长白山森林生态功能区	水源涵养	拥有温带最完整的山地垂直生态系统，是大量珍稀物种资源的生物基因库。目前森林破坏导致环境改变，威胁多种动植物物种的生存	禁止非保护性采伐，植树造林，涵养水源，防止水土流失，保护生物多样性
阿尔泰山地森林草原生态功能区	水源涵养	森林茂密，水资源丰沛，是额尔齐斯河和乌伦古河的发源地，对北疆地区绿洲开发、生态环境保护和经济发展具有较高的生态价值。目前草原超载过牧，草场植被受到严重破坏	禁止非保护性采伐，合理更新林地。保护天然草原，以草定畜，增加饲草料供给，实施牧民定居
三江源草原草甸湿地生态功能区	水源涵养	长江、黄河、澜沧江的发源地，有“中华水塔”之称，是全球大江大河、冰川、雪山及高原生物多样性最集中的地区之一，其径流、冰川、冻土、湖泊等构成的整个生态系统对全球气候变化有巨大的调节作用。目前草原退化、湖泊萎缩、鼠害严重，生态系统功能受到严重破坏	封育草原，治理退化草原，减少载畜量，涵养水源，恢复湿地，实施生态移民

（续）

区域	类型	综合评价	发展方向
若尔盖草原湿地生态功能区	水源涵养	位于黄河与长江水系的分水地带，湿地泥炭层深厚，对黄河流域的水源涵养、水文调节和生物多样性维护有重要作用。目前湿地疏干垦殖和过度放牧导致草原退化、沼泽萎缩、水位下降	停止开垦，禁止过度放牧，恢复草原植被，保持湿地面积，保护珍稀动物
甘南黄河重要水源补给生态功能区	水源涵养	青藏高原东端面积最大的高原沼泽泥炭湿地，在维系黄河流域水资源和生态安全方面有重要作用。目前草原退化沙化严重，森林和湿地面积锐减，水土流失加剧，生态环境恶化	加强天然林、湿地和高原野生动植物保护，实施退牧还草、退耕还林还草、牧民定居和生态移民
祁连山冰川与水源涵养生态功能区	水源涵养	冰川储量大，对维系甘肃河西走廊和内蒙古西部绿洲的水源具有重要作用。目前草原退化严重，生态环境恶化，冰川萎缩	围栏封育天然植被，降低载蓄量、涵养水源，防止水土流失，重点加强石羊河流域下游民勤地区的生态保护和综合治理
南岭山地森林及生物多样性生态功能区	水源涵养	长江流域与珠江流域的分水岭，是湘江、赣江、北江、西江等的重要源头区，有丰富的亚热带植被。目前原始森林植被破坏严重，滑坡、山洪等灾害时有发生	禁止非保护性采伐，保护和恢复植被
黄土高原丘陵沟壑水土保持生态功能区	水土保持	黄土堆积深厚、范围广大，土地沙漠化敏感程度高，对黄河中下游生态安全具有重要作用。目前坡面土壤侵蚀和沟道侵蚀严重，侵蚀产沙易淤积河道、水库	控制开发强度，以小流域为单元综合治理水土流失，建设淤地坝
大别山水土保持生态功能区	水土保持	淮河中游、长江下游的重要水源补给区，土壤侵蚀敏感程度高。目前山地生态系统退化，水土流失加剧，加大了中下游洪涝灾害发生率	实施生态移民，降低人口密度，恢复植被
桂黔滇喀斯特石漠化防治生态功能区	水土保持	属于以岩溶环境为主的特殊生态系统，生态脆弱性极高，土壤一旦流失，生态恢复难度极大。目前生态系统退化问题突出，植被覆盖率低，石漠化面积加大	封山育林育草，种草养畜，实施生态移民，改变耕作方式
三峡库区水土保持生态功能区	水土保持	我国最大的水利枢纽工程库区，具有重要的洪水调蓄功能，水环境质量对长江中下游生产生活有重大影响。目前森林植被破坏严重，水土保持功能减弱，土壤侵蚀量和入库泥沙量增大	巩固移民成果，植树造林，恢复植被，涵养水源，保护生物多样性
塔里木河荒漠化防治生态功能区	水土保持	南疆主要用水源，对流域绿洲开发和人民生活至关重要，沙漠化和盐渍化敏感程度高。目前水资源过度利用，生态系统退化明显，胡杨木等天然植被退化严重，绿色走廊受到威胁	合理利用地表水和地下水，调整农牧业结构，加强药材开发管理，禁止过度开垦，恢复天然植被，防止沙化面积扩大
阿尔金草原荒漠化防治生态功能区	防风固沙	气候极为干旱，地表植被稀少，保存着完整的高原自然生态系统，拥有许多极为珍贵的特有物种，土地沙漠化敏感程度极高。目前鼠害肆虐，土地荒漠化加速，珍稀动植物的生存受到威胁	控制放牧和旅游区域范围，防范盗猎，减少人类活动干扰
呼伦贝尔草原草甸生态功能区	防风固沙	以草原草甸为主，产草量高，但土壤质地粗疏，多大风天气，草原生态系统脆弱。目前草原过度开发造成草场沙化严重，鼠虫害频发	禁止过度开垦、不适当樵采和超载过牧，退牧还草，防治草场退化沙化

（续）

区域	类型	综合评价	发展方向
科尔沁草原生态功能区	防风固沙	地处温带半湿润与半干旱过渡带，气候干燥，多大风天气，土地沙漠化敏感程度极高。目前草场退化、盐渍化和土壤贫瘠化严重，为我国北方沙尘暴的主要沙源地，对东北和华北地区生态安全构成威胁	根据沙化程度采取针对性强的治理措施
浑善达克沙漠化防治生态功能区	防风固沙	以固定、半固定沙丘为主，干旱频发，多大风天气，是北京乃至华北地区沙尘的主要来源地。目前土地沙化严重，干旱缺水，对华北地区生态安全构成威胁	采取植物和工程措施，加强综合治理
阴山北麓草原生态功能区	防风固沙	气候干旱，多大风天气，水资源贫乏，生态环境极为脆弱，风蚀沙化土地比重高。目前草原退化严重，为沙尘暴的主要沙源地，对华北地区生态安全构成威胁	封育草原，恢复植被，退牧还草，降低人口密度
川滇森林及生物多样性生态功能区	生物多样性维护	原始森林和野生珍稀动植物资源丰富，是大熊猫、羚牛、金丝猴等重要物种的栖息地，在生物多样性维护方面具有十分重要的意义。目前山地生态环境问题突出，草原超载过牧，生物多样性受到威胁	保护森林、草原植被，在已明确的保护区域保护生物多样性和多种珍稀动植物基因库
秦巴生物多样性生态功能区	生物多样性维护	包括秦岭、大巴山、神农架等亚热带北部和亚热带—暖温带过渡的地带，生物多样性丰富，是许多珍稀动植物的分布区。目前水土流失和地质灾害问题突出，生物多样性受到威胁	减少林木采伐，恢复山地植被，保护野生物种
藏东南高原边缘森林生态功能区	生物多样性维护	主要以分布在海拔900～2500 米的亚热带常绿阔叶林为主，山高谷深，天然植被仍处于原始状态，对生态系统保育和森林资源保护具有重要意义	保护自然生态系统
藏西北羌塘高原荒漠生态功能区	生物多样性维护	高原荒漠生态系统保存较为完整，拥有藏羚羊、黑颈鹤等珍稀特有物种。目前土地沙化面积扩大，病虫害和融冻滑塌等灾害增多，生物多样性受到威胁	加强草原草甸保护，严格草畜平衡，防范盗猎，保护野生动物
三江平原湿地生态功能区	生物多样性维护	原始湿地面积大，湿地生态系统类型多样，在蓄洪防洪、抗旱、调节局部地区气候、维护生物多样性、控制土壤侵蚀等方面具有重要作用。目前湿地面积减小和破碎化，面源污染严重，生物多样性受到威胁	扩大保护范围，控制农业开发和城市建设强度，改善湿地环境
武陵山区生物多样性及水土保持生态功能区	生物多样性维护	属于典型亚热带植物分布区，拥有多种珍稀濒危物种。是清江和澧水的发源地，对减少长江泥沙具有重要作用。目前土壤侵蚀较严重，地质灾害较多，生物多样性受到威胁	扩大天然林保护范围，巩固退耕还林成果，恢复森林植被和生物多样性
海南岛中部山区热带雨林生态功能区	生物多样性维护	热带雨林、热带季雨林的原生地，我国小区域范围内生物物种十分丰富的地区之一，也是我国最大的热带植物园和最丰富的物种基因库之一。目前由于过度开发，雨林面积大幅减少，生物多样性受到威胁	加强热带雨林保护，遏制山地生态环境恶化

水源涵养型以推进天然林保护、退耕还林、围栏封育、治理水土流失、维护生态系统为目的；水土保持型大力推行节水灌溉和雨水集蓄利用，发展旱作节水农业；防风固沙型实行禁牧休牧，以草定畜，严格控制载畜量；生物多样性维护型通过禁止对野生动植物滥捕滥

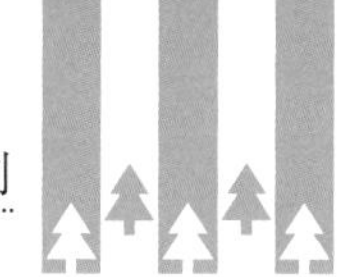

采，保持并恢复野生动植物物种和种群平衡，实现野生动植物资源的良性循环和永续利用（图 2-8）。

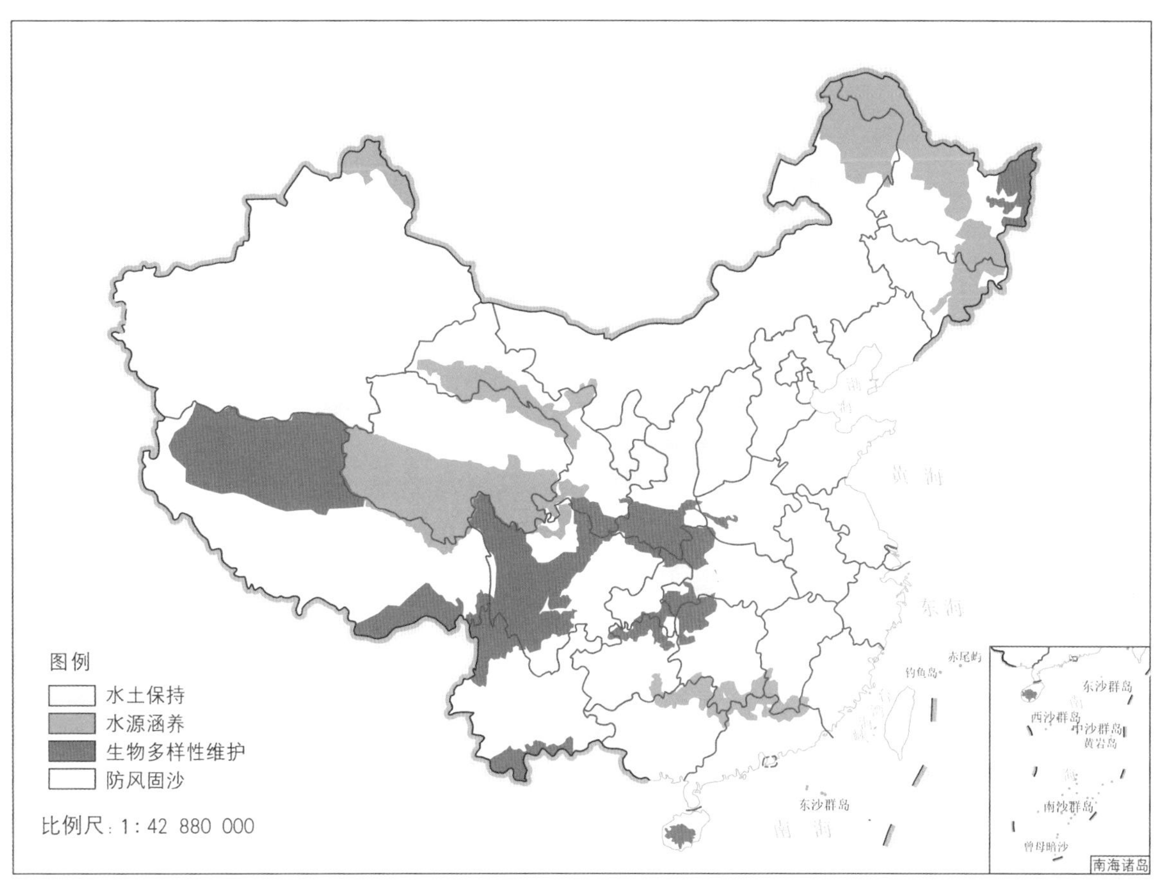

图 2-8　国家重点生态功能区

（四）建立空间数据库

1. 数据处理方法

温度指标、水分指标、中国森林分区、全国生态脆弱区、国家生态屏障区、国家重点生态功能区均为栅格图像，通过定义投影，进行几何纠正和矢量化获得温度指标图层、水分指标图层、中国森林分区图层和全国生态脆弱区、国家生态屏障区、国家重点生态功能区图层；重要生态系统保护和修复重大工程区为对应县级范围数据，通过空间化获得重要生态系统保护和修复重大工程区图层；中国植被区划为矢量要素，通过投影转换与其他图层的投影统一，获得植被图层。

2. 空间插值方法

空间插值法是指人们为了解各种自然现象的空间连续变化，将离散的数据转化为连续曲面的方法，主要分为两种：空间确定性插值和地统计学方法。

（1）空间确定性插值。空间确定性插值包括反距离加权插值法、全局多项式插值法、局部多项式插值法和径向基函数插值法等，各方法的具体内容见表 2-5。

表 2-5　空间确定性插值

方法	原理	适用范围
反距离加权插值法	基于相似性原理，以插值点和样本点之间的距离为权重加权平均，离插值点越近，权重越大	样点应均匀布满整个研究区域
全局多项式插值法	用一个平面或曲面拟合全区特征，是一种非精确插值	适用于表面变化平缓的研究区域，也可用于趋势面分析
局部多项式插值法	采用多个多项式，可以得到平滑的表面	适用于含有短程变异的数据，主要用于解释局部变异
径向基函数插值法	一系列精确插值方法的组合，即表面必须通过每一个测得的采样值	适用于对大量点数据进行插值计算，可获得平滑表面，但如果表面值在较短的水平距离内发生较大变化，或无法确定样点数据的准确性，则该方法并不适用

由上表可知，空间确定性插值主要是通过周围观测点的值内插或者通过特定的数学公式内插，较少考虑观测点的空间分布情况。

（2）地统计学方法。地统计学主要用于研究空间分布数据的结构性和随机性，空间相关性和依赖性，空间格局与变异等。该方法以区域化变量理论为基础，利用半变异函数，对区域化变量的位置采样点进行无偏最优估计。空间估值是其主要研究内容，估值方法统称为 Kriging 方法。Kriging 方法是一种广义的最小二乘回归算法。半变异函数公式如下：

$$\gamma(h)=\frac{1}{2N(h)}\sum_{a=1}^{N(h)}[z(u_a)-z(u_a+h)] \tag{2-2}$$

式中：$z(u_a)$——位置在 a 的变量值；

$N(h)$——距离为 h 的点对数量；

h——滞后距离。

Kriging 方法在气象方面的使用最为常见，主要可对降水、温度等要素进行最优内插，在本研究中可使用该方法对气象数据进行分析。由于球状模型用于普通克里格插值精度最高，且优于常规插值方法，因此本研究采用球状模型进行变异函数拟合，获得降水、温度等要素的最优内插。球状模型见公式如下：

$$\gamma(h)=\begin{cases}0 & h=0\\ C_0+C\left(\frac{3}{2}\times\frac{h}{a}-\frac{1}{2}\times\frac{h^3}{a^3}\right) & 0<h\leqslant a\\ C_0+C & h>a\end{cases} \tag{2-3}$$

式中：C_0——块金效应值，表示 h 很小时两点间变量值的变化；

C——基台值，反映变量在研究范围内的变异程度；

a——变程；

h——滞后距离。

3. 空间数据构建方法

基于 ArcSDE 构建空间数据库，数据库主要包括：①基础数据：退耕还林工程区空间范围、气象数据、地形地貌数据、森林区划和植被区划；②辅助数据：全国重要生态系统保护和修复重大工程区、全国生态脆弱区、国家生态屏障区和国家重点生态功能区，如图 2-9。

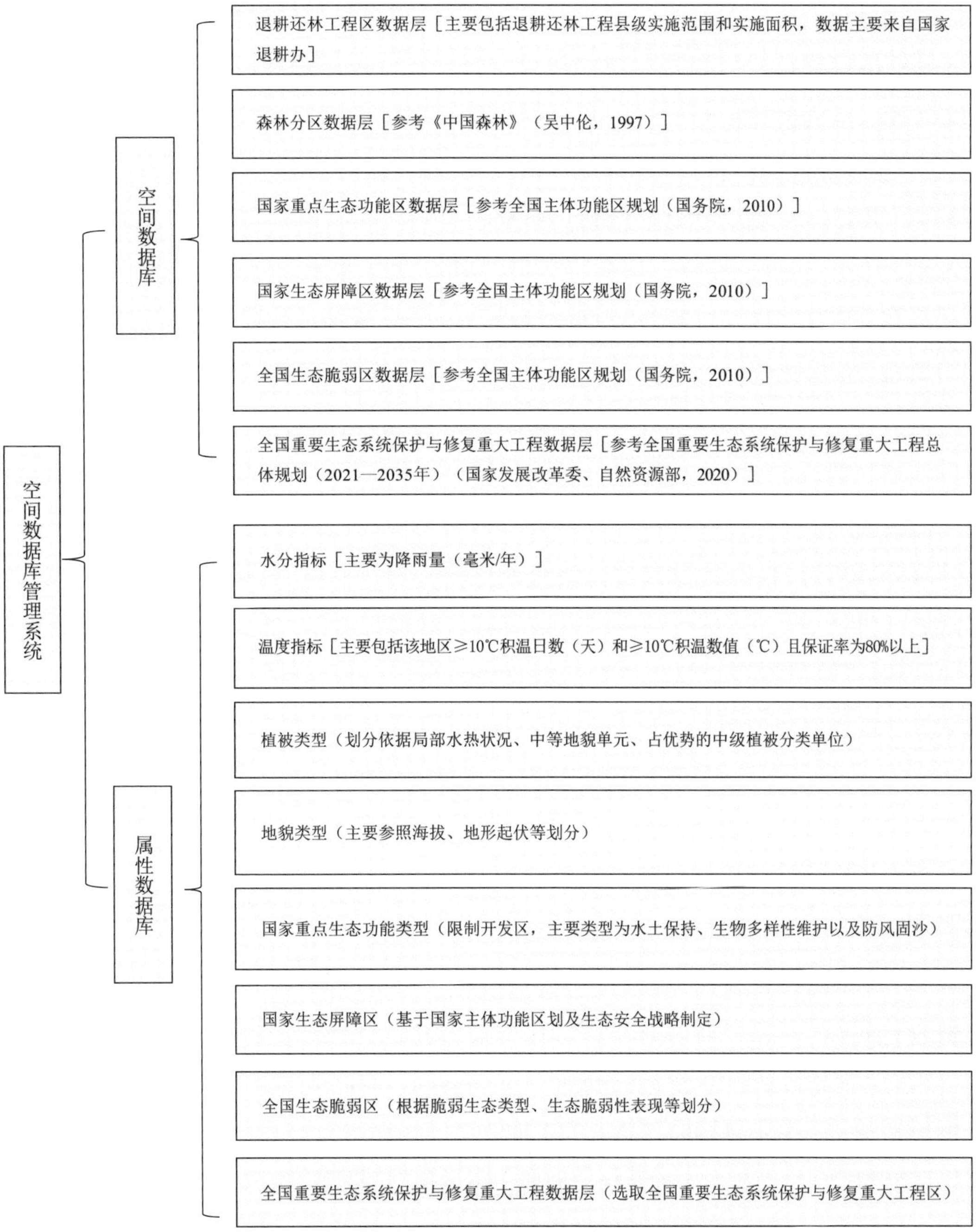

- 空间数据库管理系统
  - 空间数据库
    - 退耕还林工程区数据层［主要包括退耕还林工程县级实施范围和实施面积，数据主要来自国家退耕办］
    - 森林分区数据层［参考《中国森林》（吴中伦，1997）］
    - 国家重点生态功能区数据层［参考全国主体功能区规划（国务院，2010）］
    - 国家生态屏障区数据层［参考全国主体功能区规划（国务院，2010）］
    - 全国生态脆弱区数据层［参考全国主体功能区规划（国务院，2010）］
    - 全国重要生态系统保护与修复重大工程数据层［参考全国重要生态系统保护与修复重大工程总体规划（2021—2035年）（国家发展改革委、自然资源部，2020）］
  - 属性数据库
    - 水分指标［主要为降雨量（毫米/年）］
    - 温度指标［主要包括该地区≥10℃积温日数（天）和≥10℃积温数值（℃）且保证率为80%以上］
    - 植被类型（划分依据局部水热状况、中等地貌单元、占优势的中级植被分类单位）
    - 地貌类型（主要参照海拔、地形起伏等划分）
    - 国家重点生态功能类型（限制开发区，主要类型为水土保持、生物多样性维护以及防风固沙）
    - 国家生态屏障区（基于国家主体功能区划及生态安全战略制定）
    - 全国生态脆弱区（根据脆弱生态类型、生态脆弱性表现等划分）
    - 全国重要生态系统保护与修复重大工程数据层（选取全国重要生态系统保护与修复重大工程区）

图 2-9　退耕还林工程生态地理区划空间数据库

空间数据库中空间数据主要为矢量数据，矢量数据是通过记录坐标的方式尽可能精确地表示点、线、多边形等地理实体，是具有拓扑关系、面向对象的空间数据类型。矢量数据

的结构紧凑、精度高、显示效果较好，其特点是定位明显、属性隐含，在计算长度、面积、形状和图形编辑操作中，矢量结构具有很高的效率和精度，因此在退耕还林工程监测站网络布局研究中矢量数据是重要的基础数据。

空间数据库需要物理结构支持，依据GeoDatabase的数据管理方案，物理模型设计的主要内容：①空间数据库结构设计：包括地理要素、图层、图像的结构与组织、地理实体属性表设计、表格字段的属性、别名等，建立空间索引的方法；②地图数字化方案设计；③数据整理与编辑方案设计；④数据格式转换；⑤空间数据的更新；⑥地图投影与坐标变换；⑦多源、多尺度、多类数据集成与共享；⑧数据库安全保密。

（五）空间分析与生态地理区划

遥感（RS）、地理信息系统（GIS）和全球定位系统（GPS）形成的"3S"技术及其相关技术是近年来蓬勃发展的一门综合性技术，利用"3S"技术能够及时、准确、动态地获取资源现状及其变化信息，并进行合理的空间分析，对实现陆地生态系统的动态监测与管理、合理的规划与布局具有重要的意义。

空间分析是地理信息系统最常用的重要基础方法，也是以GIS为工具的基于生态地理区划的监测站网络布局的关键环节。在基于GIS技术的监测站网络布局研究中，通过空间分析方法实现典型抽样。

本规划利用这种空间分析技术，依据《国家林业局陆地生态系统定位研究网络中长期发展规划（2008—2020年）》中森林生态站布局，在退耕还林工程森林生态功能监测布局与规划原则和依据的指导下，结合退耕还林工程区范围、气候、典型生态区等因素，利用地理信息系统，在基于对每个因素进行抽样的基础上，实施叠加分析，建立退耕还林工程森林生态功能分区，明确退耕还林工程生态功能监测区划单元数量。在区划过程中主要用到以下空间分析方法。

1. 投影转换

投影转换是进行空间分析的前提。对于收集的基础数据，由于格式（矢量、栅格、表格）及空间参考系统不同，需要进行格式转换或投影转换，统一所有的数据格式，将大地坐标转换为平面坐标，便于进行面积的统计分析。另外，还需要通过大量的空间分析操作来提取相应的生态要素信息作为划分生态地理区划的基础，为监测站布局提供依据。

由于地球是一个不规则的球体，为了能够将其表面内容显示在平面上，必须将球面地理坐标系统变幻到平面投影坐标系统，因此，需运用地图投影方法，建立地球表面上和平面上点的函数关系，使地球表面上由地理坐标确定的点，在平面上有一个与它相对应的点。地图投影保证了空间信息在地域上的连续性和完整性（余宇航，2010）。目前，投影转换主要有以下几种方法：

（1）正解变换。通过建立一种投影变换为另一种投影的严密或近似的解释关系式，直

接由一种投影的数字化坐标（x，y）变换到另一种投影的直角坐标（X，Y）。

（2）反解变换。由一种投影的坐标反解出地理坐标（x，y-B，L），然后再将地理坐标带入另一种投影的坐标公式中（B，L-X，Y），从而实现由一种投影坐标到另一种投影坐标的变换（x，y-X，Y）。

(3)数值变换。根据两种投影在变换区内的若干同名数字化点，采用插值法、有限差分法、最小二乘法、有限元法和待定系数法等，从而实现由一种投影到另一种投影坐标的转换。

在以上3种方法中，正解变换是使用较多的方法。

本区划中所涉及投影为高斯—克吕格投影，该投影是一种横轴等角切椭圆柱投影，高斯投影条件：中央经线和地球赤道投影成为直线且为投影的对称轴；等角投影；中央经线上没有长度变形。

本规划中主要采用第一种变换方式，即正解变换法完成大地坐标和平面坐标之间的变换。根据高斯投影的条件推导其计算公式如下：

$$X=S+\frac{\lambda^2 N}{2}\sin\phi\cos\phi+\frac{\lambda^4 N}{24}\sin\phi\cos^3\phi\left(5-\mathrm{tg}^2\phi+9\eta^2+4\eta^4\right)+\cdots \tag{2-4}$$

$$Y=\lambda N\cos\phi+\frac{\lambda^3 N}{6}\cos^3\phi+\frac{\lambda^5 N}{120}\cos^5\phi\left(5-18\mathrm{tg}^2\phi+\mathrm{tg}^4\phi\right)+\cdots \tag{2-5}$$

式中：ϕ，λ—— 点的地理坐标，以弧度计，从中央经线起算。

$$\eta^2=\mathrm{e}^2\cos^2\phi \tag{2-6}$$

在投影变换中涉及的参数之间的关系见下说明（方坤,2009；刁宗宝等,2011；刘松波等,2012）：

$$\left.\begin{array}{l} a=b\sqrt{1+\mathrm{e}'^2},\ b=a\sqrt{1-\mathrm{e}^2} \\ c=a\sqrt{1+\mathrm{e}'^2},\ a=c\sqrt{1-\mathrm{e}^2} \\ \mathrm{e}'=\mathrm{e}\sqrt{1+\mathrm{e}'^2},\ \mathrm{e}=\mathrm{e}'\sqrt{1-\mathrm{e}^2} \\ V=W\sqrt{1+\mathrm{e}'^2},\ W=V\sqrt{1-\mathrm{e}^2} \\ \mathrm{e}^2=2\alpha-\alpha^2\approx 2\alpha \end{array}\right\} \qquad \left.\begin{array}{l} W=\sqrt{1-\mathrm{e}^2}\cdot V=\left(\dfrac{b}{a}\right)\cdot V \\ V=\sqrt{1+\mathrm{e}'^2}\cdot W=\left(\dfrac{b}{a}\right)\cdot W \\ W^2=1-\mathrm{e}^2\sin^2 B=\left(1-\mathrm{e}^2\right)V^2 \\ V^2=1-\eta^2=\left(1+\mathrm{e}'^2\right)W^2 \\ a=\dfrac{a-b}{a} \end{array}\right\} \tag{2-7}$$

式中：a——椭圆的长半轴；

b——短半轴；

$a=\dfrac{a-b}{a}$——椭圆的扁率；

$\mathrm{e}=\dfrac{\sqrt{a^2-b^2}}{a}$——椭圆的第一偏心率；

$\mathrm{e}'=\dfrac{\sqrt{a^2-b^2}}{b}$——椭圆的第二偏心率；

W——第一基本纬度函数；

V——第二基本纬度函数。

本规划选取的行政区划图为WGS-84坐标系，需将其转换为与其他图层一致的西安1980坐标系。WGS-84坐标系和西安1980坐标系采用的椭球体参数不同，具体参数见表2-6，因此该处投影变换即为已知WGS-84坐标系下某点（B，L）的大地坐标，求该点1980西安坐标系下该点的坐标（x，y）。此处的坐标转换一般有三参数法和七参数法，七参数法是两个空间坐标系之间的旋转、平移和缩放，其中平移和旋转各有三个变量，再加一个比例尺缩放，可获得目标坐标系。如果要转换的坐标系X、Y、Z三个方向上是重合的，那通过平移即可实现，平移只需要三个参数（两椭球参心差值）。该种假设引起的误差可忽略，缩放比例默认为1，旋转为0，因此，适用三参数即可实现两个坐标系的转换（表2-6）。

表2-6　WGS-84坐标系和1980西安坐标系椭球参数

椭球参数	1980西安坐标系	WGS-84坐标系
a	6378140.000000000（米）	6378137.0000000000 (米)
b	6356755.288157528（米）	6356752.3142（米）
c	6399596.6519880105（米）	6399593.6258（米）
α	1 / 298.257	1/298.257 223 563
e^2	0.006 694 384 999 588	0.006 694 379 901 3
e'^2	0.006 739 501 819 473	0.006 739 496 742 27

WGS-84坐标系下点为大地坐标，首先需将大地坐标（B, L）转换为平面坐标（X, Y），根据全国西安1980坐标系和WGS1984坐标系下得一对已知坐标点，计算三参数，将三参数带入计算公式，即可将行政区划图坐标系转换为西安1980坐标系。计算三参数公式如下：

$$X_{80}=X_{84}+\mathrm{d}X Y_{80}=Y_{84}+\mathrm{d}Y Z_{80}=Z_{84}+\mathrm{d}Z \tag{2-8}$$

根据一对已知点坐标计算得到dX、dY数值（本规划不考虑高程，可忽略Z值），在软件中输入上述计算出的两个参数，构建新的坐标系转换模型，进行坐标系转换，将WGS-84坐标系转换为西安1980坐标系（图2-10）。

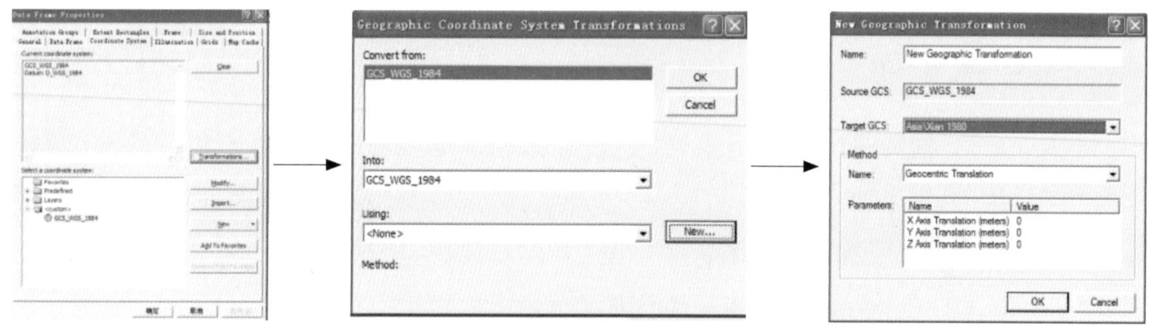

图2-10　WGS-84坐标系转换为西安1980坐标系

2. 叠加分析

GIS 系统提供了丰富的空间分析技术方法，对生态地理区划的构建而言，最常用的空间分析为叠加分析。从实现机制上而言，基于空间和非空间数据的联合运算的空间分析方法是实现生态地理区划目的的最佳方法。

叠加分析（overlay）像是一条数据组装流水线，通过叠加分析将参与分析的各要素进行分类，并将关联要素的属性进行组装。通过空间关系运算，得出在空间关系上相叠加的“要素分组”，每组要素中有两个要素，然后对分组后的每组要素进行求交集运算，通过求交集运算得出的几何对象为要素组内两要素的公共部分。运算完成后，创建目标要素，由于叠加分析产生目标要素类的属性是两个要素属性的并集，所以目标要素的属性包含“要素分组”中各个要素的属性值（黄雪莲等，2010）。另外，该分析功能还可用于判断矢量图层之间的包含关系。根据该特征，通过关键字将求交后的要素关联到需要增加属性的要素上，达到实际应用的目的。

叠加分析常用来提取空间隐含信息，它以空间层次理论为基础，将代表不同主题（植被、生态功能类型、典型生态区、地形地貌等）的数据层进行叠加产生一个新的数据层面，其结果综合了多个层面要素所具有的属性（黄雪莲等，2010）。生态站网络布局中，叠加分析应用十分广泛，例如：将温度、水分指标图层与植被图层、地形地貌图层等进行叠加分析，获得生态地理区划的基本图层，作为进行监测网络布局的基础；将全国重要生态系统保护和修复重大工程区、全国生态脆弱区、国家生态屏障区和国家重点生态功能区进行叠加，作为退耕还林工程监测站网络布局的重点监测区域；叠加分析不仅产生了新的空间关系，还将输入的多个数据层的属性联系起来产生了新的属性。由于分析计算对象所处的区域，空间叠加分析会涉及两个以上的图层，因此，在参与该运算的多个图层中，必须保证至少有一个是多边形图层，其它图层可以为点、线或多边形图层（图 2-11）。矢量图层的叠加分析是本区划的主要使用方法。该种叠加是拓扑叠加，结果是产生新的空间特性和属性关系。本区划中主要为点与多边形图层和多边形与多边形图层之间的叠加操作。

点与多边形图层的叠加分析实质上是判断点与多边形的包含关系（图 2-12），即 Point-Polygon 分析，具有典型意义。可通过著名的铅垂线算法实现，即判断某点是否位于某多边形的内部，只需由该点作一条铅垂线，如果铅垂线与该多边形的焦点为奇数个，则该点位于多边形内；否则，位于多边形外（点与多边形边界重合除外）。

多边形与多边形的叠加分析同样源于对两者之间拓扑关系的判断。多边形之间的拓扑关系的判断最终也可以转化为点与多边形关系的判断，主要有以下几种关系（徐黎明等，2003；李明聪，2003）：

（1）分离：对组成多边形的端点分别进行关于 x 坐标和 y 坐标的递增排序，现设第一个多边形的第 i 个端点的坐标为（x_{1i}，y_{1i}），第二个多边形的第 j 个端点的坐标为（x_{2i}，x_{2j}），现

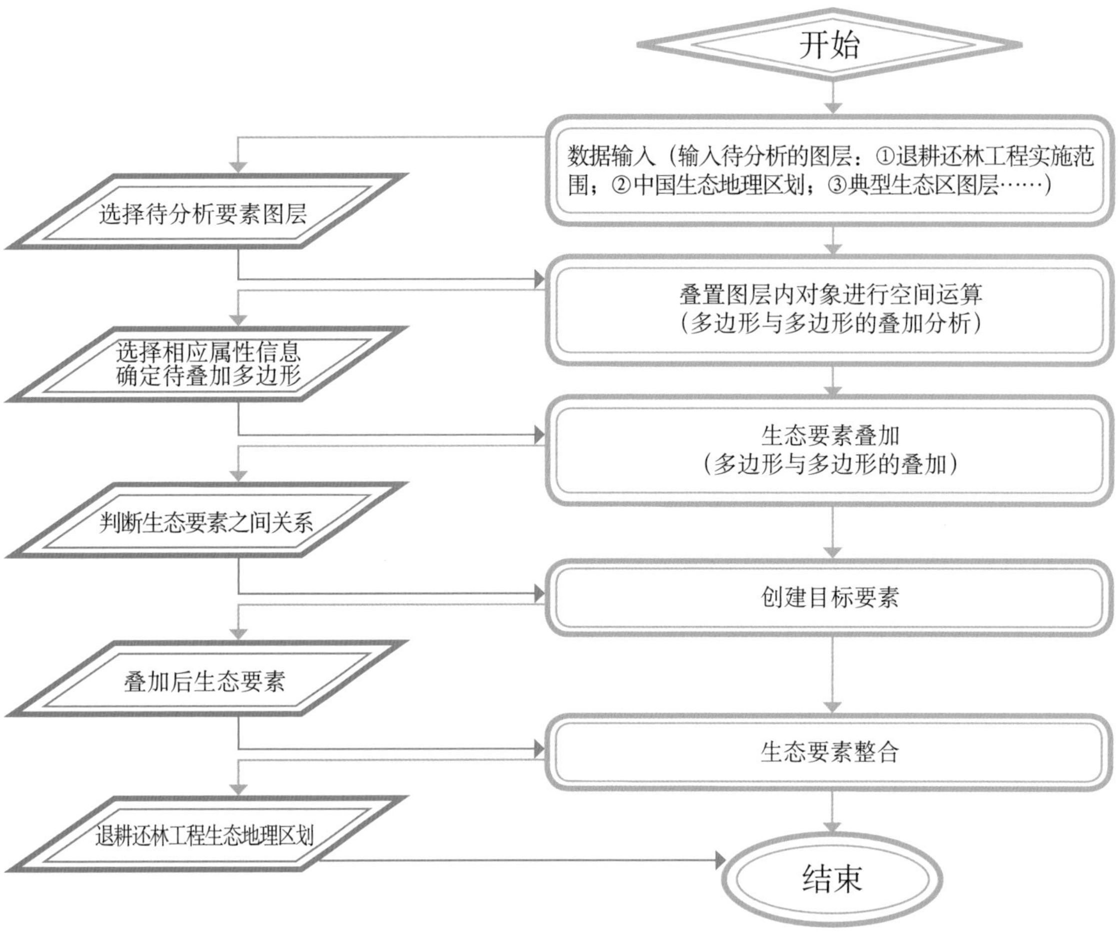

图 2-11　叠加分析基本流程

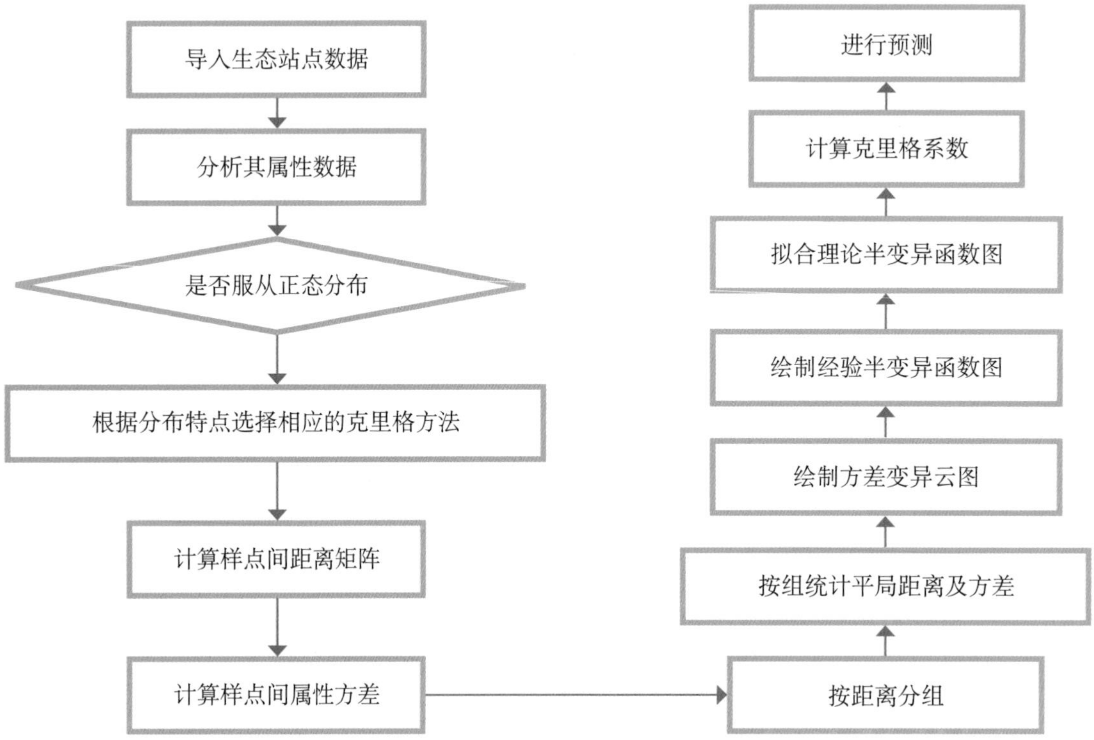

图 2-12　点与多边形图层的叠加分析

对任意的（i, j），若有 $x_{1i}<x_{2j}$、$x_{1i}>x_{2j}$、$y_{1i}<y_{2j}$、$y_{1i}>y_{2j}$ 中任意一个成立，则两个多边形的关系是相离的。

（2）包含与包含于：若通过第一个多边形的所有端点都落在另一个多边形的内部，则第一个多边形包含于第二个多边形，对应于第二个多边形就包含第一个多边形。

（3）相等：若两个多边形的相应端点一一对应地相等，则可以称它们是相等的。

（4）覆盖与被覆盖：若第一个多边形上一个端点落在第二个多边形其中一个直线段上，而其它的端点都落在第二个多边形的内部，则称第一个多边形被第二个多边形覆盖，对应的称第二个多边形覆盖第一个多边形。

（5）交叠：若第一个多边形中只有两个端点落在第二个多边形上，而对第一个多边形的其它的端点都落在第二个多边形的内部，则称两者是交叠的关系。

（6）相接：若第一个多边形上的一个端点落在第二个多边形的边上，但其它的端点有如下情况：设第一个多边形的第 i 个端点的坐标为（x_{1i}, y_{1i}），第二个多边形的第 j 个端点的坐标为 i，j，现对任意的 i，j，若有 $x_{1i}<x_{2j}$、$x_{1i}>x_{2j}$、$y_{1i}<y_{2j}$、$y_{1i}>y_{2j}$ 中任意一个成立，则两个多边形的关系是相接的。

（7）相交：若第一个多边形的一部分端点落在第二个多边形内，而另一部分却落在第二个多边形的外部，则可判断两者之间的关系是相交的，也可通过以上情况的排除来获得相交关系。

叠加分析中主要操作包括切割（clip），图层合并（union），修正更新（update），识别叠加（identity）等。

本区划通过使用标识叠加，根据气候分区指标切割森林植被区，以形成布设监测站的基础生态区划图层。标识叠加是多边形与多边形叠加，叠加后的输出图层为其中一输入图层为控制边界之内的所有多边形，以此获取全国森林生态地理区划。

在全国森林生态地理区划的基础上，用剔除了非退耕还林工程区的退耕还林工程区分布范围图对全国森林生态地理区划进行裁切，获取退耕还林工程范围的森林生态地理区划。数据裁切是从整个空间数据中裁切出部分区域，以便获取真正需要的数据作为研究区域，减少不必要参与运算的数据。矢量数据的裁切主要通过分析工具中的提取—剪裁工具实现。同时，通过标识叠加方法将退耕还林工程区相关空间数据融合进退耕还林工程生态地理区划的属性表中。

3. 合并标准指数

通过裁切处理获取的退耕还林工程生态地理区域并不都符合独立成为一个森林生态地理区域的面积要求和条件，需要利用合并标准指数进行计算分析其是否需要被合并。在进行空间选择合适的生态区划指标经过空间叠置分析后，各区划指标相互切割获得许多破碎斑块，如何确定被切割的斑块是否可作为监测区域，是完成台站布局区划必须解决的问题。合并标准指数（merging criteria index，MCI），以量化的方式判断该区域是被切割，还是通过长边合并原则合并至相邻最长边的区域中，公式如下：

$$\mathrm{MCI}=\frac{\min(S,\ S_i)}{\max(S,\ S_i)}\times 100\% \tag{2-9}$$

式中：S_i——待评估森林分区中被切割的第 i 个多边形的面积（i=1，2，3，…，n）；

n——该森林分区被温度和水分指标切割的多边形个数；

S——该森林分区总面积减去后剩余面积。

如果 MCI ≥ 70%，则该区域被切割出作为独立的台站布局区域；如 MCI < 70%，则该区域根据长边合并原则合并至相邻最长边的区域中；假如 MCI < 70%，但面积很大(该标准根据台站布局研究区域尺度决定)，则也考虑将该区域切割出作为独立台站布局区域。

4. 复杂区域均值模型

对于生态区数量的计算还需要利用复杂区域均值模型进行校验。由于在大区域范围内空间采样不仅有空间相关性，还有极大的空间异质性。因此，传统的抽样理论和方法较难保证采样结果的最优无偏估计。王劲峰等（2009）提出“复杂区域均值模型（mean of surface with non-homogeneity，MSN)”，将分层统计分析方法与 Kriging 方法结合，根据指定指标的平均估计精度确定增加点的数量和位置。该模型是将非均质的研究区域根据空间自相关性划分为较小的均质区域，在较小的均质区域满足平稳假设，然后计算在估计方差最小条件下各个样点的权重，最后根据样点权重估计总体的均值和方差（Hu et al., 2011）。模型结合蒙特卡洛和粒子群优化方法对新布局采样点进行优化，加速完成期望估计方差的计算。该方法可用于对台站布局数量的合理性进行评估，主要思路是结合已存在样点，分层抽样的分层区划和期望的估计方差，根据蒙特卡洛和粒子群优化方法逐渐增加样点数量，直到达到期望估计方差的需求。具体公式如下：

$$n=\frac{(\sum W_h S_h\sqrt{C_h})\ \sum\ (W_h S_h/\sqrt{C_k})}{V+\ (1/N)\ \sum W_h S_h^2} \tag{2-10}$$

式中：W_h——层的权；

S_h^2——h 层真实的方差；

S_h——h 层中所有的样本数；

N——样本总数；

V——用户给定的方差；

C_h——每个样本的数值；

n——达到期望方差后所获得的样本个数。

经过上述空间分析处理后，获取全国退耕还林工程生态功能监测区划。

空间分析是图形与属性的交互查询，是从个体目标的空间关系中获取派生信息和知识的重

要方法，可用于提取和传输空间信息，是地理信息系统与一般信息系统的主要区别。在获取退耕还林工程生态功能监测区划后，还需利用叠置分析方法提取典型生态区指标的隐含空间信息进行进一步整合。主要采用多边形与多边形标识叠加，获取退耕还林工程区全国生态系统保护和修复重大工程区、生态脆弱区、生态屏障区和重点生态功能区等主要典型生态区，将细碎的小斑块合并至同一典型生态区。其他相关辅助信息在区划方案的分区概述中进行描述。

三、区划结果

（一）区划命名

基于前述区划步骤完成退耕还林工程生态功能监测区划。各生态功能单元分区命名方法为森林一级分区 + 气候区 + 典型生态区（优先级为全国重要生态系统保护和修复重大工程区 > 全国生态脆弱区 > 国家生态屏障区 > 国家重点生态功能区），其中森林一级分区用大写字母表示（A：东北区，B：华北区，C：华东中南区，D：云贵高原区，E：华南区，F：西南高山峡谷区，G：内蒙古东部森林草原及草原区，H：蒙新荒漠半荒漠区，I：青藏高原草原草甸及寒漠区）；生态地理区划中的温度带用希腊数字表示（Ⅰ：寒温带，Ⅱ：中温带，Ⅲ：暖温带，Ⅳ：北亚热带，Ⅴ：中亚热带，Ⅵ：南亚热带，Ⅶ：边缘热带，Ⅷ：中热带，Ⅸ：高原亚寒带，Ⅹ：高原温带）；气候湿润性用小写字母表示（a：湿润区，b：半湿润区，c：半干旱区，d：干旱区），所属典型生态区用阿拉伯数字表示，各编号的具体含义见表 2-7。

表 2-7　典型生态区

编号	典型生态区	编号	典型生态区
1	东北森林带大小兴安岭森林生态保育区	20	南方丘陵山地带南岭山地森林及生物多样性保护区
2	东北森林带长白山森林生态保育区	21	南方红壤丘陵山地生态脆弱区
3	东北森林带三江平原、松嫩平原重要湿地保护恢复区	22	南方丘陵山地带武夷山森林及生物多样性保护区
4	北方农牧交错生态脆弱区	23	海岸带北部湾典型滨海湿地生态系统保护和修复区
5	北方防沙带京津冀协同发展生态保护和修复区	24	海岸带海南岛热带生态系统保护和修复区
6	黄河重点生态区黄土高原水土流失综合治理区	25	青藏高原生态屏障区藏东南高原生态保护和修复区
7	海岸带黄渤海生态综合整治与修复区	26	长江重点生态区横断山区水源涵养与生物多样性保护区
8	黄河重点生态区黄河下游生态保护和修复区	27	青藏高原生态屏障区若尔盖—甘南草原湿地生态保护和修复区
9	沿海水陆交接带生态脆弱区	28	北方防沙带内蒙古高原生态保护和修复区
10	黄河重点生态区秦岭生态保护和修复区	29	黄河重点生态区贺兰山生态保护和修复区

（续）

编号	典型生态区	编号	典型生态区
11*	南水北调工程水源地生态修复区	30	北方防沙带天山和阿尔泰山森林草原保护区
12	长江重点生态区大巴山区生物多样性保护与生态修复区	31	北方防沙带河西走廊生态保护和修复区
13	长江重点生态区大别山—黄山水土保持与生态修复区	32	青藏高原生态屏障区祁连山生态保护和修复区
14	长江重点生态区鄱阳湖、洞庭湖等河湖、湿地保护和修复区	33	青藏高原生态屏障区藏西北羌塘高原—阿尔金草原荒漠生态保护和修复区
15	西南岩溶山地石漠化生态脆弱区	34	北方防沙带塔里木河流域生态修复区
16	长江重点生态区三峡库区生态综合治理区	35	西北荒漠绿洲交接生态脆弱区
17	长江重点生态区武陵山区生物多样性保护区	36	青藏高原生态屏障区西藏“两江四河”造林绿化与综合整治修复区
18	长江重点生态区长江上中游岩溶地区石漠化综合治理区	37	青藏高原生态屏障区三江源生态保护和修复区
19	南方丘陵山地带湘桂岩溶地区石漠化综合治理区		

注 * 表示特殊生态区；典型生态区优先级为全国重要生态系统保护和重大修复工程区 > 全国生态脆弱区 > 国家生态屏障区 > 国家重点生态功能区。

（二）退耕还林工程生态功能监测区划

退耕还林生态功能监测区划包括 77 个生态监测单元区，具体见表 2-8、图 2-13。

表 2-8　退耕还林工程生态功能监测区划

编号	编码	退耕还林生态功能监测区划	
1	AI（a）1	东北区	寒温带湿润性东北森林带大小兴安岭森林生态保育区
2	AII（a）1		中温带湿润性东北森林带大小兴安岭森林生态保育区
3	AII（a）2		中温带湿润性东北森林带长白山森林生态保育区
4	AII（a）3		中温带湿润性东北森林带三江平原、松嫩平原重要湿地保护恢复区
5	AII（a）4		中温带湿润性北方农牧交错生态脆弱区
6	AII（b）1		中温带半湿润性东北森林带大小兴安岭森林生态保育区
7	AII（b）3		中温带半湿润性东北森林带三江平原、松嫩平原重要湿地保护恢复区
8	AII（b）4		中温带半湿润性北方农牧交错生态脆弱区
9	BII（c）5	华北区	中温带半干旱性北方防沙带京津冀协同发展生态保护和修复区
10	BII（c）6		中温带半干旱性黄河重点生态区黄土高原水土流失综合治理区
11	BIII（a）7		暖温带湿润性海岸带黄渤海生态综合整治与修复区
12	BIII（b）4		暖温带半湿润性北方农牧交错生态脆弱区
13	BIII（b）5		暖温带半湿润性北方防沙带京津冀协同发展生态保护和修复区
14	BIII（b）6		暖温带半湿润性黄河重点生态区黄土高原水土流失综合治理区
15	BIII（b）8		暖温带半湿润性黄河重点生态区黄河下游生态保护和修复区
16	BIII（b）9		暖温带半湿润性沿海水陆交接带生态脆弱区
17	BIII（b）10		暖温带半湿润性黄河重点生态区秦岭生态保护和修复区
18	BIII（c）6		暖温带半干旱性黄河重点生态区黄土高原水土流失综合治理区

（续）

编号	编码	退耕还林生态功能监测区划	
19	CIV（a）9	华东中南区	北亚热带湿润性沿海水陆交接带生态脆弱区
20	CIV（a）10		北亚热带湿润性黄河重点生态区秦岭生态保护和修复区
21	CIV（a）11		北亚热带湿润性南水北调工程水源地生态修复区
22	CIV（a）12		北亚热带湿润性长江重点生态区大巴山区生物多样性保护与生态修复区
23	CIV（a）13		北亚热带湿润性长江重点生态区大别山—黄山水土保持与生态修复区
24	CV（a）12		中亚热带湿润性长江重点生态区大巴山区生物多样性保护与生态修复区
25	CV（a）14	华东中南区	中亚热带湿润性长江重点生态区鄱阳湖、洞庭湖等河湖、湿地保护和修复区
26	CV（a）15		中亚热带湿润性西南岩溶山地石漠化生态脆弱区
27	CV（a）16		中亚热带湿润性长江重点生态区三峡库区生态综合治理区
28	CV（a）17		中亚热带湿润性长江重点生态区武陵山区生物多样性保护区
29	CV（a）18		中亚热带湿润性长江重点生态区长江上中游岩溶地区石漠化综合治理区
30	CV（a）19		中亚热带湿润性南方丘陵山地带湘桂岩溶地区石漠化综合治理区
31	CV（a）20		中亚热带湿润性南方丘陵山地带南岭山地森林及生物多样性保护区
32	CV（a）21		中亚热带湿润性南方红壤丘陵山地生态脆弱区
33	CV（a）22		中亚热带湿润性南方丘陵山地带武夷山森林及生物多样性保护区
34	CVI（a）19		南亚热带湿润性南方丘陵山地带湘桂岩溶地区石漠化综合治理区
35	DV（a）18	云贵高原区	中亚热带湿润性长江重点生态区长江上中游岩溶地区石漠化综合治理区
36	DVI（a）18		南亚热带湿润性长江重点生态区长江上中游岩溶地区石漠化综合治理区
37	EVI（a）23	华南区	南亚热带湿润性海岸带北部湾典型滨海湿地生态系统保护和修复区
38	EVII（a）18		边缘热带湿润性长江重点生态区长江上中游岩溶地区石漠化综合治理修复区
39	EVIII（a）24		热带湿润性海岸带海南岛热带生态系统保护和修复区
40	FV（a）25	西南高山峡谷区	中亚热带湿润性青藏高原生态屏障区藏东南高原生态保护和修复区
41	FV（a）26		中亚热带湿润性长江重点生态区横断山区水源涵养与生物多样性保护区
42	FIX（b）27		高原亚寒带半湿润性青藏高原生态屏障区若尔盖—甘南草原湿地生态保护和修复区
43	FX（a/b）10		高原温带湿润/半湿润性黄河重点生态区秦岭生态保护和修复区
44	FX（a/b）26		高原温带湿润/半湿润性长江重点生态区横断山区水源涵养与生物多样性保护区
45	FX（c）27		高原温带半干旱性青藏高原生态屏障区若尔盖—甘南草原湿地生态保护和修复区

（续）

编号	编码	退耕还林生态功能监测区划	
46	GII（b）28	内蒙古东部森林草原及草原区	中温带半湿润性北方防沙带内蒙古高原生态保护和修复区
47	GII（c）28		中温带半干旱性北方防沙带内蒙古高原生态保护和修复区
48	GII（d）6		中温带干旱性黄河重点生态区黄土高原水土流失综合治理区
49	GII（d）29		中温带干旱性黄河重点生态区贺兰山生态保护和修复区
50	HII（d）28	蒙新荒漠半荒漠区	中温带干旱性北方防沙带内蒙古高原生态保护和修复区
51	HII（d）30		中温带干旱性北方防沙带天山和阿尔泰山森林草原保护区
52	HII（d）31	蒙新荒漠半荒漠区	中温带干旱性北方防沙带河西走廊生态保护和修复区
53	HII（d）32		中温带干旱性青藏高原生态屏障区祁连山生态保护和修复区
54	HIII（d）30		暖温带干旱性北方防沙带天山和阿尔泰山森林草原保护修复区
55	HIII（d）31		暖温带干旱性北方防沙带河西走廊生态保护和修复区
56	HIII（d）33		暖温带干旱性青藏高原生态屏障区藏西北羌塘高原—阿尔金草原荒漠生态保护和修复区
57	HIII（d）34		暖温带干旱北方防沙带塔里木河流域生态修复区
58	HIII（d）35		暖温带干旱性西北荒漠绿洲交接生态脆弱区
59	HIX（d）35		高原亚寒带干旱性西北荒漠绿洲交接生态脆弱区
60	HX（d）33		高原温带干旱性青藏高原生态屏障区藏西北羌塘高原—阿尔金草原荒漠生态保护和修复区
61	HX（d）34		高原温带干旱性北方防沙带塔里木河流域生态修复区
62	HX（d）35		高原温带干旱性西北荒漠绿洲交接生态脆弱区
63	IV（a）36	青藏高原草原草甸及寒漠区	中亚热带湿润性青藏高原生态屏障区西藏“两江四河”造林绿化与综合整治修复区
64	IIX（b）36		高原亚寒带半湿润性青藏高原生态屏障区西藏“两江四河”造林绿化与综合整治修复区
65	IIX（b）37		高原亚寒带半湿润性青藏高原生态屏障区三江源生态保护和修复区
66	IIX（c）33		高原亚寒带半干旱性青藏高原生态屏障区藏西北羌塘高原—阿尔金草原荒漠生态保护和修复区
67	IIX（c）37		高原亚寒带半干旱性青藏高原生态屏障区三江源生态保护和修复区
68	IIX（d）33		高原亚寒带干旱性青藏高原生态屏障区藏西北羌塘高原—阿尔金草原荒漠生态保护和修复区
69	IIX（d）37		高原亚寒带干旱性青藏高原生态屏障区三江源生态保护和修复区
70	IX（a/b）25		高原温带湿润/半湿润性青藏高原生态屏障区藏东南高原生态保护和修复区
71	IX（c）25		高原温带半干旱性青藏高原生态屏障区藏东南高原生态保护和修复区
72	IX（c）32		高原温带半干旱性青藏高原生态屏障区祁连山生态保护和修复区
73	IX（c）36		高原温带半干旱性青藏高原生态屏障区西藏“两江四河”造林绿化与综合整治修复区
74	IX（c）37		高原温带半干旱性青藏高原生态屏障区三江源生态保护和修复区
75	IX（d）32		高原温带干旱性青藏高原生态屏障区祁连山生态保护和修复区
76	IX（d）33		高原温带干旱性青藏高原生态屏障区藏西北羌塘高原—阿尔金草原荒生态保护和修复区
77	IX（d）37		高原温带干旱性青藏高原生态屏障区三江源生态保护和修复区

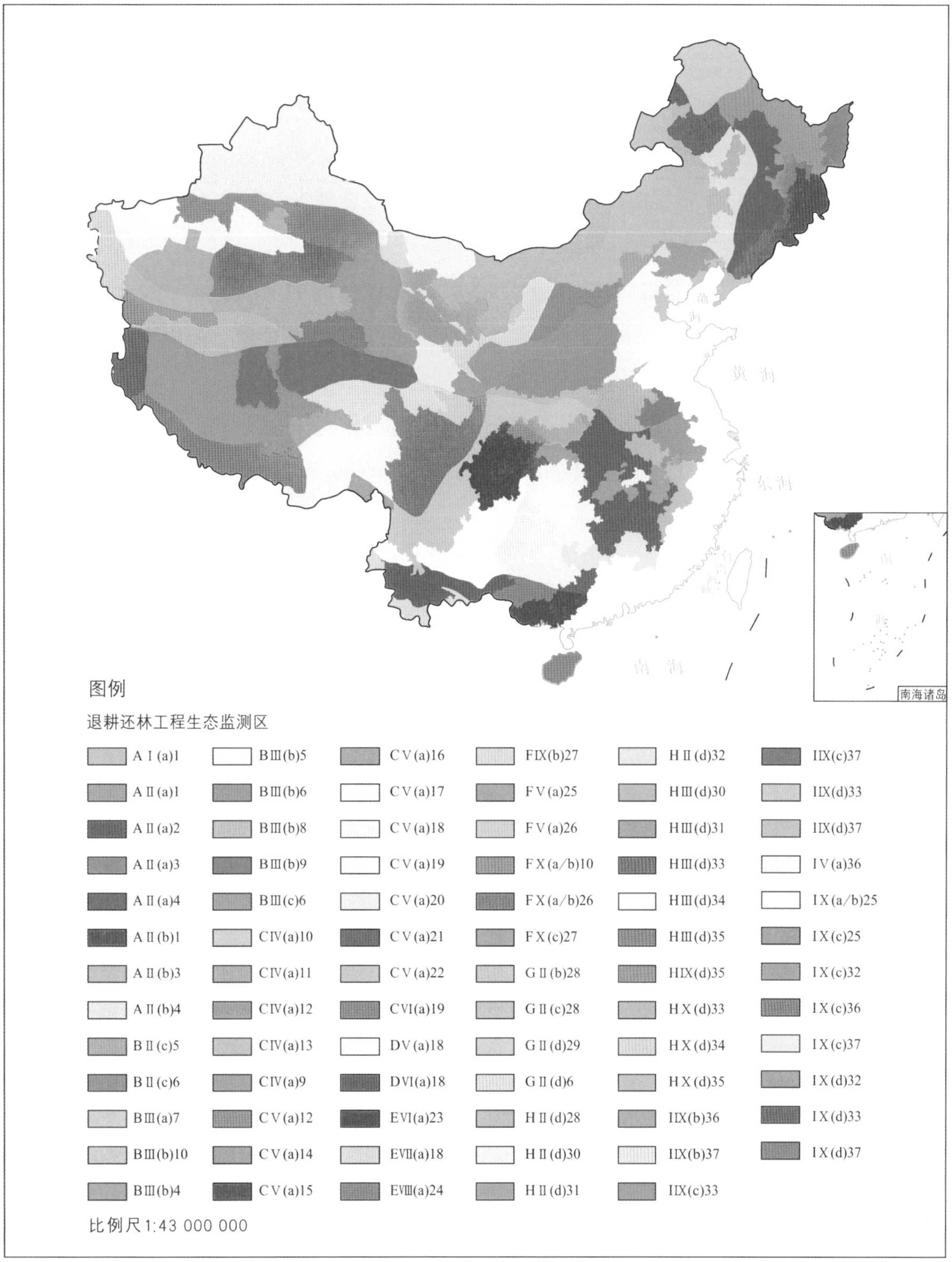

渤海
黄海
东海
南海
南海诸岛

图例

退耕还林工程生态监测区

AⅠ(a)1	BⅢ(b)5	CⅤ(a)16	FⅨ(b)27	HⅡ(d)32	IⅨ(c)37
AⅡ(a)1	BⅢ(b)6	CⅤ(a)17	FⅤ(a)25	HⅢ(d)30	IⅨ(d)33
AⅡ(a)2	BⅢ(b)8	CⅤ(a)18	FⅤ(a)26	HⅢ(d)31	IⅨ(d)37
AⅡ(a)3	BⅢ(b)9	CⅤ(a)19	FⅩ(a/b)10	HⅢ(d)33	IⅤ(a)36
AⅡ(a)4	BⅢ(c)6	CⅤ(a)20	FⅩ(a/b)26	HⅢ(d)34	IⅩ(a/b)25
AⅡ(b)1	CⅣ(a)10	CⅤ(a)21	FⅩ(c)27	HⅢ(d)35	IⅩ(c)25
AⅡ(b)3	CⅣ(a)11	CⅤ(a)22	GⅡ(b)28	HⅨ(d)35	IⅩ(c)32
AⅡ(b)4	CⅣ(a)12	CⅥ(a)19	GⅡ(c)28	HⅩ(d)33	IⅩ(c)36
BⅡ(c)5	CⅣ(a)13	DⅤ(a)18	GⅡ(d)29	HⅩ(d)34	IⅩ(c)37
BⅡ(c)6	CⅣ(a)9	DⅥ(a)18	GⅡ(d)6	HⅩ(d)35	IⅩ(d)32
BⅢ(a)7	CⅤ(a)12	EⅥ(a)23	HⅡ(d)28	IⅨ(b)36	IⅩ(d)33
BⅢ(b)10	CⅤ(a)14	EⅦ(a)18	HⅡ(d)30	IⅨ(b)37	IⅩ(d)37
BⅢ(b)4	CⅤ(a)15	EⅧ(a)24	HⅡ(d)31	IⅨ(c)33	

比例尺1:43 000 000

图 2-13　退耕还林工程生态功能监测区划

（三）生态监测区基础信息

1. 东北区

(1) AI (a) 1 寒温带湿润性东北森林带大小兴安岭森林生态保育区。本区位于我国最

北部的大兴安岭地区，地理位置在北纬 49°10′ ～ 53°30′、东经 119°30′ ～ 127°30′ 之间。气候类型为寒温带湿润性气候，年均温为 -4 ～ 0℃，年积温仅为 1300 ～ 2000℃，年降水量为 350 ～ 550 毫米，地貌地形为苔原、中低山、丘陵，主要土壤类型为棕色针叶林土，属于东北森林带重大修复工程中的大小兴安岭森林生态保育区。

（2）AII（a）1 中温带湿润性东北森林带大小兴安岭森林生态保育区。本区主要位于大兴安岭南部、小兴安岭地区，地理位置在北纬 44°48′ ～ 51°18′、东经 123°17′ ～ 132°29′ 之间。主要气候类型为中温带湿润性气候，年均温为 -2 ～ 4℃，年降水量为 500 ～ 622 毫米，地貌地形为山地、低山丘陵、冲积平原，主要土壤类型为森林暗中壤、灰中壤，属于东北森林带重大修复工程中的大小兴安岭森林生态保育区。

（3）AII（a）2 中温带湿润性东北森林带长白山森林生态保育区。本区主要位于小兴安岭南部和三江平原地区，地理位置在北纬 40°1′ ～ 45°36′、东经 122°56′ ～ 131°20′ 之间。主要气候类型为中温带湿润性气候，年均温为 -2 ～ 2.7℃，年积温仅 2000 ～ 2500℃，年降水量为 500 ～ 620 毫米，地貌地形为低山丘陵、冲积平原，主要土壤类型为山地暗棕壤、草甸土、沼泽土，属于东北森林带长白山森林生态保育区。

（4）AII（a）3 中温带湿润性东北森林带三江平原、松嫩平原重要湿地保护恢复区。本区主要位于三江平原、松嫩平原区域，地理位置在北纬 40°4′ ～ 48°23′、东经 126°36′ ～ 135°47′ 之间。气候类型为中温带湿润性气候，年均温为 1.6 ～ 3.1℃，年降水量为 514 ～ 690 毫米，地貌地形主要为冲积平原、湖积平原、低山丘陵，主要土壤类型为草甸土、沼泽土、山地暗棕壤，属于东北森林带三江平原、松嫩平原重要湿地保护恢复区。

（5）AII（a）4 中温带湿润性北方农牧交错生态脆弱区。本区主要位于松嫩平原东北部以及辽东地区，地理位置在北纬 40°16′ ～ 49°7′、东经 122°29′ ～ 128°29′ 之间。气候类型为中温带湿润性气候，年均温为 0.2 ～ 4℃，年降水量为 470 ～ 700 毫米，地貌地形主要为低山丘陵、冲积平原、丘陵台地，主要土壤类型为黑土、黑钙土、草甸土、棕色森林土、山地暗棕壤、棕壤，多为农林复合区，属于北方农牧交错生态脆弱区。

（6）AII（b）1 中温带半湿润性东北森林带大小兴安岭森林生态保育区。本区位于大兴安岭中段，地理位置在北纬 47°4′ ～ 51°19′、东经 118°55′ ～ 124°22′ 之间。气候类型为中温带半湿润性气候，年均温为 -2 ～ 4℃，年积温为 1200 ～ 2800℃，年降水量为 350 ～ 550 毫米，地貌地形为山地、低山丘陵、冲积平原，主要土壤类型为棕色针叶林土、灰色森林土、黑钙土，属于东北森林带重大修复工程中的大小兴安岭森林生态保育区。

（7）AII（b）3 中温带半湿润性东北森林带三江平原、松嫩平原重要湿地保护恢复区。本区位于松嫩平原中部，地理位置在北纬 45°39′ ～ 47°58′、东经 122°52′ ～ 125°18′ 之间。气候类型为中温带半湿润性气候，年均温为 0.7 ～ 5.2℃，年降水量为 400 ～ 550 毫米，地貌地形为平原，主要土壤类型为黑钙土，属于东北森林带三江平原、松嫩平原重要湿地保

护恢复区。

(8) AII (b) 4 中温带半湿润性北方农牧交错生态脆弱区。本区北部位于松嫩平原，南部位于辽河平原，地理位置在北纬 40°40′ ~ 48°31′、东经 120°44′ ~ 126°6′ 之间。气候类型为中温带半湿润性气候，年均温为 2.6 ~ 8.6℃，年降水量为 400 ~ 565 毫米，地貌地形为平原，松嫩平原主要土壤类型为黑钙土，辽河平原主要土壤类型为棕壤、褐土、棕黄土、草甸土，属于北方农牧交错生态脆弱区。

2. 华北区

(1) BII (c) 5 中温带半干旱性北方防沙带京津冀协同发展生态保护和修复区。本区主要位于冀北地区和张北高原，地理位置在北纬 49°10′ ~ 53°30′、东经 119°30′ ~ 127°30′ 之间。气候类型为中温带半干旱性气候，年均温为 -0.3 ~ 7℃，年积温为 1608 ~ 3500℃，年降水量为 400 ~ 520 毫米，地貌地形为盆地、低山丘陵、平原，主要土壤类型为黑土性土、栗钙土、褐土、黑垆土、棕壤、淋溶褐土，属于北方防沙带京津冀协同发展生态保护和修复区。

(2) BII (c) 6 中温带半干旱性黄河重点生态区黄土高原水土流失综合治理区。本区主要位于黄土高原，地理位置在北纬 37°17′ ~ 40°44′、东经 107°19′ ~ 114°31′ 之间。气候类型为中温带半干旱性气候，年均温为 3 ~ 10℃，年积温为 2100 ~ 3800℃，年降水量为 230 ~ 514 毫米，地貌地形为丘陵、高原、沙漠、盆地，主要土壤类型为栗钙土、草甸土、风沙土、灰褐土、黄绵土，属于黄河重点生态区黄土高原水土流失综合治理区。

(3) BIII (a) 7 暖温带湿润性海岸带黄渤海生态综合整治与修复区。本区主要位于辽东半岛南部沿海、渤海滨海平原，地理位置在北纬 38°8′ ~ 41°26′、东经 116°42′ ~ 124°22′ 之间。气候类型为暖温带湿润性气候，年均温为 7 ~ 13℃，年积温为 3000 ~ 4300℃，年降水量为 600 ~ 900 毫米，地貌地形为平原，主要土壤类型为山地棕壤、滨海盐化潮土，属于黄河重点生态区黄土高原水土流失综合治理区。

(4)BIII(b)4 暖温带半湿润性北方农牧交错生态脆弱区。本区主要位于辽西、冀北区域，地理位置在北纬 40°35′ ~ 42°29′、东经 116°52′ ~ 121°57′ 之间。气候类型为暖温带半湿润性气候，年均温为 5 ~ 10℃，年积温为 3300 ~ 3900℃，年降水量为 420 ~ 776 毫米，地貌地形为山地、丘陵，主要土壤类型为山地棕壤、褐土、淋溶褐土，属于北方农牧交错生态脆弱区。

(5) BIII (b) 5 暖温带半湿润性北方防沙带京津冀协同发展生态保护和修复区。本区主要位于燕山和太行山区域，地理位置在北纬 34°59′ ~ 42°24′、东经 112°44′ ~ 119°44′ 之间。气候类型为暖温带半湿润性气候，年均温为 2 ~ 13℃，年积温为 3300 ~ 4500℃，年降水量为 400 ~ 620 毫米，地貌地形为山地、丘陵、平原，主要土壤类型为山地棕壤、褐土、淋溶褐土、盐碱土、潮土，属于北方防沙带京津冀协同发展生态保护和修复区。

(6) BIII (b) 6 暖温带半湿润性黄河重点生态区黄土高原水土流失综合治理区。本区主要位于晋南、陕北中部、子午岭地区，地理位置在北纬 34°10′ ~ 39°26′、东经 105°7′ ~ 114°8′ 之间。主要气候类型为暖温带半湿润性气候，年均温为 9 ~ 14℃，年积温为 3000 ~ 4500℃，年降水量为 600 ~ 800 毫米，地貌地形为山地丘陵、盆地、高原，主要土壤类型为山地棕壤、褐土，属于黄河重点生态区黄土高原水土流失综合治理区。

（7）BIII（b）8 暖温带半湿润性黄河重点生态区黄河下游生态保护和修复区。本区主要位于黄淮平原，地理位置在北纬 32°17′ ~ 36°6′、东经 114°46′ ~ 116°37′ 之间。主要气候类型为暖温带半湿润性气候，年均温为 12 ~ 15℃，年积温为 4700 ~ 4900℃，年降水量为 600 ~ 900 毫米，地貌地形为平原、低山丘陵，主要土壤类型为砂姜黑土、潮土、两合土、褐色土、碳酸盐褐色土，属于黄河重点生态区黄土高原水土流失综合治理区。

（8）BIII（b）9 暖温带半湿润性沿海水陆交接带生态脆弱区。本区主要位于黄泛平原和淮北平原东部，地理位置在北纬 32°26′ ~ 34°37′、东经 114°54′ ~ 118°12′ 之间。主要气候类型为暖温带半湿润性气候，年均温为 14℃，年积温为 4700 ~ 4900℃，年降水量为 800 ~ 900 毫米，地貌地形为平原、低山丘陵，主要土壤类型为潮土、砂姜黑土、沙土，属于沿海水陆交接带生态脆弱区。

（9）BIII（b）10 暖温带半湿润性黄河重点生态区秦岭生态保护和修复区。本区主要位于秦岭及伏牛山区，地理位置在北纬 33°34′ ~ 34°49′、东经 104°26′ ~ 112°20′ 之间。主要气候类型为暖温带半湿润性气候，年均温为 8 ~ 13℃，年积温为 2500 ~ 4000℃，年降水量为 700 ~ 1000 毫米，地貌地形为山地，主要土壤类型为淋溶褐土、黄褐土、棕壤、山地、山地草甸土、山地灰化棕壤，属于黄河重点生态区秦岭生态保护和修复区。

（10）BIII（c）6 暖温带半干旱性黄河重点生态区黄土高原水土流失综合治理区。本区主要位于陕北、陇东、陇西、晋中黄土高原，地理位置在北纬 34°26′ ~ 39°41′、东经 103°1′ ~ 113°57′ 之间。主要气候类型为暖温带半干旱性气候，年均温为 5 ~ 10℃，年积温为 2500 ~ 3600℃，年降水量为 350 ~ 700 毫米，地貌地形为丘陵，主要土壤类型为黄绵土、草甸土、黑垆土、褐土，属于黄土高原水土流失综合治理区。

3. 华东中南区

（1）CIV（a）9 北亚热带湿润性沿海水陆交接带生态脆弱区。本区主要位于江淮流域、安徽南部，地理位置在北纬 30°3′ ~ 33°6′、东经 115°52′ ~ 119°39′ 之间。主要气候类型为北亚热带湿润性，年均温为 14.5 ~ 16.1℃，年积温为 4800 ~ 5000℃，年降水量为 800 ~ 1800 毫米，地貌地形为丘陵、平原，主要土壤类型为黄棕壤、黄红壤、水稻土，属于沿海水陆交接带生态脆弱区。

（2）CIV（a）10 北亚热带湿润性黄河重点生态区秦岭生态保护和修复区。本区主要位于秦岭山地，地理位置在北纬 32°36′ ~ 34°9′、东经 104°26′ ~ 112°8′ 之间。主要气候类型为北亚热带湿润性气候，年均温为 14 ~ 16℃，年积温为 4500 ~ 4800℃，年降水量为

800 ~ 900 毫米，地貌地形为山地、盆地，主要土壤类型为黄褐土、山地棕色森林土、山地灰化土、高山草甸土，属于黄河重点生态区秦岭生态保护和修复区。

（3）CIV（a）11 北亚热带湿润性南水北调工程水源地生态修复区。本区主要位于豫晋陕三省交界黄河南金三角地区，地理位置在北纬 32°36′ ~ 33°21′、东经 111°0′ ~ 111°52′ 之间。主要气候类型为北亚热带湿润性气候，年均温为 13 ~ 14℃，年积温为 4500 ~ 4800℃，年降水量为 700 毫米，地貌地形为山地、丘陵和黄土塬，主要土壤类型为黄棕壤、黄褐土、棕壤，属于南水北调工程水源地。

（4）CIV（a）12 北亚热带湿润性长江重点生态区大巴山区生物多样性保护与生态修复区。本区主要位于神农架、武当山、荆山山地和大巴山北坡，地理位置在北纬 31°30′ ~ 33°14′、东经 106°30′ ~ 111°34′ 之间。主要气候类型为北亚热带湿润性气候，年均温为 9 ~ 15℃，年积温为 4600 ~ 5200℃，年降水量为 800 ~ 1400 毫米，地貌地形为山地，主要土壤类型为山地黄壤、黄棕壤、棕壤，属于大巴山区生物多样性保护与生态修复区。

（5）CIV（a）13 北亚热带湿润性长江重点生态区大别山—黄山水土保持与生态修复区。本区主要位于大别山区和皖南地区，地理位置在北纬 28°39′ ~ 32°11′、东经 114°3′ ~ 118°54′ 之间。主要气候类型为北亚热带湿润性气候，年均温为 15 ~ 16℃，年积温为 4700 ~ 5300℃，年降水量为 900 ~ 1800 毫米，地貌地形为山地、丘陵、盆地，主要土壤类型为黄壤、黄棕壤、黄褐土、黄红壤、山地草甸土，属于长江重点生态区大别山—黄山水土保持与生态修复区。

（6）CV（a）12 中亚热带湿润性长江重点生态区大巴山区生物多样性保护与生态修复区。本区主要位于大巴山区，地理位置在北纬 31°39′ ~ 32°44′、东经 105°59′ ~ 109°1′ 之间。主要气候类型为中亚热带湿润性气候，年均温为 13 ~ 18.2℃，年积温为 4500 ~ 5200℃，年降水量为 1000 ~ 1200 毫米，地貌地形为山地、丘陵、盆地，主要土壤类型为紫色土、黄壤、石灰岩、黄棕壤、黄褐土、黄红壤、山地草甸土，属于大巴山区生物多样性保护与生态修复区。

（7）CV（a）14 中亚热带湿润性长江重点生态区鄱阳湖、洞庭湖等河湖、湿地保护和修复区。本区主要位于鄱阳湖平原、汉江平原、洞庭湖平原和幕阜山区，地理位置在北纬 28°17′ ~ 30°46′、东经 111°45′ ~ 117°50′ 之间。主要气候类型为中亚热带湿润性气候，年均温为 16 ~ 18.2℃，年积温为 5100 ~ 5400℃，年降水量为 1100 ~ 1600 毫米，地貌地形为山地、丘陵、平原，主要土壤类型为红壤、黄红壤、山地黄壤、冲积土、水稻土，属于长江重点生态区鄱阳湖、洞庭湖等河湖、湿地保护和修复区。

（8）CV（a）15 中亚热带湿润性西南岩溶山地石漠化生态脆弱区。本区主要位于四川盆地，地理位置在北纬 27°54′ ~ 32°48′、东经 102°56′ ~ 108°50′ 之间。主要气候类型为中亚热带湿润性气候，年均温为 16 ~ 18℃，年积温为 4500 ~ 5300℃，年降水量为 900 ~ 1800 毫米，地貌地形为山地、盆地，主要土壤类型为黄壤、黄红壤、紫色土、冲积土、棕色森林土、山地草甸土，属于西南岩溶山地石漠化生态脆弱区。

(9) CV (a) 16 中亚热带湿润性长江重点生态区三峡库区生态综合治理区。本区主要位于三峡库区，地理位置在北纬 30°12′ ~ 31°43′、东经 107°56′ ~ 111°1′ 之间。主要气候类型为中亚热带湿润性气候，年均温为 16 ~ 18.2℃，年积温为 4900 ~ 5500℃，年降水量为 1000 ~ 1200 毫米，地貌地形为山地、丘陵，主要土壤类型为山地黄壤、山地黄棕壤和山地棕壤、紫色土、石灰土、水稻土，属于长江重点生态区三峡库区生态综合治理区。

(10) CV (a) 17 中亚热带湿润性长江重点生态区武陵山区生物多样性保护区。本区主要位于武陵山区，地理位置在北纬 27°18′ ~ 30°47′、东经 107°14′ ~ 111°32′ 之间。主要气候类型为中亚热带湿润性气候，年均温为 10 ~ 17.5℃，年积温为 3500 ~ 5600℃，年降水量为 1200 ~ 1700 毫米，地貌地形为山地、丘陵、盆地，主要土壤类型为黄壤、山地黄壤、山地黄棕壤，属于长江重点生态区武陵山区生物多样性保护区。

(11) CV (a) 18 中亚热带湿润性长江重点生态区长江上中游岩溶地区石漠化综合治理区。本区主要位于黔东南，地理位置在北纬 24°30′ ~ 28°53′、东经 105°35′ ~ 109°29′ 之间。主要气候类型为中亚热带湿润性气候，年均温为 13 ~ 20℃，年积温为 4300 ~ 5600℃，年降水量为 1000 ~ 1900 毫米，地貌地形为山地、丘陵、盆地和岩溶，主要土壤类型为红壤、黄壤、黄棕壤、棕色石灰土和黑色石灰土等，属于长江重点生态区长江上中游岩溶地区石漠化综合治理区。

(12) CV (a) 19 中亚热带湿润性南方丘陵山地带湘桂岩溶地区石漠化综合治理区。本区主要位于湘西南、桂北，地理位置在北纬 23°39′ ~ 28°57′、东经 106°12′ ~ 112°30′ 之间。主要气候类型为中亚热带湿润性气候，年均温为 16 ~ 19℃，年积温为 5300 ~ 6000℃，年降水量为 1000 ~ 2200 毫米，地貌地形为山地、丘陵、盆地和岩溶，主要土壤类型为紫色土、红壤、黄壤、红黄壤、黄棕壤、石灰土等，属于南方丘陵山地带湘桂岩溶地区石漠化综合治理区。

(13) CV (a) 20 中亚热带湿润性南方丘陵山地带南岭山地森林及生物多样性保护区。本区主要位于广西北端、湖南南端和江西南部，地理位置在北纬 24°38′ ~ 26°41′、东经 109°46′ ~ 116°0′ 之间。主要气候类型为中亚热带湿润性气候，年均温为 18 ~ 21℃，年积温为 5300 ~ 7000℃，年降水量为 1400 ~ 2000 毫米，地貌地形为山地丘陵，主要土壤类型为红壤、黄壤、石灰土等，属于南岭山地森林及生物多样性保护区。

(14) CV (a) 21 中亚热带湿润性南方红壤丘陵山地生态脆弱区。本区主要位于湖北、湖南东部和江西中西部，地理位置在北纬 23°26′ ~ 33°32′、东经 109°35′ ~ 117°31′ 之间。主要气候类型为中亚热带湿润性气候，年均温为 14 ~ 21℃，年积温为 4300 ~ 7000℃，年降水量为 1100 ~ 2000 毫米，地貌地形为山地丘陵、平原、盆地，主要土壤类型为红壤、紫色土、黄壤、黄棕壤、黄褐土、红黄壤、棕色森林土、冲积土、水稻土等，属于南方红壤丘

陵山地生态脆弱区。

（15）CV（a）22 中亚热带湿润性南方丘陵山地带武夷山森林及生物多样性保护区。本区主要位于武夷山区，地理位置在北纬 25°59′ ～ 28°59′、东经 115°58′ ～ 118°30′ 之间。主要气候类型为中亚热带湿润性气候，年均温为 17 ～ 18℃，年积温为 5500℃左右，年降水量为 1500 ～ 2600 毫米，地貌地形为山地，主要土壤类型为红壤和黄壤等，属于南方丘陵山地带武夷山森林及生物多样性保护区。

（16）CVI（a）19 南亚热带湿润性南方丘陵山地带湘桂岩溶地区石漠化综合治理区。本区主要位于桂西，地理位置在北纬 22°30′ ～ 24°21′、东经 105°34′ ～ 109°33′ 之间。主要气候类型为南亚热带湿润性气候，年均温为 20 ～ 22℃，年积温为 5500℃左右，年降水量为 7800 ～ 9000 毫米，地貌地形为石灰岩山地、砂页岩丘陵山地，主要土壤类型为赤红壤、砖红壤、红壤、石灰土等，属于南方丘陵山地带湘桂岩溶地区石漠化综合治理区。

4. 云贵高原区

（1）DV（a）18 中亚热带湿润性长江重点生态区长江上中游岩溶地区石漠化综合治理区。本区主要位于滇中滇东高原、黔西北，紧邻四川、重庆，地理位置在北纬 23°29′ ～ 29°56′、东经 97°54′ ～ 107°46′ 之间。主要气候类型为中亚热带湿润性气候，年均温为 15 ～ 18℃，年积温为 4500 ～ 5500℃，年降水量为 1000 ～ 1200 毫米，地貌地形为山地、丘陵、盆地、岩溶山原，主要土壤类型为红壤、黄壤、紫色土、赤红壤、石灰土、红褐土等，属于长江重点生态区长江上中游岩溶地区石漠化综合治理区。

（2）DVI（a）18 南亚热带湿润性长江重点生态区长江上中游岩溶地区石漠化综合治理区。本区主要位于滇中、滇西、滇东南部，地理位置在北纬 22°13′ ～ 24°41′、东经 98°38′ ～ 106°52′ 之间。主要气候类型为南亚热带湿润性气候，年均温为 17 ～ 21℃，年积温为 4000 ～ 5000℃，年降水量为 900 ～ 1600 毫米，地貌地形为岩溶山原，主要土壤类型为红壤、黄壤、赤红壤、石灰土、红褐土等，属于长江重点生态区长江上中游岩溶地区石漠化综合治理区。

5. 华南区

（1）EVI（a）23 南亚热带湿润性海岸带北部湾典型滨海湿地生态系统保护和修复区。本区主要位于桂南沿海地区，地理位置在北纬 21°27′ ～ 23°34′、东经 106°41′ ～ 111°21′ 之间。主要气候类型为南亚热带湿润性气候，年均温为 21 ～ 25℃，年积温为 7800 ～ 9000℃，年降水量为 1300 ～ 2000 毫米，地貌地形为丘陵台地，主要土壤类型为砖红壤、赤红壤、红壤、黄壤、石灰土、冲积土等，属于海岸带北部湾典型滨海湿地生态系统保护和修复区。

（2）EVII（a）18 边缘热带湿润性长江重点生态区长江上中游岩溶地区石漠化综合治理修复区。本区主要位于滇南边缘地区，地理位置在北纬 21°8′ ～ 25°9′、东经 97°33′ ～ 104°49′ 之间。主要气候类型为南亚热带湿润性气候，年均温为 20 ～ 23℃，年积温为 7500 ～ 9000℃，年降水量为 1200 ～ 2000 毫米，地貌地形为丘陵山地，主要土壤类型为砖红壤，赤红壤、红壤等，属于长江重点生态区长江上中游岩溶地区石漠化综合治理修复区。

(3) EVIII (a) 24 热带湿润性海岸带海南岛热带生态系统保护和修复区。本区主要位于海南岛地区，地理位置在北纬 18°11′ ～ 20°3′、东经 108°37′ ～ 111°3′之间。主要气候类型为热带湿润性气候，年均温为 23 ～ 28℃，年积温为 8000 ～ 9000℃，年降水量为 1200 ～ 2900 毫米，地貌地形为丘陵山地、丘陵台地，主要土壤类型为砖红壤等，属于海岸带海南岛热带生态系统保护和修复区。

6. 西南高山峡谷区

(1) FV (a) 25 中亚热带湿润性青藏高原生态屏障区藏东南高原生态保护和修复区。本区主要位于藏东南察隅河峡谷，地理位置在北纬 27°29′ ～ 29°17′、东经 95°49′ ～ 98°51′之间。主要气候类型为中亚热带湿润性气候，年均温为 20℃左右，年积温为 8000℃左右，年降水量为 2500 毫米，地貌地形为山地、河谷，主要土壤类型为砖红壤、赤红壤、山地黄壤、沼泽土和冲积土等，属于藏东南高原生态保护和修复区。

(2) FV (a) 26 中亚热带湿润性长江重点生态区横断山区水源涵养与生物多样性保护区。本区主要位于滇、川横断山区，地理位置在北纬 24°0′ ～ 32°52′、东经 98°45′ ～ 105°38′之间。主要气候类型为中亚热带湿润性气候，年均温为 17 ～ 21℃，年积温为 5350 ～ 7500℃，年降水量为 1040 ～ 1700 毫米，地貌地形以高中山峡谷、山地丘陵为主，主要土壤类型为砖红壤、赤红壤、山地黄壤、红壤等，属于长江重点生态区横断山区水源涵养与生物多样性保护区。

(3) FIX (b) 27 高原亚寒带半湿润性青藏高原生态屏障区若尔盖—甘南草原湿地生态保护和修复区。本区主要位于川西北高原东端，地理位置在北纬 32°30′ ～ 34°20′、东经 100°49′ ～ 103°38′之间。主要气候类型为中亚热带湿润性气候，年均温为 0.6 ～ 3.2℃，年积温为 8000 ～ 9000℃，年降水量为 700 毫米左右，地貌地形为山地、盆地，主要土壤类型为高山灌丛草甸土、高山草甸土等，属于青藏高原生态屏障区若尔盖—甘南草原湿地生态保护和修复区。

(4) FX (a/b) 10 高原温带湿润 / 半湿润性黄河重点生态区秦岭生态保护和修复区。本区主要位于甘肃省东南隅南秦岭山地，地理位置在北纬 32°45′ ～ 34°11′、东经 103°8′ ～ 104°29′之间。主要气候类型为高原温带湿润 / 半湿润性气候，年均温为 8 ～ 12℃，年积温为 3800℃以上，年降水量为 400 ～ 800 毫米，地貌地形为山地、盆地，主要土壤类型为棕壤、褐土等，属于黄河重点生态区秦岭生态保护和修复区。

(5) FX (a/b) 26 高原温带湿润 / 半湿润性长江重点生态区横断山区水源涵养与生物多样性保护区。本区主要位于川西北、滇西北的横断山脉，地理位置在北纬 27°14′ ～ 34°9′、东

经 97°23′ ~ 104°23′ 之间。主要气候类型为高原温带湿润/半湿润性气候，年均温为 4 ~ 12℃，年积温为 600 ~ 3400℃，年降水量为 400 ~ 700 毫米，地貌地形为山地峡谷，主要土壤类型为高山灌丛草甸土、高山草甸土等，属于长江重点生态区横断山区水源涵养与生物多样性保护区。

（6）FX（c）27 高原温带半干旱性青藏高原生态屏障区若尔盖—甘南草原湿地生态保护和修复区。本区主要位于甘肃省南部山地，地理位置在北纬 34°2′ ~ 35°33′、东经 101°58′ ~ 104°26′ 之间。主要气候类型为高原温带半干旱性气候，年均温为 1 ~ 6℃，年降水量为 500 ~ 800 毫米，地貌地形为山地，主要土壤类型为栗钙土、灰褐土等，属于青藏高原生态屏障区若尔盖—甘南草原湿地生态保护和修复区。

7. 内蒙古东部森林草原及草原区

（1）GII（b）28 中温带半湿润性北方防沙带内蒙古高原生态保护和修复区。本区地理位置在北纬 42°15′ ~ 50°6′、东经 118°23′ ~ 123°34′ 之间。主要气候类型为中温带半湿润性气候，年均温为 0.5 ~ 1.5℃，年积温为 1200 ~ 1400℃，年降水量为 500 ~ 550 毫米，地貌地形为山地，主要土壤类型为棕色针叶林土、灰色森林土等，属于北方防沙带内蒙古高原生态保护和修复区。

（2）GII（c）28 中温带半干旱性北方防沙带内蒙古高原生态保护和修复区。本区主要位于内蒙古东部，地理位置在北纬 39°59′ ~ 49°49′、东经 109°23′ ~ 121°59′ 之间。主要气候类型为中温带半干旱性气候，年均温为 6 ~ 8.4℃，年积温为 2000 ~ 3200℃，年降水量为 500 ~ 550 毫米，地貌地形为草原，主要土壤类型为栗钙土等，属于北方防沙带内蒙古高原生态保护和修复区。

（3）GII（d）6 中温带干旱性黄河重点生态区黄土高原水土流失综合治理区。本区主要位于黄土高原，地理位置在北纬 34°56′ ~ 40°50′、东经 100°55′ ~ 109°15′ 之间。主要气候类型为中温带干旱性气候，年均温为 5 ~ 9℃，年积温为 2900 ~ 3300℃，年降水量为 200 ~ 500 毫米，地貌地形为黄土丘陵，主要土壤类型为棕钙土、灰钙土、黑垆土等，部分区域位于黄河重点生态区黄土高原水土流失综合治理区。

（4）GII（d）29 中温带干旱性黄河重点生态区贺兰山生态保护和修复区。本区主要位于宁夏北部，地理位置在北纬 38°6′ ~ 39°20′、东经 105°50′ ~ 106°58′ 之间。主要气候类型为中温带干旱性气候，年均温为 6 ~ 8.4℃，年积温为 2900 ~ 3300℃，年降水量为 190 ~ 250 毫米，地貌地形为高原，主要土壤类型为棕钙土等，部分区域位于黄河重点生态区黄土高原水土流失综合治理区。

8. 蒙新荒漠半荒漠区

（1）HII（d）28 中温带干旱性北方防沙带内蒙古高原生态保护和修复区。本区主要位于内蒙古高原，地理位置在北纬 27°32′ ~ 45°3′、东经 99°31′ ~ 113°46′ 之间。主要气候类型为中温带干旱性气候，年均温为 2 ～ 8℃，年积温为 2200 ～ 2500℃，年降水量为 50 ～ 250 毫米，地貌地形为高原，主要土壤类型为棕钙土等，部分区域位于北方防沙带内蒙古高原生态保护和修复区。

（2）HII（d）30 中温带干旱性北方防沙带天山和阿尔泰山森林草原保护区。本区主要位于北疆，地理位置在北纬 40°25′ ～ 49°4′、东经 80°23′ ～ 103°5′ 之间。主要气候类型为中温带干旱性气候，年均温为 0 ～ 8℃，年降水量为 10 ～ 300 毫米，地貌地形为山地、盆地、荒漠，主要土壤类型为栗钙土、高山草甸土、灰色森林土，部分区域位于北方防沙带天山和阿尔泰山森林草原保护区。

（3）HII（d）31 中温带干旱性北方防沙带河西走廊生态保护和修复区。本区主要位于河西走廊，地理位置在北纬 37°5′ ～ 40°56′、东经 97°1′ ～ 104°10′ 之间。主要气候类型为中温带干旱性气候，年均温为 7 ～ 8℃，年降水量为 40 ～ 150 毫米，地貌地形为冲积平原，主要土壤类型为灰棕荒漠土，部分区域位于北方防沙带河西走廊生态保护和修复区。

（4）HII（d）32 中温带干旱性青藏高原生态屏障区祁连山生态保护和修复区。本区主要位于甘肃祁连山，地理位置在北纬 54°1′ ～ 42°44′、东经 95°37′ ～ 103°37′ 之间。主要气候类型为中温带干旱性气候，年均温为 4 ～ 9℃，年降水量为 35 ～ 76 毫米，地貌地形为平原戈壁，主要土壤类型为灰棕荒漠土，部分区域位于青藏高原生态屏障区祁连山生态保护和修复区。

（5）HIII（d）30 暖温带干旱性北方防沙带天山和阿尔泰山森林草原保护修复区。本区主要位于天山主脉和库鲁克塔格间的山间盆地和塔克拉玛干沙漠，地理位置在北纬 37°4′ ～ 42°47′、东经 77°46′ ～ 88°15′ 之间。主要气候类型为暖温带干旱性气候，年均温为 4 ～ 9℃，年降水量为 10 毫米以下，地貌地形为盆地、沙漠，主要土壤类型为灰棕荒漠土，部分区域位于北方防沙带天山和阿尔泰山森林草原保护修复区。

（6）HIII（d）31 暖温带干旱性北方防沙带河西走廊生态保护和修复区。本区主要位于甘肃省西部，地理位置在北纬 39°43′ ～ 41°41′、东经 92°46′ ～ 97°35′ 之间。主要气候类型为暖温带干旱性气候，年均温为 6 ～ 10℃，年降水量为 35 ～ 76 毫米以下，地貌地形为冲积平原、沙漠，主要土壤类型为灰棕荒漠土，部分区域位于北方防沙带河西走廊生态保护和修复区。

（7）HIII（d）33 暖温带干旱性青藏高原生态屏障区藏西北羌塘高原—阿尔金草原荒漠生态保护和修复区。本区主要位于塔里木盆地和阿尔金山脉，地理位置在北纬 37°7′ ～ 41°17′、东经 83°50′ ～ 93°44′ 之间。主要气候类型为暖温带干旱性气候，年均温为 8 ～ 10℃，年降水量为 50 毫米以下，地貌地形为盆地、平原，主要土壤类型为灰棕荒漠土，部分区域位于青藏高原生态屏障区藏西北羌塘高原—阿尔金草原荒漠生态保护和修复区。

（8）HIII（d）34 暖温带干旱北方防沙带塔里木河流域生态修复区。本区主要位于塔里木盆地，地理位置在北纬 37°34′ ～ 42°31′、东经 73°51′ ～ 89°59′ 之间。主要气候类型为暖

温带干旱性气候，年均温为 8 ～ 10℃，年降水量为 10 ～ 80 毫米，地貌地形为冲积平原，主要土壤类型为灰棕荒漠土，部分区域位于北方防沙带塔里木河流域生态修复区。

(9) HIII (d) 35 暖温带干旱性西北荒漠绿洲交接生态脆弱区。本区主要包括天山南麓和吐鲁番盆地，紧靠塔里木河流域，地理位置在北纬 40°57′ ～ 43°13′、东经 79°47′ ～ 95°36′ 之间。主要气候类型为暖温带干旱性气候，年均温为 8 ～ 10℃，年降水量为 100 ～ 200 毫米，地貌地形为冲积平原，主要土壤类型为灰棕荒漠土，部分区域位于西北荒漠绿洲交接生态脆弱区。

(10) HIX (d) 35 高原亚寒带干旱性西北荒漠绿洲交接生态脆弱区。本区主要位于昆仑山南坡，地理位置在北纬 34°30′ ～ 36°2′、东经 78°8′ ～ 84°54′ 之间。主要气候类型为高原亚寒带干旱性气候，年均温为 -8 ～ -10℃，年降水量为 20 ～ 50 毫米，地貌地形为山地、丘陵，主要土壤类型为高山荒漠土，属于西北荒漠绿洲交接生态脆弱区。

(11) HX (d) 33 高原温带干旱性青藏高原生态屏障区藏西北羌塘高原—阿尔金草原荒漠生态保护和修复区。本区主要位于阿尔金山草原和柴达木盆地西缘，地理位置在北纬 36°5′ ～ 39°14′、东经 84°0′ ～ 94°8′ 之间。主要气候类型为高原温带干旱性气候，年均温为 3℃以下，年降水量为 10 ～ 300 毫米，地貌地形为山地、丘陵、盆地，主要土壤类型为灰棕荒漠土、盐土、高寒草原土，属于青藏高原生态屏障区藏西北羌塘高原—阿尔金草原荒漠生态保护和修复区。

(12) HX (d) 34 高原温带干旱性北方防沙带塔里木河流域生态修复区。本区主要位于昆仑山西段和帕米尔高原，地理位置在北纬 35°28′ ～ 39°40′、东经 74°30′ ～ 77°43′ 之间。主要气候类型为高原温带干旱性气候，年均温为 0 ～ 3℃，年降水量为 50 ～ 100 毫米，地貌地形为山地、丘陵、盆地，主要土壤类型为高山荒漠土、高山草原土、山地棕漠土等，属于北方防沙带塔里木河流域生态修复区。

(13) HX (d) 35 高原温带干旱性西北荒漠绿洲交接生态脆弱区。本区主要位于塔里木南部的昆仑山，地理位置在北纬 36°22′ ～ 37°28′、东经 77°24′ ～ 84°18′ 之间。主要气候类型为高原温带干旱性气候，年均温为 0 ～ 3℃，年降水量为 100 ～ 200 毫米，地貌地形为山地、丘陵，主要土壤类型为高山荒漠土，属于西北荒漠绿洲交接生态脆弱区。

9. 青藏高原草甸及寒漠区

(1) IV (a) 36 中亚热带湿润性青藏高原生态屏障区西藏“两江四河”造林绿化与综合整治修复区。本区主要位于西藏东南部东喜马拉雅山的南翼地区，地理位置在北纬 27°0′ ～ 29°24′、东经 91°40′ ～ 96°2′ 之间。主要气候类型为中亚热带湿润性气候，年均温为 20 ～ 21℃以上，年降水量为 1000 ～ 3500 毫米，地貌地形为山地丘陵，主要土壤类型为高山荒漠土，部分区域属于青藏高原生态屏障区西藏“两江四河”造林绿化与综合整治修复区。

(2) IIX (b) 36 高原亚寒带半湿润性青藏高原生态屏障区西藏“两江四河”造林绿

化与综合整治修复区。本区主要位于唐古拉山脉，地理位置在北纬 30°10′ ～ 32°34′、东经 91°16′ ～ 96°25′ 之间。主要气候类型为高原亚寒带半湿润性气候，年均温为 -1 ～ -3℃，年降水量为 400 ～ 500 毫米，地貌地形为山地、丘陵、宽谷、湖盆相间地貌为主，主要土壤类型为高寒草甸土，属于青藏高原生态屏障区西藏“两江四河”造林绿化与综合整治修复区。

(3) IIX (b) 37 高原亚寒带半湿润性青藏高原生态屏障区三江源生态保护和修复区。本区主要位于青藏高原中部，地理位置在北纬 31°42′ ～ 34°46′、东经 91°52′ ～ 102°4′ 之间。主要气候类型为高原亚寒带半湿润性气候，年均温为 -4.2 ～ 0℃，年降水量为 300 ～ 550 毫米，地貌地形为中低山地、宽谷、湖盆地地貌为主，主要土壤类型为高寒草甸土，属于青藏高原生态屏障区三江源生态保护和修复区。

(4) IIX (c) 33 高原亚寒带半干旱性青藏高原生态屏障区藏西北羌塘高原—阿尔金草原荒漠生态保护和修复区。本区主要位于羌塘高原，地理位置在北纬 29°29′ ～ 35°29′、东经 80°18′ ～ 93°27′ 之间。气候类型为高原亚寒带半干旱性气候，年均温为 -5 ～ 0℃，年降水量为 150 ～ 300 毫米，地貌地形为低山、丘陵、宽谷、盆地，主要土壤类型为高山草原土、高山荒漠草原土，属于青藏高原生态屏障区藏西北羌塘高原—阿尔金草原荒漠生态保护和修复区。

(5) IIX (c) 37 高原亚寒带半干旱性青藏高原生态屏障区三江源生态保护和修复区。本区主要位于江河源区，部分位于羌塘高原，地理位置在北纬 31°59′ ～ 36°23′、东经 87°32′ ～ 99°34′ 之间。主要气候类型为高原亚寒带半干旱性气候，年均温为 -5 ～ 0℃，年降水量为 100 ～ 300 毫米，地貌地形为低山、高原、丘陵，主要土壤类型为高山草原土、高山荒漠草原土，属于青藏高原生态屏障区三江源生态保护和修复区。

(6) IIX (d) 33 高原亚寒带干旱性青藏高原生态屏障区藏西北羌塘高原—阿尔金草原荒漠生态保护和修复区。本区主要位于羌塘高原北部，地理位置在北纬 33°55′ ～ 36°37′、东经 79°3′ ～ 89°57′ 之间。主要气候类型为高原亚寒带干旱性气候，年均温为 -10 ～ 3℃，年降水量为 20 ～ 150 毫米，地貌地形为山原，主要土壤类型为高山荒漠土、高山草原土和高山荒漠草原土，部分区域属青藏高原生态屏障区藏西北羌塘高原—阿尔金草原荒漠生态保护和修复区。

(7) IIX (d) 37 高原亚寒带干旱性青藏高原生态屏障区三江源生态保护和修复区。本区主要位于羌塘高原北部，地理位置在北纬 34°42′ ～ 36°9′、东经 86°6′ ～ 90°45′ 之间。主要气候类型为高原亚寒带干旱性气候，年均温为 -7 ～ -2℃，年降水量为 100 ～ 150 毫米，地貌地形为山原，主要土壤类型为高山荒漠土、高山草原土和高山荒漠草原土，部分区域属青藏高原生态屏障区三江源生态保护和修复区。

(8) IX (a/b) 25 高原温带湿润 / 半湿润性青藏高原生态屏障区藏东南高原生态保护和修复区。本区主要位于青藏高原东南部的横断山脉，地理位置在北纬 27°47′ ～ 32°32′、东经

92°7′ ~ 99°0′之间。主要气候类型为高原温带湿润 / 半湿润性气候，年均温为 4 ~ 12℃，年降水量为 400 ~ 1000 毫米，地貌地形为高山峡谷，主要土壤类型为褐色土、棕色森林土、高山灌丛草甸土，属青藏高原生态屏障区藏东南高原生态保护和修复区。

(9) IX（c）25 高原温带半干旱性青藏高原生态屏障区藏东南高原生态保护和修复区。本区主要位于拉萨河流域，地理位置在北纬 29°32′ ~ 31°1′、东经 89°50′ ~ 92°24′之间。主要气候类型为高原温带半干旱性气候，年均温为 7.5℃，≥ 10℃的活动积温为 2177℃，年降水量为 400 ~ 550 毫米，地貌地形为河谷、盆地、山地，主要土壤类型为褐色土、高山草甸土，属青藏高原生态屏障区藏东南高原生态保护和修复区。

(10) IX（c）32 高原温带半干旱性青藏高原生态屏障区祁连山生态保护和修复区。本区主要位于祁连山东段，地理位置在北纬 36°36′ ~ 39°41′、东经 97°33′ ~ 103°15′之间。主要气候类型为高原温带半干旱性气候，年均温为 8℃左右，年降水量为 200 ~ 300 毫米，地貌地形为山地、草原，主要土壤类型为荒漠土，属青藏高原生态屏障区祁连山生态保护和修复区。

(11) IX（c）36 高原温带半干旱性青藏高原生态屏障区西藏“两江四河”造林绿化与综合整治修复区。本区主要位于西藏日喀则和山南地区，地理位置在北纬 27°39′ ~ 31°9′、东经 80°31′ ~ 93°6′之间。主要气候类型为高原温带半干旱性气候，年均温为 0 ~ 8℃，年降水量为 200 ~ 550 毫米，地貌地形为山地、盆地、丘陵，主要土壤类型为亚高山灌丛草原土、亚高山草原土、高山草原土、高山草甸土，属青藏高原生态屏障区西藏“两江四河”造林绿化与综合整治修复区。

(12) IX（c）37 高原温带半干旱性青藏高原生态屏障区三江源生态保护和修复区。本区主要位于江河源高原东部，地理位置在北纬 34°15′ ~ 37°8′、东经 99°6′ ~ 102°27′之间。地处黄土高原与青藏高原邻接地带，也是温性草原向高寒草原的过渡交错地区，主要气候类型为高原温带半干旱性气候，年均温为 0.2 ~ 3.4℃，年降水量为 300 ~ 400 毫米，地貌地形为山地、盆地，主要土壤类型为高山草原土，属青藏高原生态屏障区三江源生态保护和修复区。

(13) IX（d）32 高原温带干旱性青藏高原生态屏障区祁连山生态保护和修复区。本区主要位于祁连山西部和柴达木盆地底部，地理位置在北纬 35°28′ ~ 49°5′、东经 92°24′ ~ 99°26′之间。主要气候类型为高原温带干旱性气候，年均温为 2℃以下，年降水量为 30 ~ 400 毫米，地貌地形为山地、盆地，主要土壤类型为栗钙土、灰棕荒漠土、盐土和草甸土，部分区域属青藏高原生态屏障区祁连山生态保护和修复区。

(14) IX（d）33 高原温带干旱性青藏高原生态屏障区藏西北羌塘高原—阿尔金草原荒生态保护和修复区。本区主要位于阿里地区，地理位置在北纬 30°28′ ~ 34°15′、东经 78°30′ ~ 81°17′之间。主要气候类型为高原温带干旱性气候，年均温为 -1 ~ 1℃，≥ 10℃

的活动积温为1100℃，年降水量为50～77毫米，地貌地形为山地宽谷、高山峡谷和洪积平原，主要土壤类型为亚高山荒漠土和荒漠草原土，部分区域属青藏高原生态屏障区藏西北羌塘高原—阿尔金草原荒生态保护和修复区。

（15）IX（d）37高原温带干旱性青藏高原生态屏障区三江源生态保护和修复区。本区主要位于柴达木盆地，地理位置在北纬35°50′～37°42′、东经90°0′～95°48′之间。主要气候类型为高原温带干旱性气候，年均温为1～5℃，年降水量为10～40毫米，地貌地形为盆地、洪积平原，主要土壤类型为亚棕钙土和灰棕荒漠土，部分区域属青藏高原生态屏障区三江源生态保护和修复区。

（四）退耕还林工程生态功能监测区与典型生态区的对应关系

退耕还林工程森林生态功能区划中不仅需要提供区划边界信息，在获得区划后，还需提取全国生态脆弱区、国家生态屏障区和国家重点生态功能区等典型生态区的相关信息，以作为区域内台站选址和观测研究的基础信息。各生态区所属全国生态脆弱区、国家生态屏障区和国家重点生态功能区等信息，见表2-9、图2-14至图2-16。所有生态区中，位于或部分区域位于全国生态脆弱区、国家生态屏障区和国家重点生态功能区的占比分别为70.13%、67.53%、89.61%。

表2-9　退耕还林工程生态功能监测区与典型生态区的对应关系

编号	编码	国家生态脆弱区	国家生态屏障区	国家重点生态功能区
1	AI（a）1	—	东北森林带	大小兴安岭森林生态功能区
2	AII（a）1	—	东北森林带	大小兴安岭森林生态功能区、三江平原湿地生态功能区
3	AII（a）2	—	东北森林带	长白山森林生态功能区
4	AII（a）3	—	东北森林带	三江平原湿地生态功能区、长白山森林生态功能区
5	AII（a）4	北方农牧交错生态脆弱区	东北森林带	大小兴安岭森林生态功能区
6	AII（b）1	东北林草交错生态脆弱区	东北森林带	大小兴安岭森林生态功能区、呼伦贝尔草原草甸生态功能区
7	AII（b）3	东北林草交错生态脆弱区	—	—
8	AII（b）4	东北林草交错生态脆弱区	内蒙古防沙屏障带	科尔沁草原生态功能区
9	BII（c）5	北方农牧交错生态脆弱区	内蒙古防沙屏障带	浑善达克沙漠化防治生态功能区
10	BII（c）6	北方农牧交错生态脆弱区	内蒙古防沙屏障带	黄土高原丘陵沟壑水土保持生态功能区
11	BIII（a）7	沿海水陆交接带生态脆弱区	—	—
12	BIII（b）4	北方农牧交错生态脆弱区	内蒙古防沙屏障带	浑善达克沙漠化防治生态功能区

（续）

编号	编码	国家生态脆弱区	国家生态屏障区	国家重点生态功能区
13	BIII（b）5	—	内蒙古防沙屏障带	黄土高原丘陵沟壑水土保持生态功能区、浑善达克沙漠化防治生态功能区
14	BIII（b）6	—	川滇—黄土高原生态屏障区	黄土高原丘陵沟壑水土保持生态功能区
15	BIII（b）8	—	—	秦巴生物多样性生态功能区
16	BIII（b）9	沿海水路交接带生态脆弱区	—	
17	BIII（b）10	—	川滇—黄土高原生态屏障区	秦巴生物多样性生态功能区
18	BIII（c）6	北方农牧交错生态脆弱区	河西走廊防沙带、川滇—黄土高原生态屏障区	黄土高原丘陵沟壑水土保持生态功能区
19	CIV（a）9	沿海水路交接带生态脆弱区、南方红壤丘陵山地生态脆弱区	—	大别山水土保持生态功能区
20	CIV（a）10	南方红壤丘陵山地生态脆弱区	川滇—黄土高原生态屏障区	秦巴生物多样性生态功能区
21	CIV（a）11	南方红壤丘陵山地生态脆弱区	—	秦巴生物多样性生态功能区
22	CIV（a）12	南方红壤丘陵山地生态脆弱区	川滇—黄土高原生态屏障区	秦巴生物多样性生态功能区
23	CIV（a）13	南方红壤丘陵山地生态脆弱区	—	大别山水土保持生态功能区
24	CV（a）12	南方红壤丘陵山地生态脆弱区	川滇—黄土高原生态屏障区	秦巴生物多样性生态功能区
25	CV（a）14	南方红壤丘陵山地生态脆弱区	—	大别山水土保持生态功能区
26	CV（a）15	南方红壤丘陵山地生态脆弱区、西南岩溶山地石漠化生态脆弱区	川滇—黄土高原生态屏障区	—
27	CV（a）16	南方红壤丘陵山地生态脆弱区	—	秦巴生物多样性生态功能区、三峡库区水土保持生态功能区、武陵山区生物多样性及水土保持生态功能区
28	CV（a）17	南方红壤丘陵山地生态脆弱区	—	武陵山区生物多样性及水土保持生态功能区
29	CV（a）18	南方红壤丘陵山地生态脆弱区	南方丘陵山地带	武陵山区生物多样性及水土保持生态功能区、桂黔滇喀斯特石漠化防治生态功能区、南岭山地森林及生物多样性生态功能区
30	CV（a）19	南方红壤丘陵山地生态脆弱区	南方丘陵山地带	桂黔滇喀斯特石漠化防治生态功能区、南岭山地森林及生物多样性生态功能区、武陵山区生物多样性及水土保持生态功能区

（续）

编号	编码	国家生态脆弱区	国家生态屏障区	国家重点生态功能区
31	CV（a）20	南方红壤丘陵山地生态脆弱区	南方丘陵山地带	南岭山地森林及生物多样性生态功能区
32	CV（a）21	南方红壤丘陵山地生态脆弱区	南方丘陵山地带	大别山水土保持生态功能区、秦巴生物多样性生态功能区、三峡库区水土保持生态功能区、武陵山区生物多样性及水土保持生态功能区、南岭山地森林及生物多样性生态功能区
33	CV（a）22	南方红壤丘陵山地生态脆弱区	—	—
34	CVI（a）19	—	南方丘陵山地带	桂黔滇喀斯特石漠化防治生态功能区
35	DV（a）18	南方红壤丘陵山地生态脆弱区、西南岩溶山地石漠化生态脆弱区	川滇—黄土高原生态屏障区、南方丘陵山地带	桂黔滇喀斯特石漠化防治生态功能区、武陵山区生物多样性及水土保持生态功能区
36	DVI（a）18	西南岩溶山地石漠化生态脆弱区	南方丘陵山地带	川滇森林及生物多样性保护生态功能区、桂黔滇喀斯特石漠化防治生态功能区
37	EVI（a）23	—	—	—
38	EVII（a）18	西南岩溶山地石漠化生态脆弱区	南方丘陵山地带	川滇森林及生物多样性保护生态功能区
39	EVIII（a）24	—	—	海南岛中部山区热带雨林生态功能区
40	FV（a）25	—	—	藏东南高原边缘森林生态功能区、川滇森林及生物多样性保护生态功能区
41	FV（a）26	西南岩溶山地石漠化生态脆弱区、南方红壤丘陵山地生态脆弱区	川滇—黄土高原生态屏障区	川滇森林及生物多样性保护生态功能区、秦巴生物多样性生态功能区
42	FIX（b）27	西南山地农牧交错生态脆弱区、北方农牧交错带生态脆弱区	青藏高原生态屏障	甘南黄河重要水源补给生态功能区、若尔盖草原湿地生态功能区、三江源草原草甸湿地生态功能区
43	FX（a/b）10	西南山地农牧交错生态脆弱区	—	川滇森林及生物多样性保护生态功能区、秦巴生物多样性生态功能区
44	FX（a/b）26	西南山地农牧交错生态脆弱区	青藏高原生态屏障、川滇—黄土高原生态屏障	川滇森林及生物多样性保护生态功能区、若尔盖草原湿地生态功能区、三江源草原草甸湿地生态功能区

（续）

编号	编码	国家生态脆弱区	国家生态屏障区	国家重点生态功能区
45	FX（c）27	—	—	甘南黄河重要水源补给生态功能区、川滇森林及生物多样性保护生态功能区、三江源草原草甸湿地生态功能区
46	GII（b）28	东北林草交错生态脆弱区、北方农牧交错带生态脆弱区	内蒙古防沙屏障带、东北森林带	呼伦贝尔草原草甸生态功能区、科尔沁草原生态功能区
47	GII（c）28	北方农牧交错带生态脆弱区	内蒙古防沙屏障带	呼伦贝尔草原草甸生态功能区、浑善达克沙漠化防治生态功能区、科尔沁草原生态功能区、阴山北麓草原生态功能区
48	GII（d）6	北方农牧交错带生态脆弱区	河西走廊防沙带、内蒙古防沙屏障带	祁连山冰川与水源涵养功能区
49	GII（d）29	北方农牧交错带生态脆弱区	内蒙古防沙屏障带	—
50	HII（d）28	西北荒漠绿洲交接生态脆弱区、北方农牧交错带生态脆弱区	内蒙古防沙屏障带、东北森林带	浑善达克沙漠化防治生态功能区、阴山北麓草原生态功能区、祁连山冰川与水源涵养功能区
51	HII（d）30	西北荒漠绿洲交接生态脆弱区	—	阿尔泰山地森林草原生态功能区
52	HII（d）31	西北荒漠绿洲交接生态脆弱区	河西走廊防沙带	祁连山冰川与水源涵养功能区
53	HII（d）32	西北荒漠绿洲交接生态脆弱区	河西走廊防沙带	祁连山冰川与水源涵养功能区
54	HIII（d）30	西北荒漠绿洲交接生态脆弱区	塔里木防沙屏障带	塔里木河荒漠化防治生态功能区
55	HIII（d）31	西北荒漠绿洲交接生态脆弱区	河西走廊防沙带	祁连山冰川与水源涵养功能区
56	HIII（d）33	西北荒漠绿洲交接生态脆弱区	—	塔里木河荒漠化防治生态功能区
57	HIII（d）34	西北荒漠绿洲交接生态脆弱区	塔里木防沙屏障带	塔里木河荒漠化防治生态功能区
58	HIII（d）35	西北荒漠绿洲交接生态脆弱区	塔里木防沙屏障带	塔里木河荒漠化防治生态功能区
59	HIX（d）35	西北荒漠绿洲交接生态脆弱区	—	塔里木河荒漠化防治生态功能区
60	HX（d）33	—	—	阿尔金草原荒漠化防治生态功能区
61	HX（d）34	—	—	塔里木河荒漠化防治生态功能区
62	HX（d）35	西北荒漠绿洲交接生态脆弱区	—	塔里木河荒漠化防治生态功能区

（续）

编号	编码	国家生态脆弱区	国家生态屏障区	国家重点生态功能区
63	IV（a）36	—	—	藏东南高原边缘森林生态功能区
64	IIX（b）36	西南山地农牧交错生态脆弱区	青藏高原生态屏障	三江源草原草甸湿地生态功能区
65	IIX（b）37	西南山地农牧交错生态脆弱区	青藏高原生态屏障	三江源草原草甸湿地生态功能区
66	IIX（c）33	青藏高原复合侵蚀生态脆弱区	青藏高原生态屏障	藏西北羌塘高原荒漠生态功能区
67	IIX（c）37	青藏高原复合侵蚀生态脆弱区、西南山地农牧交错生态脆弱区	青藏高原生态屏障	藏西北羌塘高原荒漠生态功能区、三江源草原草甸湿地生态功能区
68	IIX（d）33	—	青藏高原生态屏障	阿尔金草原荒漠化防治生态功能区、藏西北羌塘高原荒漠生态功能区
69	IIX（d）37	—	青藏高原生态屏障	藏西北羌塘高原荒漠生态功能区、三江源草原草甸湿地生态功能区
70	IX（a/b）25	西南山地农牧交错生态脆弱区	青藏高原生态屏障	三江源草原草甸湿地生态功能区、藏东南高原边缘森林生态功能区、川滇森林及生物多样性保护生态功能区
71	IX（c）25	青藏高原复合侵蚀生态脆弱区	—	—
72	IX（c）32	—	河西走廊防沙带	祁连山冰川与水源涵养功能区
73	IX（c）36	青藏高原复合侵蚀生态脆弱区	—	藏东南高原边缘森林生态功能区
74	IX（c）37	—	青藏高原生态屏障	三江源草原草甸湿地生态功能区
75	IX（d）32	—	青藏高原生态屏障、河西走廊防沙带	祁连山冰川与水源涵养功能区
76	IX（d）33	—	青藏高原生态屏障	藏西北羌塘高原荒漠生态功能区
77	IX（d）37	—	青藏高原生态屏障	阿尔金草原荒漠化防治生态功能区、三江源草原草甸湿地生态功能区

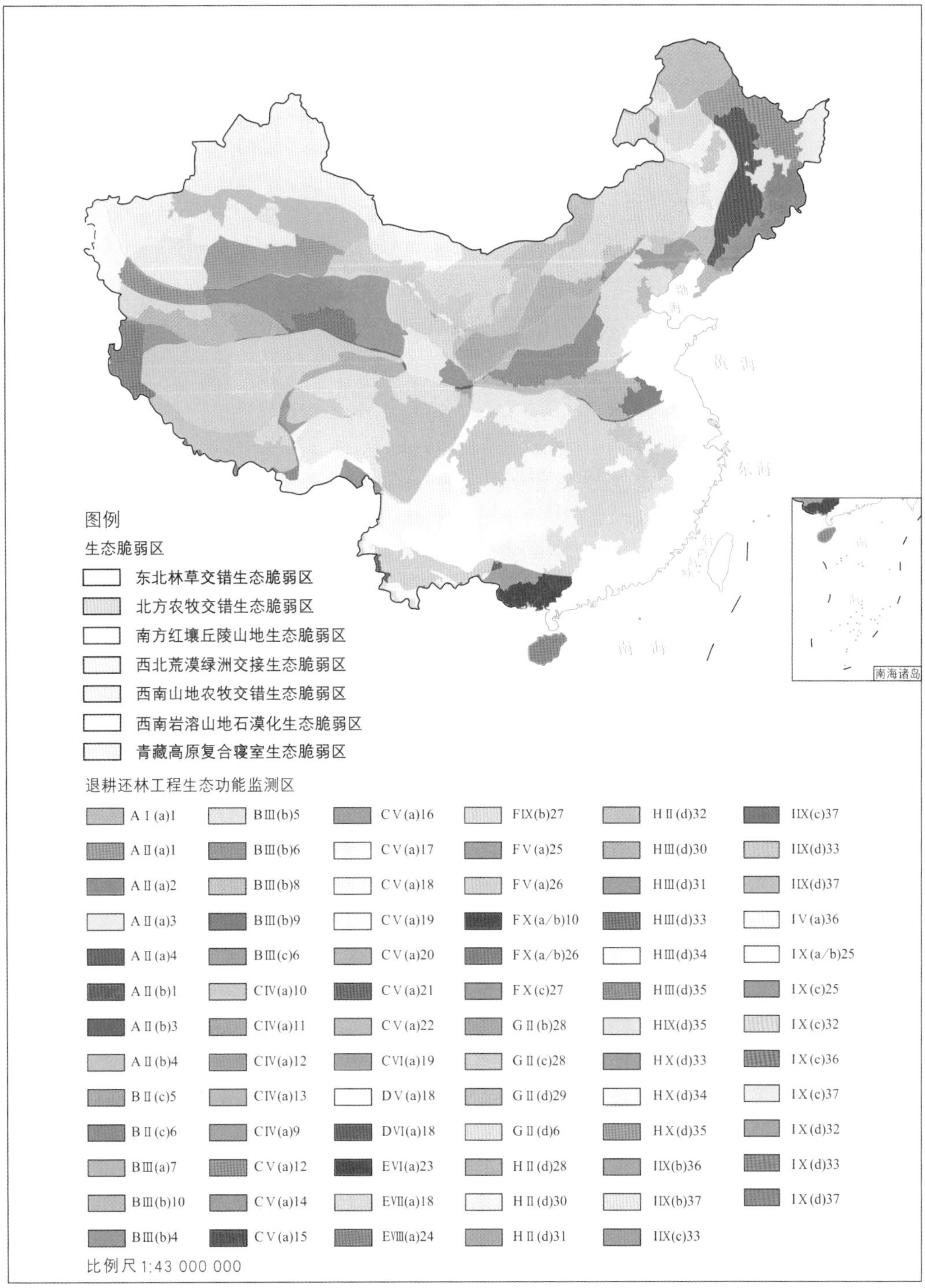

渤海
黄海
东海
南海
南海诸岛

图例

生态脆弱区

东北林草交错生态脆弱区
北方农牧交错生态脆弱区
南方红壤丘陵山地生态脆弱区
西北荒漠绿洲交接生态脆弱区
西南山地农牧交错生态脆弱区
西南岩溶山地石漠化生态脆弱区
青藏高原复合寝室生态脆弱区

退耕还林工程生态功能监测区

AⅠ(a)1
AⅡ(a)1
AⅡ(a)2
AⅡ(a)3
AⅡ(a)4
AⅡ(b)1
AⅡ(b)3
AⅡ(b)4
BⅡ(c)5
BⅡ(c)6
BⅢ(a)7
BⅢ(b)10
BⅢ(b)4
BⅢ(b)5
BⅢ(b)6
BⅢ(b)8
BⅢ(b)9
BⅢ(c)6
CⅣ(a)10
CⅣ(a)11
CⅣ(a)12
CⅣ(a)13
CⅣ(a)9
CⅤ(a)12
CⅤ(a)14
CⅤ(a)15
CⅤ(a)16
CⅤ(a)17
CⅤ(a)18
CⅤ(a)19
CⅤ(a)20
CⅤ(a)21
CⅤ(a)22
CⅥ(a)19
DⅤ(a)18
DⅥ(a)18
EⅥ(a)23
EⅦ(a)18
EⅧ(a)24
FⅨ(b)27
FⅤ(a)25
FⅤ(a)26
FⅩ(a/b)10
FⅩ(a/b)26
FⅩ(c)27
GⅡ(b)28
GⅡ(c)28
GⅡ(d)29
GⅡ(d)6
HⅡ(d)28
HⅡ(d)30
HⅡ(d)31
HⅡ(d)32
HⅢ(d)30
HⅢ(d)31
HⅢ(d)33
HⅢ(d)34
HⅢ(d)35
HⅨ(d)35
HⅩ(d)33
HⅩ(d)34
HⅩ(d)35
IⅨ(b)36
IⅨ(b)37
IⅨ(c)33
IⅨ(c)37
IⅨ(d)33
IⅨ(d)37
IⅤ(a)36
IⅩ(a/b)25
IⅩ(c)25
IⅩ(c)32
IⅩ(c)36
IⅩ(c)37
IⅩ(d)32
IⅩ(d)33
IⅩ(d)37

比例尺 1:43 000 000

图 2-14　退耕还林工程生态功能监测区与全国生态脆弱区对应关系

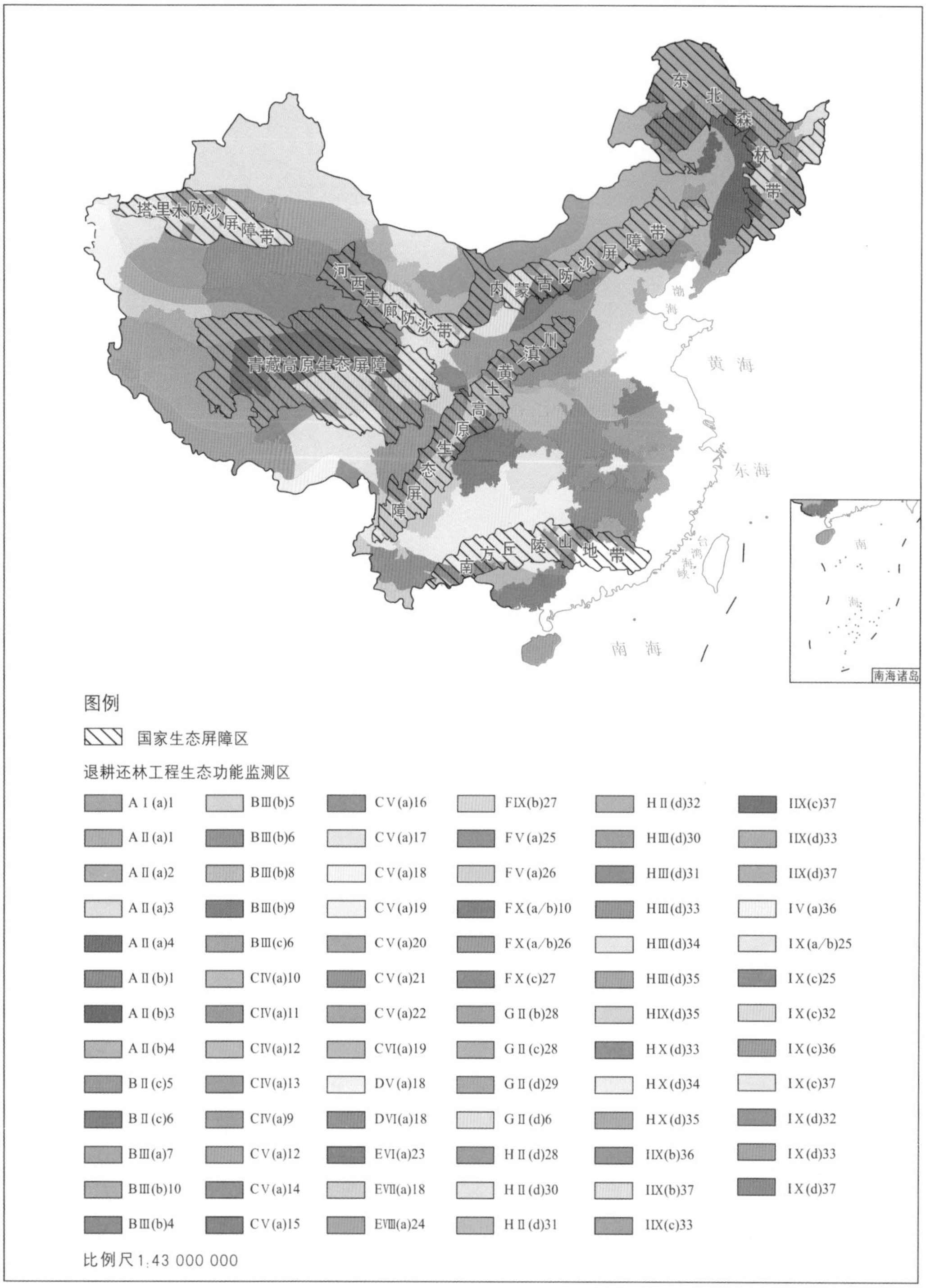

塔里木防沙屏障带
河西走廊防沙带
青藏高原生态屏障
内蒙古防沙屏障带
东北森林带
黄土高原-川滇生态屏障
南方丘陵山地带
渤海
黄海
东海
台湾海峡
南海
南海诸岛

图例

国家生态屏障区

退耕还林工程生态功能监测区

AⅠ(a)1
AⅡ(a)1
AⅡ(a)2
AⅡ(a)3
AⅡ(a)4
AⅡ(b)1
AⅡ(b)3
AⅡ(b)4
BⅡ(c)5
BⅡ(c)6
BⅢ(a)7
BⅢ(b)10
BⅢ(b)4
BⅢ(b)5
BⅢ(b)6
BⅢ(b)8
BⅢ(b)9
BⅢ(c)6
CⅣ(a)10
CⅣ(a)11
CⅣ(a)12
CⅣ(a)13
CⅣ(a)9
CⅤ(a)12
CⅤ(a)14
CⅤ(a)15
CⅤ(a)16
CⅤ(a)17
CⅤ(a)18
CⅤ(a)19
CⅤ(a)20
CⅤ(a)21
CⅤ(a)22
CⅥ(a)19
DⅤ(a)18
DⅥ(a)18
EⅥ(a)23
EⅦ(a)18
EⅧ(a)24
FⅨ(b)27
FⅤ(a)25
FⅤ(a)26
FⅩ(a/b)10
FⅩ(a/b)26
FⅩ(c)27
GⅡ(b)28
GⅡ(c)28
GⅡ(d)29
GⅡ(d)6
HⅡ(d)28
HⅡ(d)30
HⅡ(d)31
HⅡ(d)32
HⅢ(d)30
HⅢ(d)31
HⅢ(d)33
HⅢ(d)34
HⅢ(d)35
HⅨ(d)35
HⅩ(d)33
HⅩ(d)34
HⅩ(d)35
IⅨ(b)36
IⅨ(b)37
IⅨ(c)33
IⅨ(c)37
IⅨ(d)33
IⅨ(d)37
IⅤ(a)36
IⅩ(a/b)25
IⅩ(c)25
IⅩ(c)32
IⅩ(c)36
IⅩ(c)37
IⅩ(d)32
IⅩ(d)33
IⅩ(d)37

比例尺1:43 000 000

图 2-15　退耕还林工程生态功能监测区与国家生态屏障区对应关系

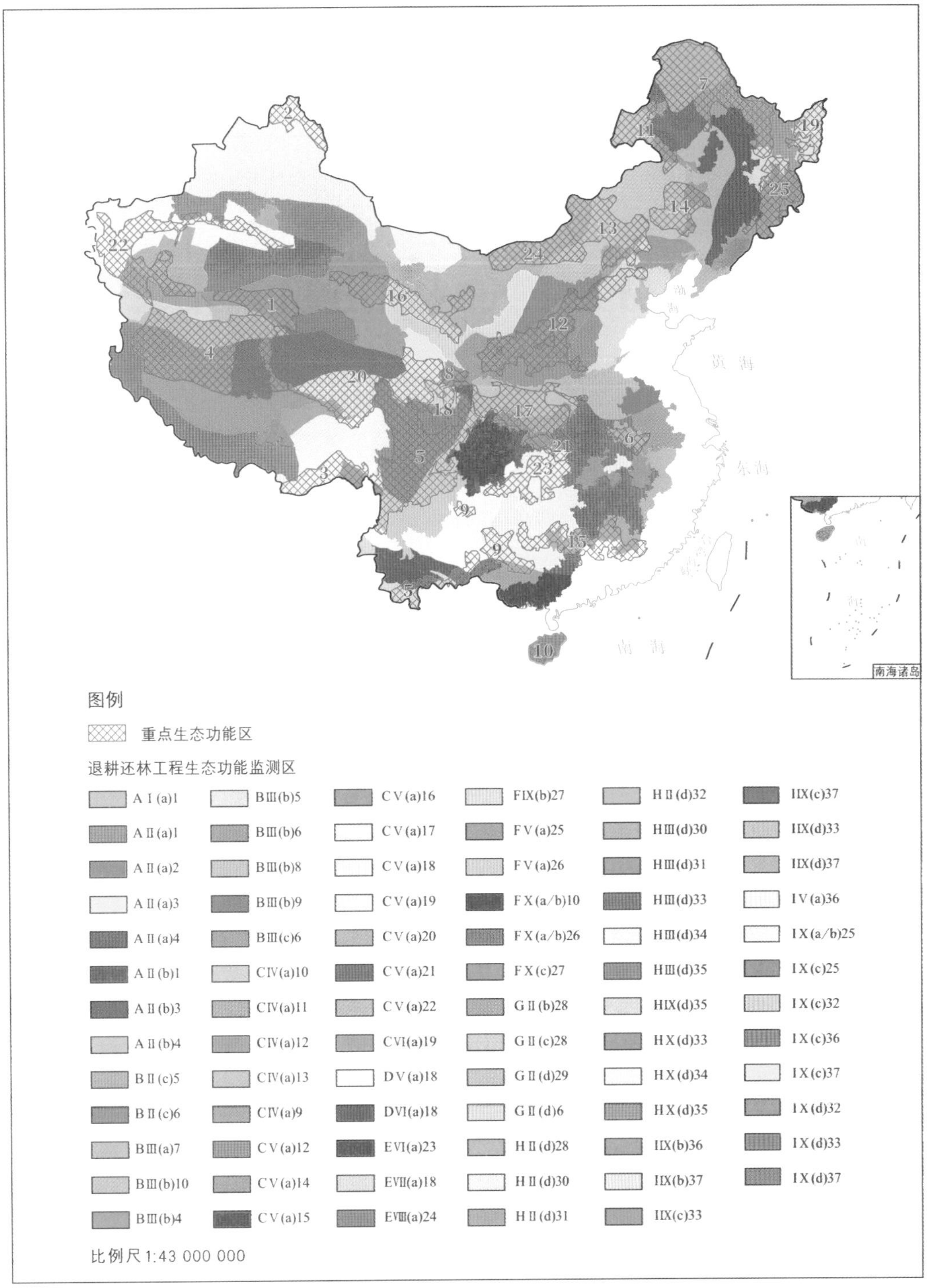

图例

重点生态功能区

退耕还林工程生态功能监测区

AⅠ(a)1　AⅡ(a)1　AⅡ(a)2　AⅡ(a)3　AⅡ(a)4　AⅡ(b)1　AⅡ(b)3　AⅡ(b)4　BⅡ(c)5　BⅡ(c)6　BⅢ(a)7　BⅢ(b)10　BⅢ(b)4

BⅢ(b)5　BⅢ(b)6　BⅢ(b)8　BⅢ(b)9　BⅢ(c)6　CⅣ(a)10　CⅣ(a)11　CⅣ(a)12　CⅣ(a)13　CⅣ(a)9　CⅤ(a)12　CⅤ(a)14　CⅤ(a)15

CⅤ(a)16　CⅤ(a)17　CⅤ(a)18　CⅤ(a)19　CⅤ(a)20　CⅤ(a)21　CⅤ(a)22　CⅥ(a)19　DⅤ(a)18　DⅥ(a)18　EⅥ(a)23　EⅦ(a)18　EⅧ(a)24

FⅨ(b)27　FⅤ(a)25　FⅤ(a)26　FⅩ(a/b)10　FⅩ(a/b)26　FⅩ(c)27　GⅡ(b)28　GⅡ(c)28　GⅡ(d)29　GⅡ(d)6　HⅡ(d)28　HⅡ(d)30　HⅡ(d)31

HⅡ(d)32　HⅢ(d)30　HⅢ(d)31　HⅢ(d)33　HⅢ(d)34　HⅢ(d)35　HⅨ(d)35　HⅩ(d)33　HⅩ(d)34　HⅩ(d)35　IⅨ(b)36　IⅨ(b)37　IⅨ(c)33

IⅨ(c)37　IⅨ(d)33　IⅨ(d)37　IⅤ(a)36　IⅩ(a/b)25　IⅩ(c)25　IⅩ(c)32　IⅩ(c)36　IⅩ(c)37　IⅩ(d)32　IⅩ(d)33　IⅩ(d)37

比例尺 1:43 000 000

图 2-16　退耕还林工程生态功能监测区与国家重点生态功能区对应关系

注：1. 阿尔金草原荒漠化防治生态功能区；2. 阿尔泰山地森林草原生态功能区；3. 藏东南高原边缘森林生态功能区；4. 藏西北羌塘高原荒漠生态功能区；5. 川滇森林及生物多样性保护生态功能区；6. 大别山水土保持生态功能区；7. 大小兴安岭森林生态功能区；8. 甘南黄河重要水源补给生态功能区；9. 桂黔滇喀斯特石漠化防治生态功能区；10. 海南岛中部山区热带雨林生态功能区；11. 呼伦贝尔草原草甸生态功能区；12. 黄土高原丘陵沟壑水土保持生态功能区；13. 浑善达克沙漠化防治生态功能区；14. 科尔沁草原生态功能区；15. 南岭山地森林及生物多样性生态功能区；16. 祁连山冰川与水源涵养功能区；17. 秦巴生物多样性生态功能区；18. 若尔盖草原湿地生态功能区；19. 三江平原湿地生态功能区；20. 三江源草原草甸湿地生态功能区；21. 三峡库区水土保持生态功能区；22. 塔里木河荒漠化防治生态功能区；23. 武陵山区生物多样性及水土保持生态功能区；24. 阴山北麓草原生态功能区；25. 长白山森林生态功能区。

第三章 退耕还林工程生态功能监测网络布局

退耕还林生态系统长期定位观测研究是揭示退耕还林生态系统结构与功能变化规律和评估退耕还林工程生态效益的重要方法和手段（王兵等，2003）。为满足退耕还林工程生态功能监测和生态效益评估的需求，基于退耕还林工程生态功能监测区划，结合退耕还林工程实施范围、实施规模和实施目标等因素，考虑退耕还林工程实施区域的水热条件、典型生态区及已建站点的空间分布格局，合理布局退耕还林工程生态效益监测站（简称退耕还林监测站），形成退耕还林工程生态功能和效益监测网络。

一、布局原则

（一）统一规划，科学布局

退耕还林工程生态功能监测网络布局，要全面反映退耕还林植被恢复分布格局、特点和异质性，能满足工程区内不同生态环境的退耕还林生态功能监测需求，涵盖不同实施阶段的退耕还林工程区和典型生态区。

在充分分析退耕还林生态功能区划的基础上，从国家层面退耕还林工程建设和效益评估出发，实行“统一规划、分类指导、集中管理”的原则；按照“先易后难、先重点后一般”的布局步骤；依据退耕还林工程的实施要求和建设需要，分阶段对退耕还林生态系统定位观测研究站进行建设。

按照不同类型退耕还林森林生态系统的典型性、代表性和科学性，立足现有森林生态功能监测站点，围绕数据积累、监测评估、科学研究等任务，全面科学地布局退耕还林生态效益监测站，建设具有典型性和代表性的退耕还林生态效益监测站。此外，还要优化资源配置，重点区域优先建设，避免低水平重复建设，逐步形成层次清晰、功能完善、覆盖全国退耕还林工程区主要生态区域的退耕还林生态功能监测站网，全面提升退耕还林工程生态效益的评估水平。

（二）标准规范，开放合作

在观测需求上，选定的退耕还林生态效益监测站点和样地要具有长期性、稳定性、可达性、安全性，以免自然或人为干扰而影响观测研究工作的持续性。森林生态功能监测站观测数据能反映生态系统长期变化过程。在退耕还林还草生态功能监测网络建设过程中，需要统一监测站点建设技术要求、统一观测指标体系、统一数据管理规范。监测站的建设、运行、管理和数据收集等工作严格遵循国家标准《森林生态系统定位观测指标体系》(GB/T 35377—2017)、《森林生态系统长期定位观测方法》（GB/T 33027—2016）和《森林生态系统长期定位观测研究站建设规范》（GB/T 40053—2021）的要求。

采用多站点联合、多系统组合、多尺度拟合、多目标融合实现多个站点协同，坚持一站多能、综合监测，努力构建一网多站、一站多点的退耕还林生态功能监测网络体系，在不断提升网络体系建设、能力建设、标准化建设的基础上，积极鼓励和支持国内外交流合作。

（三）整合资源，共建共享

退耕还林生态功能监测网络布局应采用“两条腿走路”方法：一是充分利用现有生态站资源，即在已经建成的国家级野外科学观测研究站和生态系统定位观测研究站，特别是分布在退耕还林重点地区的国家级野外台站中，通过挂牌认证方式，赋予其退耕还林监测的职能，使之成为退耕还林生态功能与效益监测的骨干力量。二是拟建一批退耕还林监测站，即在目前完全缺乏监测站点的区域，拟建一批符合标准的退耕还林专项监测站，以满足该区域退耕还林工程生态效益评估需求。

退耕还林生态功能监测网络建设还应与林业科研基地、林业工程效益监测点、重大项目研究相结合，构建一站多点的监测体系；以国家财政支持为主，鼓励地方和依托单位投入，多渠道筹集资金，不断提高生态站建设水平；整合地方生态站网络的优势和资源，加强与国内外专家学者的交流合作，建立开放式研究机制；整合网络资源，促进生态观测数据联网和共享，实现生态观测立体化、自动化、智能化，网络成果实行资源和数据共享，实现观测设施、仪器设备、试验数据等资源共享，实现生态站网标准化建设，保障生态站网络规范、高效运行。

二、布局依据

退耕还林工程生态功能监测网络布局在“典型抽样”思想指导下，以待布局区域影响退耕还林生态功能的关键要素特征为基础，结合台站布局原则，在退耕还林工程生态功能监测区划的基础上，主要从中国森林生态系统定位研究网络（CFERN）（图 3-1）、中国生态系统研究网络（CERN）和隶属于科技部的国家野外科学观测研究站中遴选具有一定基础设施、科研队伍、观测研究能力的台站及监测点作为退耕还林监测站，同时拟建一批退耕还林监测站，即：若该分区已建有生态站，则把已建生态站纳入退耕还林工程生态功能监测网络，不

再新建退耕还林监测站；反之，则重新布设退耕还林监测站。

图 3-1　中国森林生态系统定位观测研究网络

总体布局主要以退耕还林生态功能监测区划和退耕还林面积为重要依据，同时考虑区位代表性、生态站建设研究水平、生态站空间布局等多方面因素布设退耕还林监测站。再者，针对生态站监测内容，布设兼容型监测站和专业型监测站，除监测退耕还林工程区外，还兼顾国家级森林生态系统监测、其他生态工程监测等任务的生态站设为兼容型监测站；只针对退耕还林工程森林生态功能进行监测的生态站设为专业型监测站。在此基础上，依照退耕还林工程实施面积、区位重要程度、森林生态系统典型性、生态站的科研实力等因素重要性由大到小，将兼容型监测站和专业型监测站进一步划分为一级站和二级站，布局流程如图 3-2。

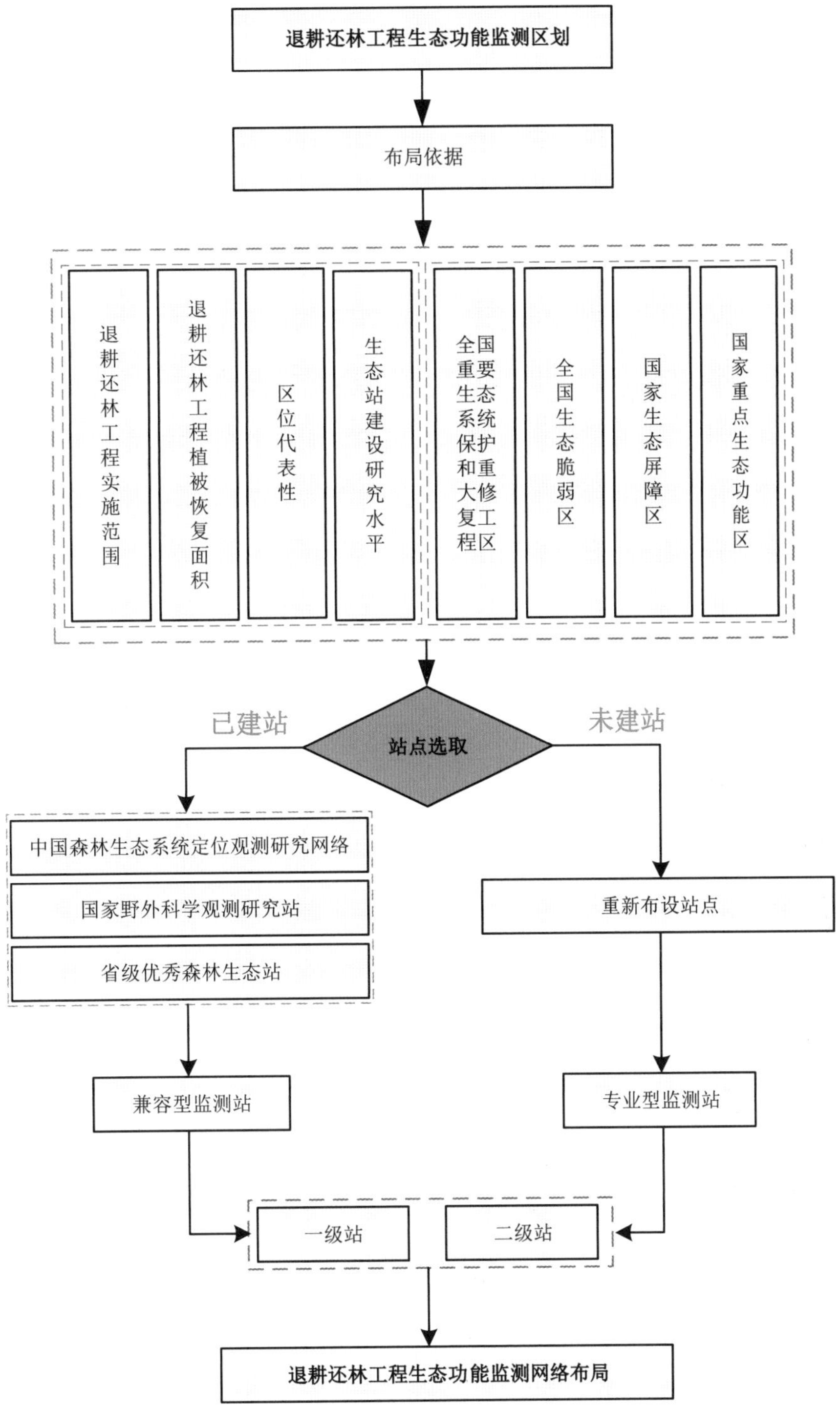

退耕还林工程生态功能监测区划

布局依据

退耕还林工程实施范围

退耕还林工程植被恢复面积

区位代表性

生态站建设研究水平

全国重要生态系统保护和重大修复工程区

全国生态脆弱区

国家生态屏障区

国家重点生态功能区

站点选取

已建站

未建站

中国森林生态系统定位观测研究网络

国家野外科学观测研究站

省级优秀森林生态站

重新布设站点

兼容型监测站

专业型监测站

一级站

二级站

退耕还林工程生态功能监测网络布局

图 3-2 布局技术流程

退耕还林工程生态功能监测网络布局遵循依据如下：

（一）退耕还林工程生态功能监测区划

退耕还林工程生态功能监测区划反映了退耕还林工程生态功能在空间上的异质性，不同的生态功能监测单元代表着不同的气候、地形地貌、土壤类型和生态功能，因此退耕还林监测站布局必须以退耕还林工程生态功能监测区划为依据，实现退耕还林重点区域生态功能监测单元全覆盖，以满足对不同自然环境条件以及典型生态区退耕还林工程区的森林生态功能和效益监测需要。

（二）退耕还林工程实施规模

退耕还林工程生态功能监测网络布局应以退耕还林规模（面积）为依据，按省、市、县三级考虑，实现退耕还林工程省的全覆盖监测。全国退耕还林工程省的退耕面积差距较大（图 3-3），考虑监测站布局在空间上的均衡性，不适宜将全国退耕省份的退耕面积以同一水平考虑，因此，本布局以省级为单位，采用 ArcGIS 中的自然间断点分级法，将各省内县级退耕面积分为三级，即高强度退耕区、中强度退耕区和低强度退耕区（图 3-4）。基于退耕还林工程生态区划和各省份退耕强度分级结果（表 3-1）布局退耕还林监测站，退耕还林规模大（退耕面积排名靠前）的省份、地级市、县优先布局。

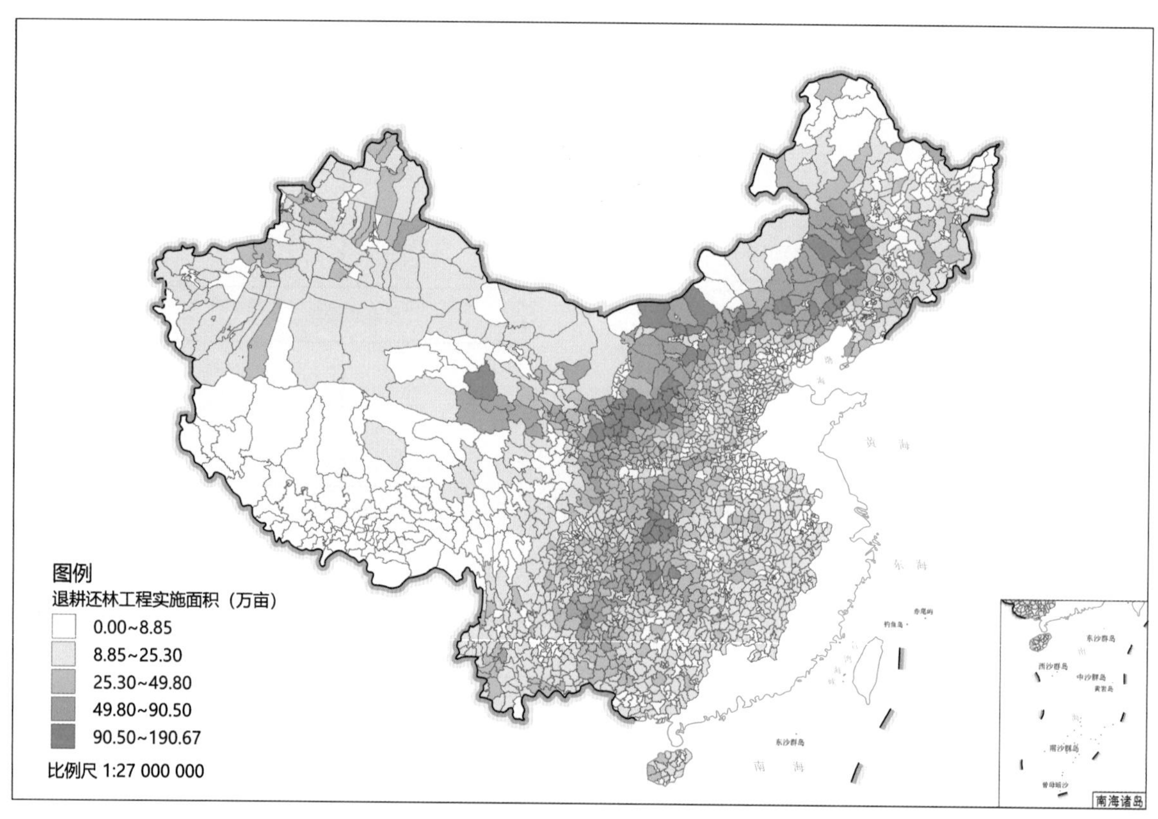

图 3-3　全国县级退耕还林工程实施面积

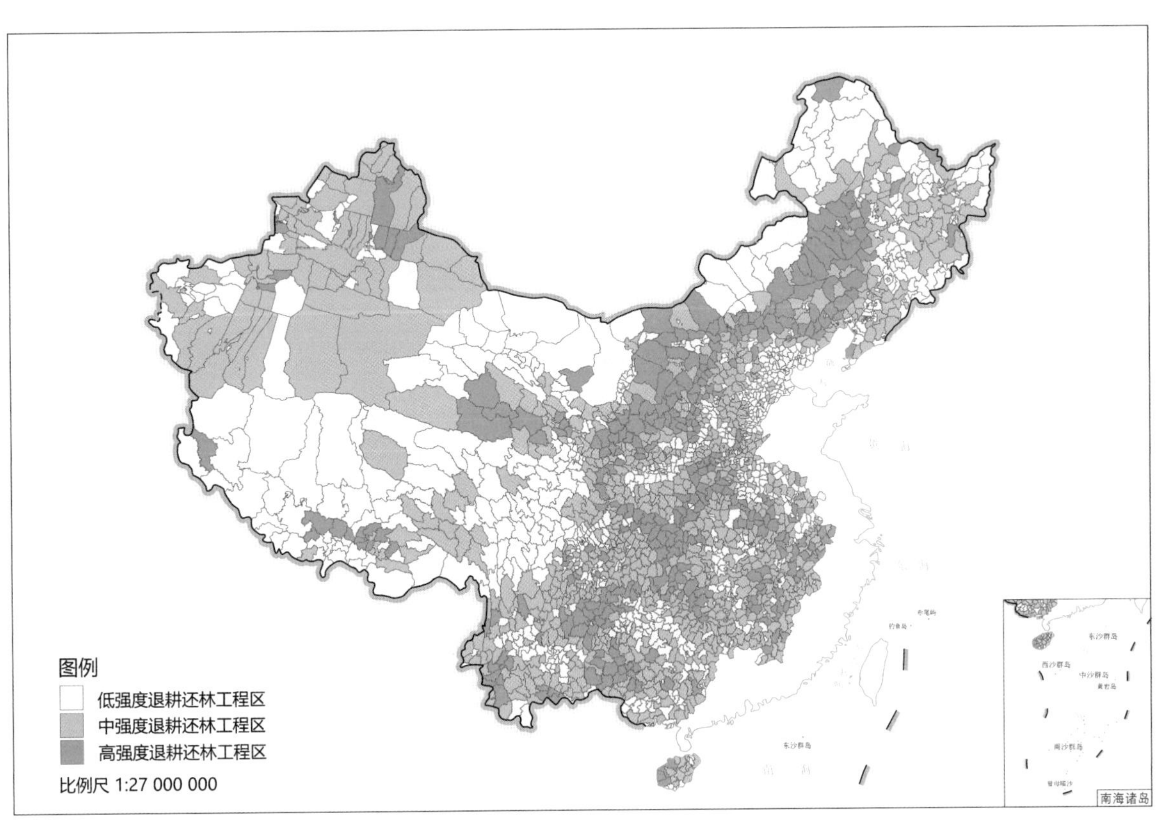

图 3-4 全国退耕还林工程面积强度分级

表 3-1 全国省级退耕还林工程面积强度分级

省份	低强度退耕区（万亩）	中强度退耕区（万亩）	高强度退耕区（万亩）
北京	0.00 ～13.70	13.70～22.85	—
天津	0.00 ～14.00	—	—
河北	0.00 ～17.50	17.50 ～55.80	55.80～112.74
山西	0.00 ～13.57	13.57～30.9	30.9～68.6
内蒙古	0.00 ～28.80	28.8～67.66	67.66～126.09
辽宁	0.00 ～15.04	15.04～53.46	53.46～131.8
吉林	0.41～21.18	21.18～70.41	70.41～170.82
黑龙江	0.00 ～8.60	8.60～30.00	30.00～80.88
安徽	0.00 ～5.42	5.42～14.75	14.75～25.21
江西	0.00 ～6.28	6.28～15.62	15.62～32.5
河南	0.00 ～5.90	5.90～21.77	21.77～59.93
湖北	0.00 ～11.15	11.15～27.52	27.52～47.45
湖南	0.00 ～12.35	12.35～34.6	34.6～107.3
广西	0.00 ～9.75	9.75～25.00	25.00～46.25
海南	0.00 ～5.59	5.59～16.54	16.54～34.58

（续）

省份（自治区、直辖市）	低强度退耕区（万亩）	中强度退耕区（万亩）	高强度退耕区（万亩）
重庆	0.00 ～20.48	20.48～85.95	85.95～160.65
四川	0.00～15.27	15.27～30.42	30.42～51.64
贵州	0.00 ～21.23	21.23～48.15	48.15～100.05
云南	0.07～12.30	12.3～26.63	26.63～53.52
西藏	0.00 ～1.75	1.75～4.39	4.39～7.41
陕西	0.00 ～21.37	21.37～71.38	71.38～190.67
甘肃	0.10 ～26.88	26.88～59.95	59.95～114.64
青海	0.00 ～11.9	11.9～35.6	35.6～96.25
宁夏	0.00 ～ 6.00	6.00～100.3	100.3～175.8
新疆（含新疆生产建设兵团）	0.00 ～13.52	13.52～32.65	32.65～70.9

（三）已建站空间分布格局

退耕还林工程生态功能监测网络布局是在现有生态站的基础上遴选并拟建退耕还林监测站，因此必须以已建生态站的空间分布格局为依据。若该退耕还林工程生态功能监测单元区内已建有森林生态站，综合考虑退耕还林工程实施强度和已建生态站的空间距离，依托现有已建生态站，在适宜区域布局退耕还林监测站。

（四）典型生态区

退耕还林工程生态功能监测单元区内，退耕还林工程实施强度高且处于典型生态区（全国重要生态系统保护和修复重大工程区、全国生态脆弱区、国家生态屏障区、国家重点生态功能区）的区域重点布局。此外，长江流域和黄河流域是退耕还林工程建设的重点区域，应重点布局。

（五）监测站布局密度

退耕还林监测站布局还应统筹考虑站点之间的方位和距离，控制站点密度，即：若退耕还林工程生态区划单元内存在多个高强度退耕区，则综合考虑以上因素，不再重复布设监测站，以控制站点密度。

三、布局决策

退耕还林工程生态功能监测网络的布局应有利于全面掌握全国退耕还林工程区的生态功能特征，科学评估退耕还林工程的生态效益，并有利于数据汇总。监测站首先需覆盖全国退耕还林工程省份，各省份应选取退耕还林生态区划单元中退耕还林强度高、具有区域生态典型代表性的区域开展建设，监测站辐射全国 25 个退耕还林工程省和新疆生产建设兵团，以满足对全国不同空间区域和生态环境条件下的退耕还林工程生态功能监测和生态效益评估。

（一）东北区

东北地区主要涉及黑龙江、辽宁、吉林和内蒙古大兴安岭地区，共 4 个省份，划分为 8

个退耕还林工程生态功能监测小区（图 3-5），分别为 AI（a）1 寒温带湿润性东北森林带大小兴安岭森林生态保育区、AII（a）1 东北区中温带湿润性东北森林带大小兴安岭森林生态保育区、AII（a）2 中温带湿润性东北森林带长白山森林生态保育区、AII（a）3 中温带湿润性东北森林带三江平原、松嫩平原重要湿地保护恢复区、AII（a）4 中温带湿润性北方农牧交错生态脆弱区、AII（b）1 中温带半湿润性东北森林带大小兴安岭森林生态保育区、AII（b）3 中温带半湿润性东北森林带三江平原、松嫩平原重要湿地保护恢复区和 AII（b）4 中温带半湿润性北方农牧交错生态脆弱区，其中 AII（a）1、AII（a）2、AII（a）4、AII（b）1、AII(b)3 和 AII(b)4 是退耕还林工程的主要实施区，因此在以上监测小区布局退耕还林监测站。

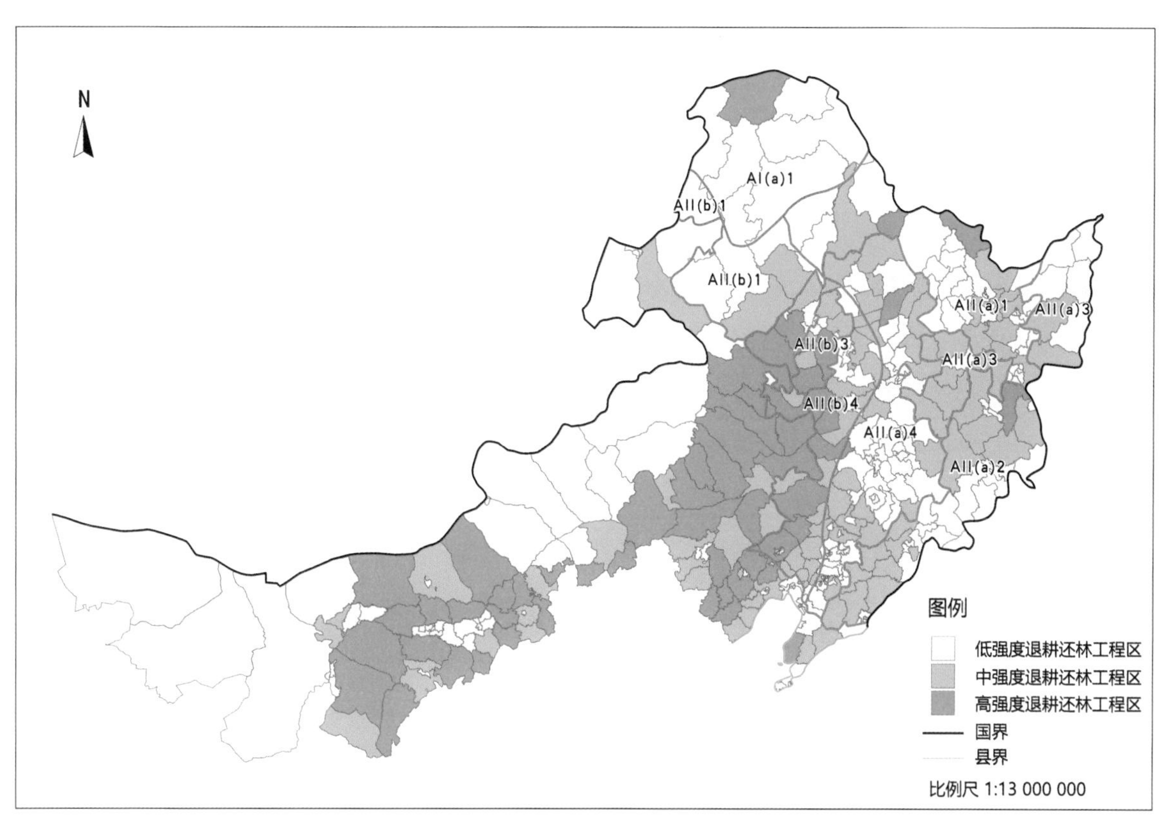

图 3-5　东北区退耕还林工程生态功能监测区

AII（a）1 主要位于黑龙江省，已建有黑河生态站，且该监测小区中黑河市退耕还林工程实施面积较高，属于强退耕区，同时属于大小兴安岭森林生态功能区和东北森林屏障带，主导生态功能显著，因而依托黑河生态站在黑河市布局黑河退耕还林监测站。

AII（a）2 涉及吉林省和辽宁省，已建有长白山生态站和辽东半岛生态站，且该监测小区中吉林省敦化市和辽宁省本溪县的退耕还林工程实施面积较高，属于强退耕区，同时属于重要生态系统保护和修复重大工程的东北森林带长白山森林生态保育区，具有长白山森林生态功能区和东北森林屏障带等生态功能，因此依托长白山生态站和辽东半岛生态站分别在吉林省敦化市和辽宁省本溪县布局长白山退耕还林监测站和草河口退耕还林监测站。

AII（a）4 涉及吉林省和辽宁省，吉林省区域主要属低强度退耕区，辽宁省区域主要属中强度退耕区，且已建有冰砬山生态站，辽宁省中强度区域中铁岭市西丰县退耕面积较高，且距离冰砬山生态站近，因此依托冰砬山生态站在辽宁省铁岭市西丰县布局冰砬山退耕还林监测站。

AII（b）1 位于内蒙古大兴安岭地区，主要属于中强度退耕区和低强度退耕区，且已建有呼伦贝尔樟子松生态站，中强度退耕区中呼伦贝尔市阿荣旗的退耕还林工程实施面积较高，同时属于东北林草交错生态脆弱区，东北森林屏障带和大兴安岭森林生态功能区，生态主导功能显著。因此依托呼伦贝尔樟子松生态站在呼伦贝尔市阿荣旗布局阿荣旗退耕还林监测站。

AII（b）3 主要位于黑龙江省，属中强度退耕区和高强度退耕区，无已建生态站，高强度退耕区中齐齐哈尔市退耕还林面积较大，且属于东北林草交错生态脆弱区，生态主导功能显著。因此，在黑龙江省齐齐哈尔市布局齐齐哈尔退耕还林监测站。

AII（b）4 纵跨内蒙古、黑龙江、吉林和辽宁，共 4 个省份，已建有松江源生态站，且该监测小区中吉林省松原市长岭县退耕还林工程实施面积较高，属于高强度退耕区，同时属于东北林草交错生态脆弱区，因此依托松江源生态站，在吉林省松原市长岭县布局松江源退耕还林工程监测站。此外，内蒙古自治区兴安盟扎赉特旗、吉林省白城市洮南市、辽宁省阜新市彰武县退耕还林工程实施面积较高，属于高强度退耕区，在以上区域分别布局扎赉特退耕还林监测站、洮南退耕还林监测站、彰武退耕还林监测站。由于黑龙江省区域邻近监测小区已布局有齐齐哈尔退耕还林监测站，考虑到站点密度和资源利用情况，不再布局退耕还林监测站。

（二）华北区

华北区主要涉及北京、天津、河北、山西、内蒙古、陕西、辽宁、宁夏、甘肃、河南和安徽，共 11 个省份，划分为 10 个退耕还林工程生态功能监测小区（图 3-6），分别为 BII（c）5 中温带半干旱性北方防沙带京津冀协同发展生态保护和修复区、BII（c）6 中温带半干旱性黄河重点生态区黄土高原水土流失综合治理区、BIII（a）7 暖温带湿润性海岸带黄渤海生态综合整治与修复区、BIII（b）4 暖温带半湿润性北方农牧交错生态脆弱区、BIII（b）5 暖温带半湿润性北方防沙带京津冀协同发展生态保护和修复区、BIII（b）6 暖温带半湿润性黄河重点生态区黄土高原水土流失综合治理区、BIII（b）8 暖温带半湿润性黄河重点生态区黄河下游生态保护和修复区、BIII（b）9 暖温带半湿润性沿海水陆交接带生态脆弱区、BIII（b）10 暖温带半湿润性黄河重点生态区秦岭生态保护和修复区和 BIII（c）6 暖温带半干旱性黄河重点生态区黄土高原水土流失综合治理区，其中 BII（c）5、BII（c）6、BIII（a）7、BIII（b）4、BIII（b）5、BIII（b）6、BIII（b）10 和 BIII（c）6 是退耕还林工程的主要实施区，因此在以上监测小区布局退耕还林监测站。

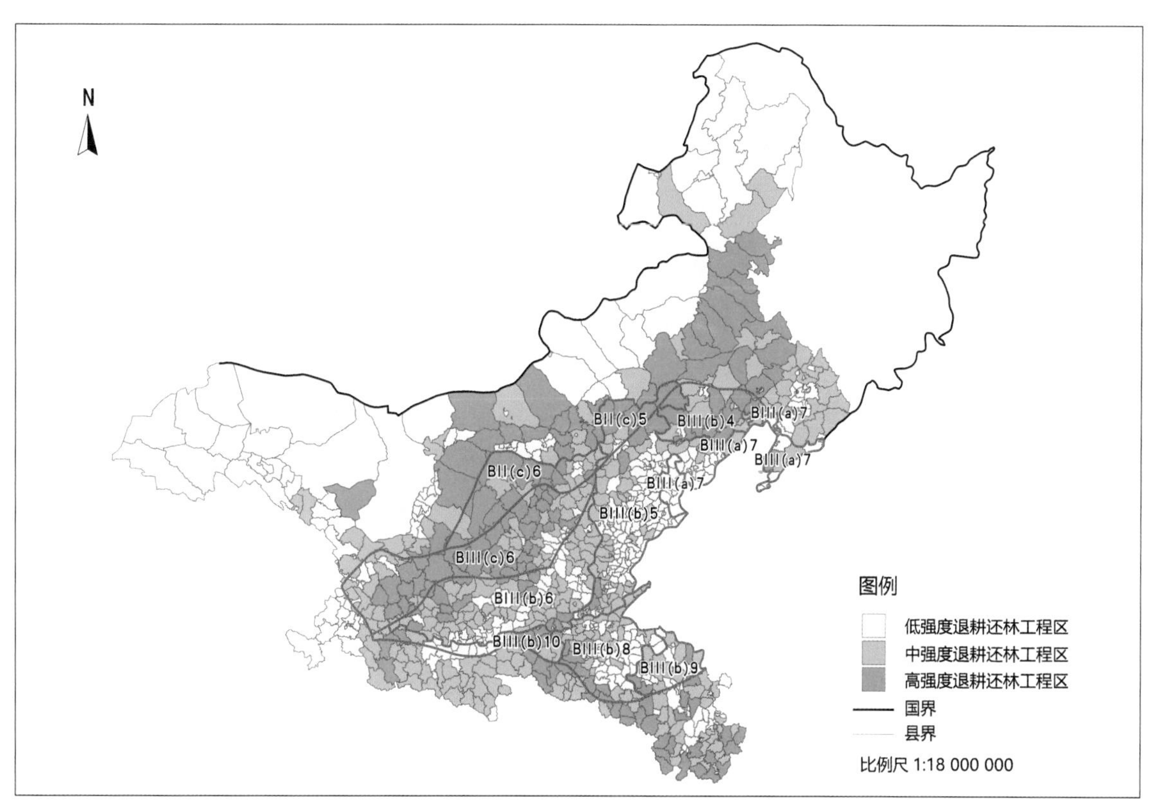

图 3-6　华北区退耕还林工程生态功能监测区

BII（c）5 主要位于河北省，已建有小五台山生态站和塞罕坝生态站，且该监测小区中河北省张家口市康保县和承德市围场县的退耕还林工程实施面积较高，属于强退耕区，具有北方农牧交错生态脆弱区、内蒙古防沙屏障带和浑善达克沙漠化防治生态功能区等生态主导功能，因此依托小五台山生态站和塞罕坝生态站分别在河北省张家口市康保县和承德市围场县布局康保退耕还林监测站和围场退耕还林监测站。

BII（c）6 主要位于山西省，该区退耕还林工程实施面积较大，主要属高强度退耕区，无已建生态站，高强度退耕区中忻州市偏关县和大同市阳高县退耕还林面积最高，且属于北方农牧交错生态脆弱区和内蒙古防沙屏障带，生态主导功能显著。因此，在山西省忻州市偏关县和大同市阳高县布局偏关退耕还林监测站和阳高退耕还林监测站。

BIII（a）7 主要位于天津市，该区退耕还林工程实施面积整体较小，主要属低强度退耕区和中强度退耕区，无已建生态站，考虑到退耕还林监测站的全面性，因此，在天津市中强度退耕区布局天津退耕还林监测站。

BIII（b）4 主要位于辽宁省，该区退耕还林工程实施面积整体较大，主要属高强度退耕监测区，无已建生态站，高强度退耕监测区中辽宁省朝阳市退耕还林面积最高，且属于北方农牧交错生态脆弱区和内蒙古防沙屏障带，生态主导功能显著。因此，在辽宁省朝阳市布局朝阳退耕还林监测站。

BIII（b）5 主要位于北京市和河北省，主要属高强度退耕区和中强度退耕区，已建有太行山东坡生态站和燕山生态站，高强度退耕区中河北省石家庄市平山县和北京市怀柔区/密云区退耕还林面积较高，且属于内蒙古防沙屏障带和黄土高原丘陵沟壑水土保持生态功能区，生态主导功能显著。因此依托太行山东坡生态站和燕山生态站分别在河北省石家庄市平山县和北京市怀柔区/密云区布局太行山东坡退耕还林监测站和燕山退耕还林监测站。

BIII（b）6 主要涉及甘肃、宁夏、山西、陕西和河南省，已建有黄龙山生态站，且该监测小区中陕西省延安市宜川县/吴起县退耕还林工程实施面积较高，属于高强度退耕区。因此依托黄龙山生态站在陕西省延安市宜川县/吴起县布局延安退耕还林监测站。此外，甘肃省清水县、宁夏回族自治区固原市彭阳县和河南省济源市退耕还林工程实施面积较高，属于高强度退耕区，在以上区域分别布局清水退耕还林监测站、彭阳退耕还林监测站和王屋山退耕还林监测站。

BIII（b）10 主要涉及甘肃省和河南省，已建有小陇山森林生态站，且该监测小区中甘肃省天水市麦积区退耕还林工程实施面积相对较高，属于中强度退耕区，因此依托小陇山森林生态站在天水市麦积区布局天水退耕还林监测站。此外，河南省洛阳市洛宁县和三门峡市陕州区/灵宝市退耕还林工程实施面积较高，属于高强度退耕区，在以上区域分别布局洛阳退耕还林监测站和三门峡退耕还林监测站。

BIII（c）6 主要涉及甘肃省、宁夏回族自治区、山西省和陕西省，已建有兴隆山森林生态站，且该监测小区中甘肃省兰州市榆中县、定西市、会宁县退耕还林工程实施面积相对较高，属于中强度退耕区，且距离兴隆山森林生态站较近，因此依托兴隆山森林生态站在甘肃省兰州市榆中县、定西市、会宁县布局黄土高原退耕还林监测站。此外，甘肃省庆阳市环县、宁夏回族自治区中卫市海原县、山西省吕梁市石楼县、陕西省榆林市靖边县退耕还林工程实施面积最高，属于高强度退耕区，在以上区域分别布局庆阳退耕还林监测站、海原退耕还林监测站、石楼退耕还林监测站和靖边退耕还林监测站。

（三）华东中南区

华东中南区主要涉及陕西、河南、湖北、四川、安徽、重庆、贵州、湖南、广西和江西，共 10 个省（自治区、直辖市），划分为 16 个退耕还林工程生态功能监测小区（图 3-7），分别为 CIV（a）9 北亚热带湿润性沿海水陆交接带生态脆弱区、CIV（a）10 北亚热带湿润性黄河重点生态区秦岭生态保护和修复区、CIV（a）11 北亚热带湿润性南水北调工程水源地生态修复区、CIV（a）12 北亚热带湿润性长江重点生态区大巴山区生物多样性保护与生态修复区、CIV（a）13 北亚热带湿润性长江重点生态区大别山—黄山水土保持与生态修复区、CV（a）12 中亚热带湿润性长江重点生态区大巴山区生物多样性保护与生态修复区、CV（a）14 中亚热带湿润性长江重点生态区鄱阳湖、洞庭湖等河湖、湿地保护和修复区、CV（a）15 中亚热带湿润性西南岩溶山地石漠化生态脆弱区、CV（a）16 中亚热带湿润性长江重点生态区三峡库区生态综合治理区、CV（a）17 中亚热带湿润性长江重点生态区武

陵山区生物多样性保护区、CV（a）18 中亚热带湿润性长江重点生态区长江上中游岩溶地区石漠化综合治理区、CV（a）19 中亚热带湿润性南方丘陵山地带湘桂岩溶地区石漠化综合治理区、CV（a）20 中亚热带湿润性南方丘陵山地带南岭山地森林及生物多样性保护区、CV（a）21 中亚热带湿润性南方红壤丘陵山地生态脆弱区、CV（a）22 中亚热带湿润性南方丘陵山地带武夷山森林及生物多样性保护区和 CVI（a）19 南亚热带湿润性南方丘陵山地带湘桂岩溶地区石漠化综合治理区，其中 CIV（a）10、CIV（a）11、CIV（a）12、CIV（a）13、CV（a）12、CV（a）14、CV（a）15、CV（a）16、CV（a）17、CV（a）18、CV（a）19、CV（a）20、CV（a）21 和 CV（a）22 是退耕还林工程的主要实施区，因此在以上监测小区布局退耕还林监测站。

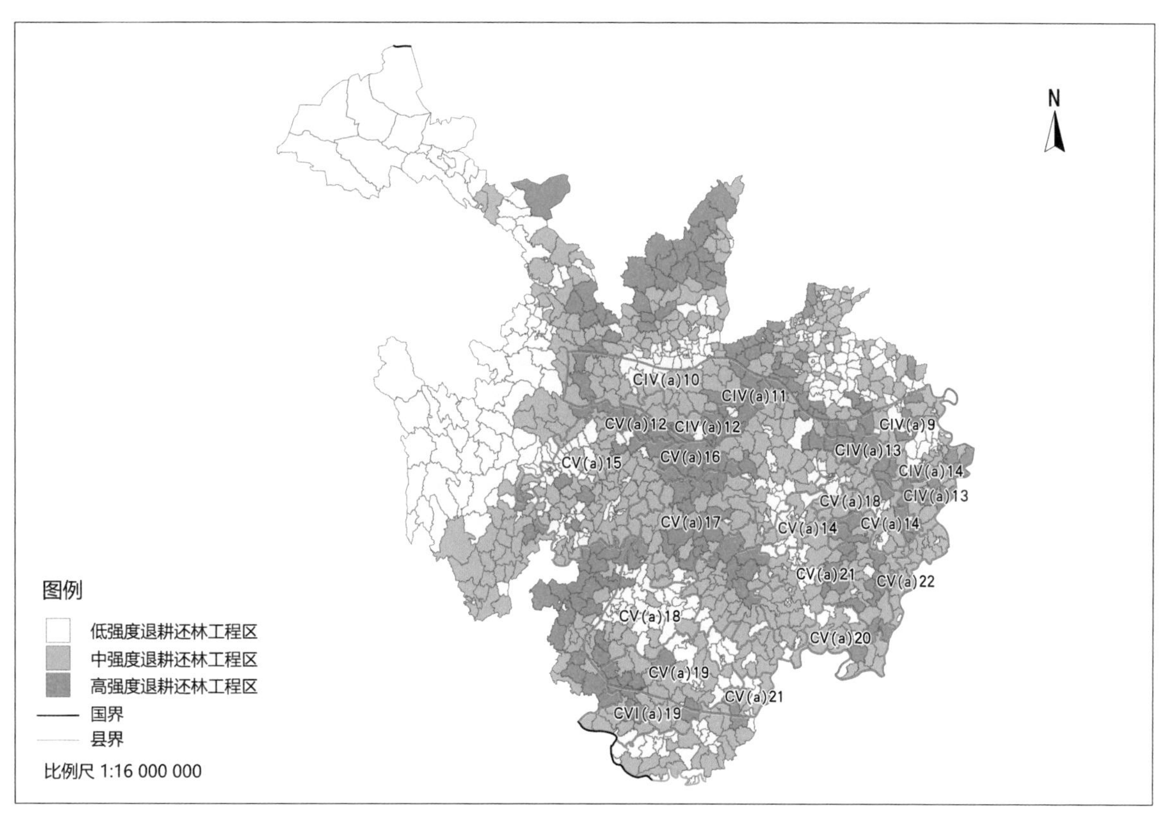

图 3-7 华东中南区退耕还林工程生态功能监测区

CIV（a）10 主要位于陕西省，该区退耕还林工程实施面积较大，主要属中强度退耕区，无已建生态站，中强度退耕区中安康市旬阳县和商洛市镇安县退耕还林面积最高。因此，在陕西省安康市旬阳县和商洛市镇安县布局安康退耕还林监测站和商洛退耕还林监测站。

CIV（a）11 主要位于河南省南阳市淅川县，区位特殊，是南水北调工程水源地，且该生态监测小区退耕还林面积较大，属高强度退耕区，因此在河南省南阳市淅川县布局淅川退耕还林监测站。

CIV（a）12 主要位于湖北省，已建有大巴山森林生态站，且该监测小区中十堰市郧阳区退耕还林工程实施面积较高，属于高强度退耕区，因此依托大巴山森林生态站，在十堰市勋阳区布局大巴山退耕还林监测站。

CIV（a）13 主要位于河南省和湖北省，已建有鸡公山森林生态站，且该监测小区中河南省信阳市光山县退耕还林工程实施面积较高，属于高强度退耕区，因此依托鸡公山森林生态站，在河南省信阳市光山县布局大别山退耕还林监测站。此外，湖北省黄冈市红安县退耕还林工程实施面积较高，属于中强度退耕区，在以此区域分别布局红安退耕还林监测站。

CV（a）12 主要位于四川省，该区退耕还林工程实施面积较大，属高强度退耕区，无已建生态站，高强度退耕区中巴中市南江县退耕还林面积最高。因此，在四川省巴中市南江县布局南江退耕还林监测站。

CV（a）14 主要位于安徽省，已建有大别山森林生态站，且该监测小区中安庆市宿松县退耕还林工程实施面积较高，属于高强度退耕区，因此依托大别山森林生态站在安庆市宿松县布局宿松退耕还林监测站。

CV（a）15 主要位于四川省和重庆市，已建有缙云山森林生态站，且该监测小区中重庆市江津区退耕还林工程实施面积较高，属于高强度退耕区，因此依托缙云山森林生态站，在重庆市江津区布局江津退耕还林监测站。此外，四川省南充市仪陇县和达州市宣汉县退耕还林工程实施面积较高，属于高强度退耕区，在以四川省南充市仪陇县和达州市宣汉县区域分别布局仪陇退耕还林监测站和宣汉退耕还林监测站。

CV（a）16 主要位于重庆市，该区退耕还林工程实施面积较大，属高强度退耕区，无已建生态站，高强度退耕区中云阳县退耕还林面积最高。因此，在重庆市云阳县布局云阳退耕还林监测站。

CV（a）17 主要位于贵州省、湖北省、湖南省和重庆市，已建有梵净山森林生态站、武陵山森林生态站、慈利森林生态站和恩施森林生态站，且该监测小区中贵州省铜仁市松桃县、湖北省恩施州利川县、湖南省张家界慈利县 / 湘西州永顺县 / 龙山县、重庆市酉阳县退耕还林工程实施面积较高，属于高强度退耕区，因此依托梵净山森林生态站、武陵山森林生态站、慈利森林生态站和恩施森林生态站，在贵州省铜仁市松桃县、湖北省恩施州利川县、湖南省张家界慈利县 / 湘西州永顺县 / 龙山县、重庆市酉阳县分别布局梵净山退耕还林监测站、恩施退耕还林监测站、湘西退耕还林监测站和武陵退耕还林监测站。

CV（a）18 主要位于贵州省，已建有荔波喀斯特森林生态站，且该监测小区中荔波县退耕还林工程实施面积较高，属于高强度退耕区，因此依托荔波喀斯特森林生态站，在贵州省荔波县布局荔波退耕还林监测站。此外，贵州省黔西南州望谟县和安顺市紫云县 / 镇宁县退耕还林工程实施面积较高，属于高强度退耕区，因此在以上区域分别布局望谟退耕还林监测站和安顺退耕还林监测站。

CV（a）19 主要位于湖南省和广西壮族自治区，已建有会同森林生态站、南岭北江源

森林生态站和大瑶山森林生态站，且该监测小区中湖南省邵阳市、湖南省怀化市溆浦县和广西壮族自治区河池市东兰县/凤山县退耕还林工程实施面积较高，属于高强度退耕区，因此依托梵会同森林生态站、南岭北江源森林生态站和大瑶山森林生态站，在湖南省邵阳市、湖南省怀化市溆浦县和广西壮族自治区河池市东兰县/凤山县分别布局邵阳退耕还林监测站、怀化退耕还林监测站和河池退耕还林监测站。

CV（a）20 主要位于广西壮族自治区，已建有漓江源森林生态站，且该监测小区中桂林市退耕还林工程实施面积较高，属于中强度退耕区，因此依托漓江源森林生态站，在桂林市布局桂林退耕还林监测站。

CV（a）21 主要位于湖南省和江西省，已建有衡山森林生态站、大岗山森林生态站和庐山森林生态站，且该监测小区中湖南省衡阳市耒阳市/衡南县/衡阳县、江西省罗霄山区、江西省九江市武宁县退耕还林工程实施面积较高，属于高强度退耕区，因此依托有衡山森林生态站、大岗山森林生态站和庐山森林生态站，在湖南省衡阳市耒阳市/衡南县/衡阳县、江西省罗霄山区、江西省九江市武宁县分别布局衡阳退耕还林监测站、罗霄山区退耕还林监测站和武宁退耕还林监测站。

CV（a）22 主要位于江西省，已建有武夷山西坡森林生态站，且该监测小区中江西省抚州市资溪县退耕还林工程实施面积较高，属于中强度退耕区，且距离武夷山西坡较近，因此依托武夷山西坡森林生态站，在江西省抚州市资溪县布局武夷山西坡退耕还林监测站。

（四）云贵高原区

云贵高原区主要涉及云南、贵州、四川和广西，共 4 个省（自治区），划分为 16 个退耕还林工程生态功能监测小区（图 3-8），分别为 DV（a）18 中亚热带湿润性长江重点生态区长江上中游岩溶地区石漠化综合治理区、DVI（a）18 南亚热带湿润性长江重点生态区长江上中游岩溶地区石漠化综合治理区。

DV（a）18 涉及云南、贵州、四川和广西，已建有广南石漠生态站和滇中高原森林生态站，且该监测小区中云南省文山州广南县、昆明市禄劝县退耕还林工程实施面积较高，属于高强度退耕区，且距离已建生态站较近，因此依托广南石漠生态站和滇中高原森林生态站，在云南省文山州广南县、昆明市禄劝县布局广南退耕还林监测站和禄劝退耕还林监测站。此外，云南省曲靖市会泽县、云南省昭通市彝良县、贵州省遵义桐梓县/习水县、贵州省六盘水市水城县、贵州省毕节市、四川省泸州叙永县、广西壮族自治区百色市隆林县退耕还林工程实施面积较高，属于高强度退耕区，因此在以上区域分别布局会泽退耕还林监测站、彝良退耕还林监测站、遵义退耕还林监测站、水城退耕还林监测站、毕节退耕还林监测站、叙永退耕还林监测站和百色退耕还林监测站。

DVI（a）18 主要位于云南省，已建有建水石漠化生态站，且该监测小区中云南省红河州退耕还林工程实施面积较高，属于高强度退耕区，因此依托建水石漠化生态站，在云南省红河州布局红河退耕还林监测站。此外，云南省临沧市退耕还林工程实施面积较高，属于高强度退耕区，因此在云南省临沧市布局临沧退耕还林监测站。

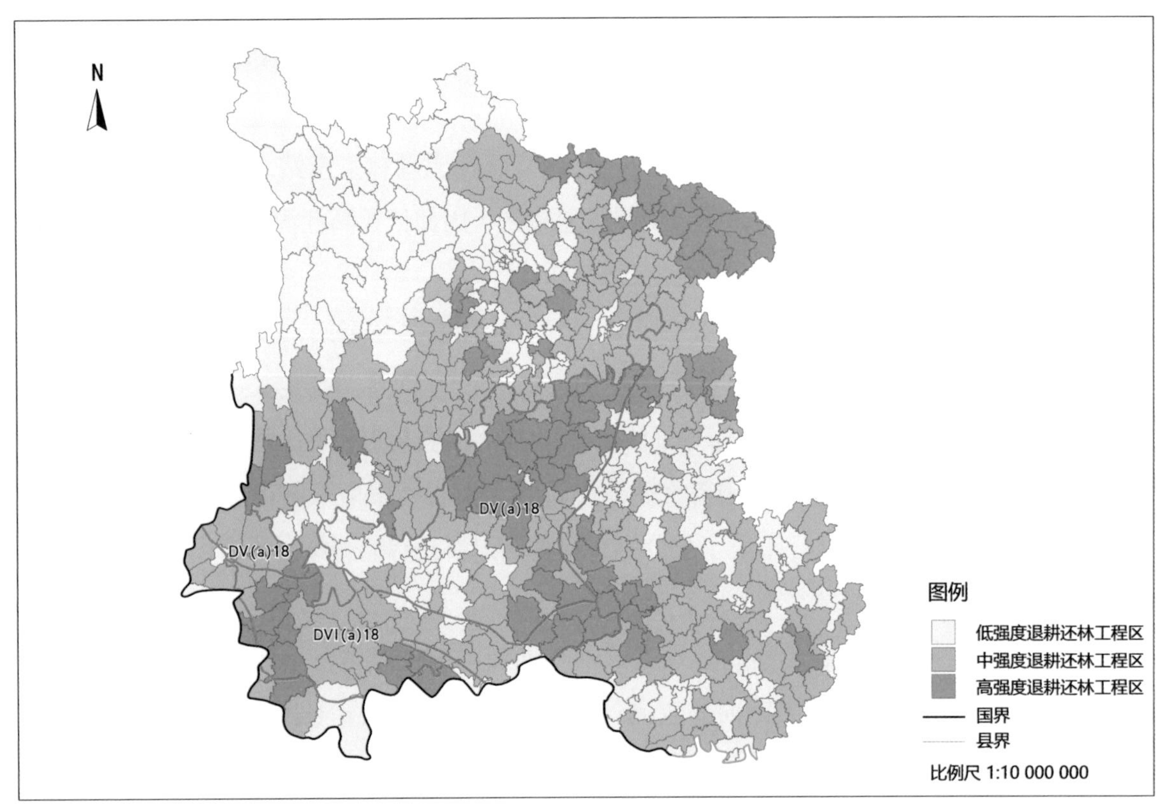

图 3-8　云贵高原区退耕还林工程生态功能监测区

（五）华南区

华南区主要涉及云南、广西和海南，共 3 个省（自治区），划分为 3 个退耕还林工程生态功能监测小区（图 3-9），分别为 EVI（a）23 南亚热带湿润性海岸带北部湾典型滨海湿地生态系统保护和修复区、EVII（a）18 边缘热带湿润性长江重点生态区长江上中游岩溶地区石漠化综合治理修复区和 EVIII(a)24 热带湿润性海岸带海南岛热带生态系统保护和修复区。

EVI（a）23 主要位于广西壮族自治区，该区退耕还林工程实施面积较大，属高强度退耕区，无已建生态站，高强度退耕区中防城港市退耕还林面积最高。因此，在防城港市布局十万大山退耕还林监测站。

EVII（a）18 主要位于云南省，已建有普洱森林生态站，且该监测小区中云南省普洱市澜沧县退耕还林工程实施面积较高，属于高强度退耕区，因此依托普洱森林生态站，在云南省普洱市澜沧县布局普洱退耕还林监测站。此外，云南省临沧市退耕还林工程实施面积较高，属于高强度退耕区，因此在云南省临沧市布局临沧退耕还林监测站。

EVIII（a）24 主要位于海南省，已建有五指山森林生态站，且该监测小区中海南省昌江县退耕还林工程实施面积较高，属于高强度退耕区，因此依托五指山森林生态站，在海南省昌江县布局昌江退耕还林监测站。此外，海南省儋州市退耕还林工程实施面积较高，属于高强度退耕区，因此在海南省儋州市布局儋州退耕还林监测站。

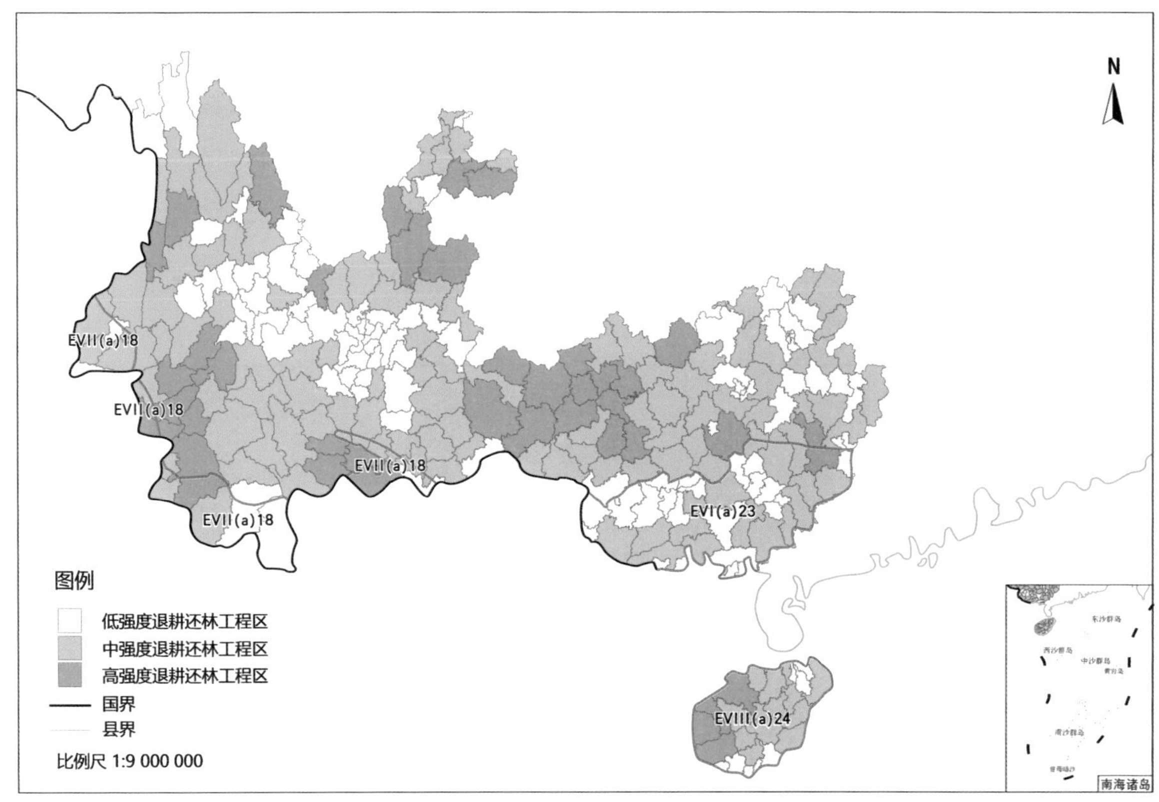

图 3-9　华南区退耕还林工程生态功能监测区

（六）西南高山峡谷区

西南高山峡谷区主要涉及云南省、四川省和甘肃省，共 3 个省份，划分为 6 个退耕还林工程生态功能监测小区（图 3-10），分别为 FV（a）25 中亚热带湿润性青藏高原生态屏障区藏东南高原生态保护和修复区、FV（a）26 中亚热带湿润性长江重点生态区横断山区水源涵养与生物多样性保护区、FIX（b）27 高原亚寒带半湿润性青藏高原生态屏障区若尔盖—甘南草原湿地生态保护和修复区、FX（a/b）10 高原温带湿润 / 半湿润性黄河重点生态区秦岭生态保护和修复区、FX（a/b）26 高原温带湿润 / 半湿润性长江重点生态区横断山区水源涵养与生物多样性保护区和 FX（c）27 高原温带半干旱性青藏高原生态屏障区若尔盖—甘南草原湿地生态保护和修复区，其中 FV（a）26、FX（a/b）10 和 FX（a/b）26 是退耕还林工程的主要实施区，因此在以上监测小区布局退耕还林监测站。

FV (a) 26 主要位于云南省和四川省，已建有高黎贡山森林生态站和峨眉山森林生态站，且该监测小区中云南省怒江州兰坪县、四川省乐山市马边县退耕还林工程实施面积较高，属于高强度退耕区，因此依托高黎贡山森林生态站和峨眉山森林生态站，在云南省怒江州兰坪县、四川省乐山市马边县布局兰坪退耕还林监测站和峨眉山退耕还林监测站。此外，云南省丽江市宁蒗县、四川省攀枝花市盐边县、四川省凉山州越西县和四川省广元市青川县退耕还林工程实施面积较高，属于高强度退耕区，因此分别在以上区域布局宁蒗退耕还林监测站、盐边退耕还林监测站、大凉山退耕还林监测站和青川退耕还林监测站。

FX（a/b）10 主要位于甘肃省，已建有白龙江森林生态站，且该监测小区中甘肃省甘南州舟曲县退耕还林工程实施面积较高，属于高强度退耕区，且距离白龙江森林生态站近，因此依托白龙江森林生态站，在甘肃省甘南州舟曲县布局甘南黄河退耕还林监测站。

FX（a/b）26 主要位于四川省，该区退耕还林工程实施面积较大，属中强度退耕区，无已建生态站，高强度退耕区中甘孜州康定市 / 丹巴县退耕还林面积最高。因此，在四川省甘孜州康定市 / 丹巴县布局甘孜退耕还林监测站。

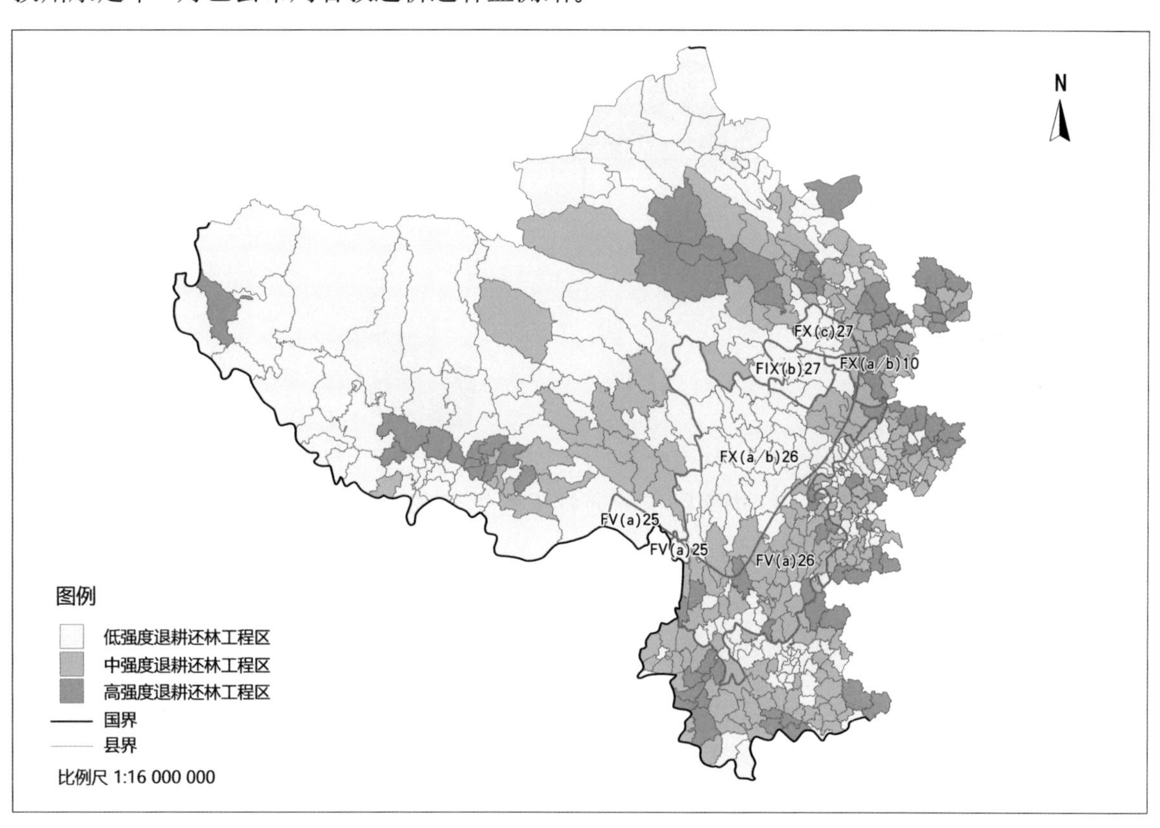

图 3-10　西南高山峡谷区退耕还林工程生态功能监测区

（七）内蒙古东部森林草原及草原区

内蒙古东部森林草原及草原区主要涉及内蒙古和宁夏，共 2 个省份，划分为 3 个退耕还林工程生态功能监测小区（图 3-11），分别为 GII（b）28 中温带半湿润性北方防沙带内蒙古高原生态保护和修复区、GII(c)28 中温带半干旱性北方防沙带内蒙古高原生态保护和修复区、GII（d）6 中温带干旱性黄河重点生态区黄土高原水土流失综合治理区和 GII（d）29 中温带干旱性黄河重点生态区贺兰山生态保护和修复区。

GII（b）28 主要位于内蒙古自治区，已建有特金罕山森林生态站，且该监测小区中内蒙古自治区科尔沁左翼中旗退耕还林工程实施面积较高，属于高强度退耕区，且距离特金罕山森林生态站近，因此依托特金罕山森林生态站，在内蒙古自治区科尔沁左翼中旗布局科尔沁左翼中旗退耕还林监测站。

GII（c）28 主要位于内蒙古自治区，已建有大青山森林生态站、赤峰森林生态站、赛罕乌拉森林生态站和鄂尔多斯森林生态站，且该监测小区中内蒙古自治区四子王旗 / 武川县、赤峰市阿鲁科尔沁旗、锡林郭勒和鄂尔多斯准噶尔旗退耕还林工程实施面积较高，属于高强度退耕区，因此依托大青山森林生态站、赤峰森林生态站、赛罕乌拉森林生态站和鄂尔多斯森林生态站，在内蒙古自治区四子王旗 / 武川县、赤峰市阿鲁科尔沁旗、锡林郭勒和鄂尔多斯准噶尔旗布局四子王旗退耕还林监测站、赤峰退耕还林监测站、锡林郭勒退耕还林监测站和鄂尔多斯退耕还林监测站。此外，内蒙古自治区包头市固阳县退耕还林工程实施面积较高，属于高强度退耕区，因此在此区域布局固阳退耕还林监测站。

GII（d）6 主要位于宁夏回族自治区和内蒙古自治区，已建有盐池沙地生态站，且该监测小区中宁夏回族自治区吴忠市盐池县退耕还林工程实施面积较高，属于高强度退耕区，且距离盐池沙地生态站近，因此依托盐池沙地生态站，在宁夏回族自治区吴忠市盐池县布局盐池退耕还林监测站。

GII（d）29 主要位于宁夏回族自治区，已建有贺兰山森林生态站，且该监测小区中宁夏回族自治区银川市退耕还林工程实施面积较高，属于中强度退耕区，且距离贺兰山森林生态站近，因此依托贺兰山森林生态站，在宁夏回族自治区银川市布局贺兰山退耕还林监测站。

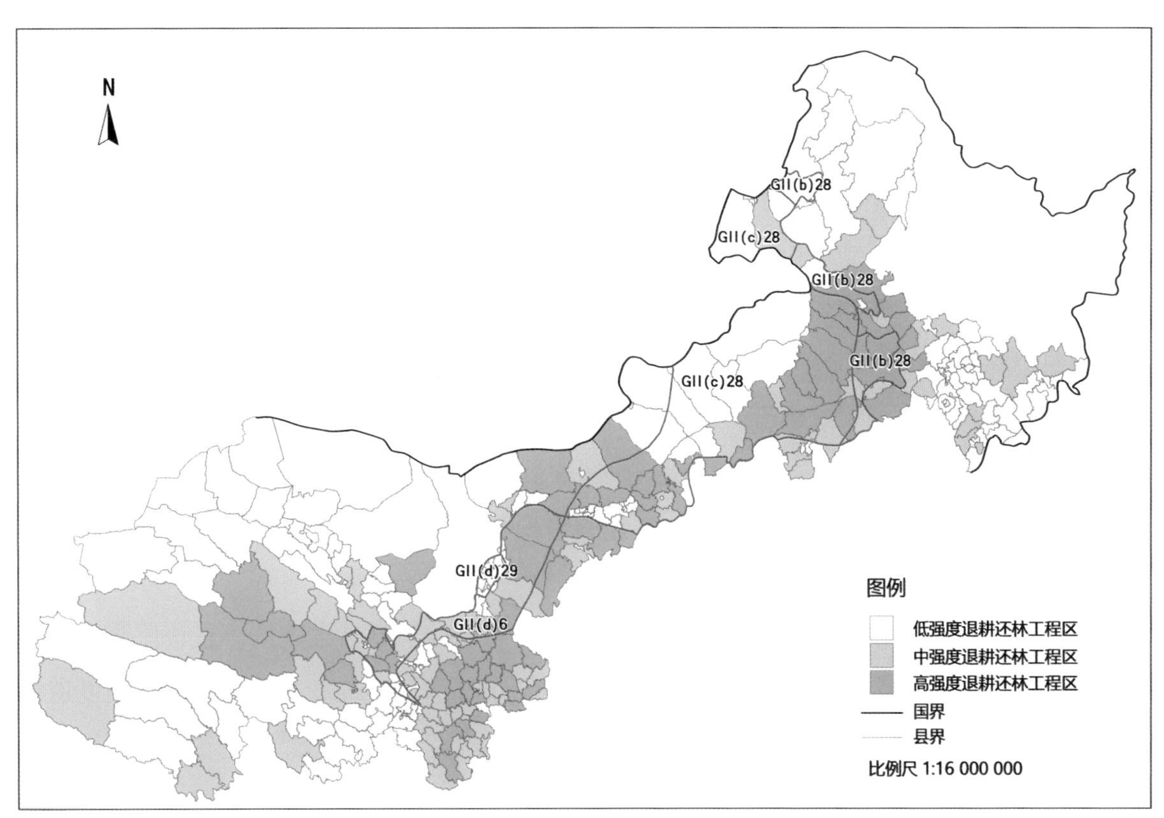

图 3-11　内蒙古东部森林草原及草原区退耕还林工程生态功能监测区

（八）蒙新荒漠半荒漠区

蒙新荒漠半荒漠区主要涉及新疆和甘肃，共2个省份，划分为13个退耕还林工程生态功能监测小区（图3-12），分别为HII（d）28中温带干旱性北方防沙带内蒙古高原生态保护和修复区、HII（d）30中温带干旱性北方防沙带天山和阿尔泰山森林草原保护区、HII（d）31中温带干旱性北方防沙带河西走廊生态保护和修复区、HII（d）32中温带干旱性青藏高原生态屏障区祁连山生态保护和修复区、HIII（d）30暖温带干旱性北方防沙带天山和阿尔泰山森林草原保护修复区、HIII (d) 31暖温带干旱性北方防沙带河西走廊生态保护和修复区、HIII（d）33暖温带干旱性青藏高原生态屏障区藏西北羌塘高原—阿尔金草原荒漠生态保护和修复区、HIII（d）34暖温带干旱北方防沙带塔里木河流域生态修复区、HIII（d）35暖温带干旱性西北荒漠绿洲交接生态脆弱区、HIX（d）35高原亚寒带干旱性西北荒漠绿洲交接生态脆弱区、HX（d）33高原温带干旱性青藏高原生态屏障区藏西北羌塘高原—阿尔金草原荒漠生态保护和修复区、HX（d）34高原温带干旱性北方防沙带塔里木河流域生态修复区和HX（d）35高原温带干旱性西北荒漠绿洲交接生态脆弱区，其中HII（d）30、HII（d）31、HII（d）32、HIII（d）34和HIII（d）35是退耕还林工程的主要实施区，因此在以上监测小区布局退耕还林监测站。

HII（d）30主要位于新疆维吾尔自治区，已建有阿尔泰山森林生态站和西天山森林生态站，且该监测小区中新疆维吾尔自治区阿勒泰地区福海县、伊犁州尼勒克县退耕还林工程实施面积较高，属于高强度退耕区，因此依托阿尔泰山森林生态站和西天山森林生态站，在新疆维吾尔自治区阿勒泰地区福海县、伊犁州尼勒克县布局福海退耕还林监测站、伊犁退耕还林监测站。此外，新疆维吾尔自治区塔城地区沙湾县退耕还林工程实施面积较高，属于中强度退耕区，因此在此区域布局石河子退耕还林监测站。

HII（d）31主要位于甘肃省，已建有河西走廊森林生态站，且该监测小区中甘肃省民勤县退耕还林工程实施面积较高，属于高强度退耕区，且距离河西走廊森林生态站近，因此依托河西走廊森林生态站，在甘肃省民勤县布局民勤退耕还林监测站。

HII（d）32主要位于甘肃省，已建有祁连山森林生态站，且该监测小区中甘肃省肃南裕固族自治县退耕还林工程实施面积较高，属于低强度退耕区，且距离胡祁连山森林生态站近，因此依托祁连山森林生态站，在甘肃省肃南裕固族自治县布局肃南裕固退耕还林监测站。

HIII（d）34主要位于新疆维吾尔自治区，已建有胡杨林森林生态站，且该监测小区中新疆维吾尔自治区巴音郭楞蒙古自治州轮台县退耕还林工程实施面积较高，属于中强度退耕区，且距离胡杨林森林生态站近，因此依托胡杨林森林生态站，在新疆维吾尔自治区巴音郭楞蒙古自治州轮台县布局轮台退耕还林监测站。

HIII (d)35主要位于新疆维吾尔自治区，已建有阿克苏森林生态站，且该监测小区中新

疆维吾尔自治区阿克苏地区温宿县退耕还林工程实施面积较高，属于中强度退耕区，且距离阿克苏森林生态站近，因此依托阿克苏森林生态站，在新疆维吾尔自治区阿克苏地区温宿县布局阿克苏退耕还林监测站。

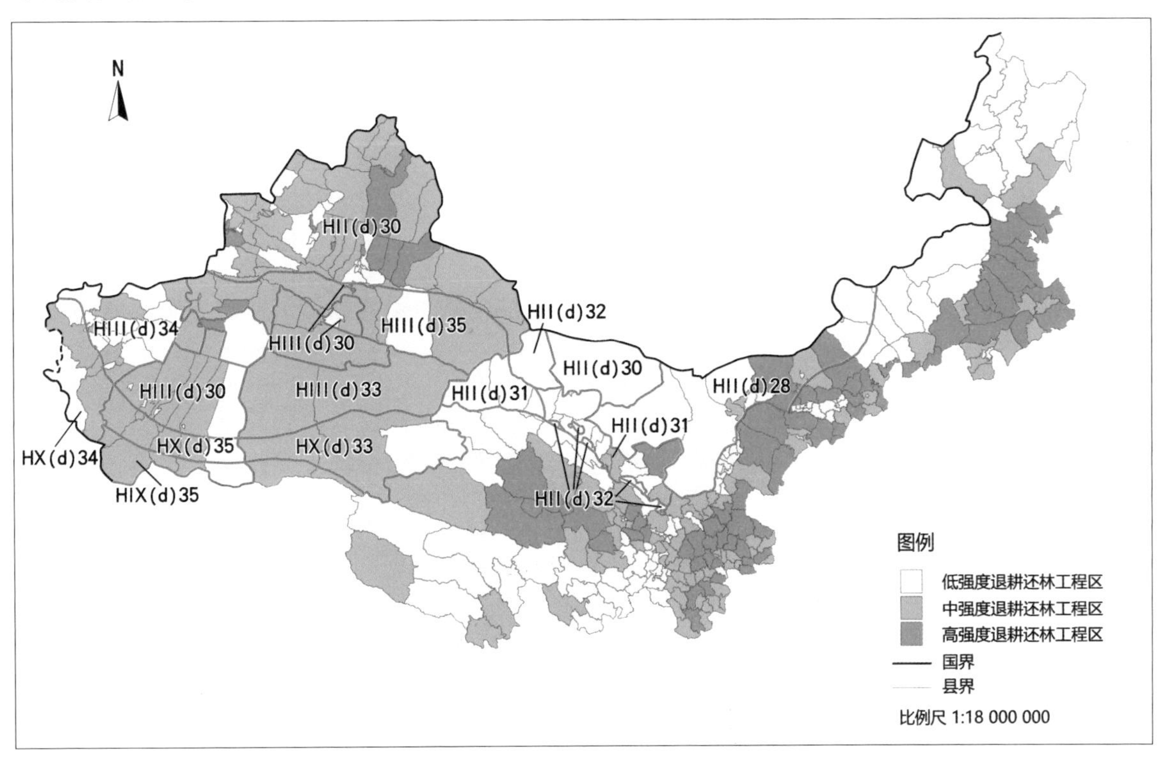

图 3-12　蒙新荒漠半荒漠区退耕还林工程生态功能监测区

（九）青藏高原草原草甸及寒漠区

青藏高原草原草甸及寒漠区主要涉及青海省和西藏省，共 2 个省份，划分为 15 个退耕还林工程生态功能监测小区（图 3-13），分别为 IV（a）36 中亚热带湿润性青藏高原生态屏障区西藏“两江四河”造林绿化与综合整治修复区、IIX（b）36 高原亚寒带半湿润性青藏高原生态屏障区西藏“两江四河”造林绿化与综合整治修复区、IIX（b）37 高原亚寒带半湿润性青藏高原生态屏障区三江源生态保护和修复区、IIX（c）33 高原亚寒带半干旱性青藏高原生态屏障区藏西北羌塘高原—阿尔金草原荒漠生态保护和修、IIX（c）37 高原亚寒带半干旱性青藏高原生态屏障区三江源生态保护和修复区、IIX（d）33 高原亚寒带干旱性青藏高原生态屏障区藏西北羌塘高原—阿尔金草原荒漠生态保护和修复区、IIX（d）37 高原亚寒带干旱性青藏高原生态屏障区三江源生态保护和修复区、IX（a/b）25 高原温带湿润 / 半湿润性青藏高原生态屏障区藏东南高原生态保护和修复区、IX（c）25 高原温带半干旱性青藏高原生态屏障区藏东南高原生态保护和修复区、IX（c）32 高原温带半干旱性青藏高原生态屏障区祁连山生态保护和修复区、IX（c）36 高原温带半干旱性青藏高原生态屏障区西藏“两江四河”造林绿化与综合整治修复区、IX（c）37 高原温带半干旱性青藏高原生态屏障区三江源生态保护和修复区、IX（d）32 高原温带干旱性青藏高原生态屏障区祁连山生态保护和修复区、IX（d）33 高原温带干旱性青藏高原生态屏障区藏西北羌塘高原—阿尔金草原荒生态保护和修复区、IX（d）37 高原温带干旱性青藏高原生态屏障区三江源生态保护和修复区，其中 IX（a/b）25、IX（c）37 和 IX（d）32 是退耕还林工程的主要实施区，因此在以上监测小区布局退耕还林监测站。

IX（a/b）25 主要位于西藏自治区，已建有林芝森林生态站，且该监测小区中西藏自治区林芝市波密县退耕还林工程实施面积较高，属于中强度退耕区，且距离林芝森林生态站近，因此依托林芝森林生态站，在西藏自治区林芝市布局波密退耕还林监测站。

IX（c）37 主要位于青海省，该区退耕还林工程实施面积较大，属高强度退耕区，无已建生态站，高强度退耕区中青海省海南州贵南县退耕还林面积最高。因此，在青海省海南州贵南县布局贵南退耕还林监测站。

IX（d）32 主要位于青海省，该区退耕还林工程实施面积较大，属高强度退耕区，无已建生态站，高强度退耕区中青海省海西州德令哈市退耕还林面积最高。因此，在青海省海西州德令哈市布局德令哈退耕还林监测站。

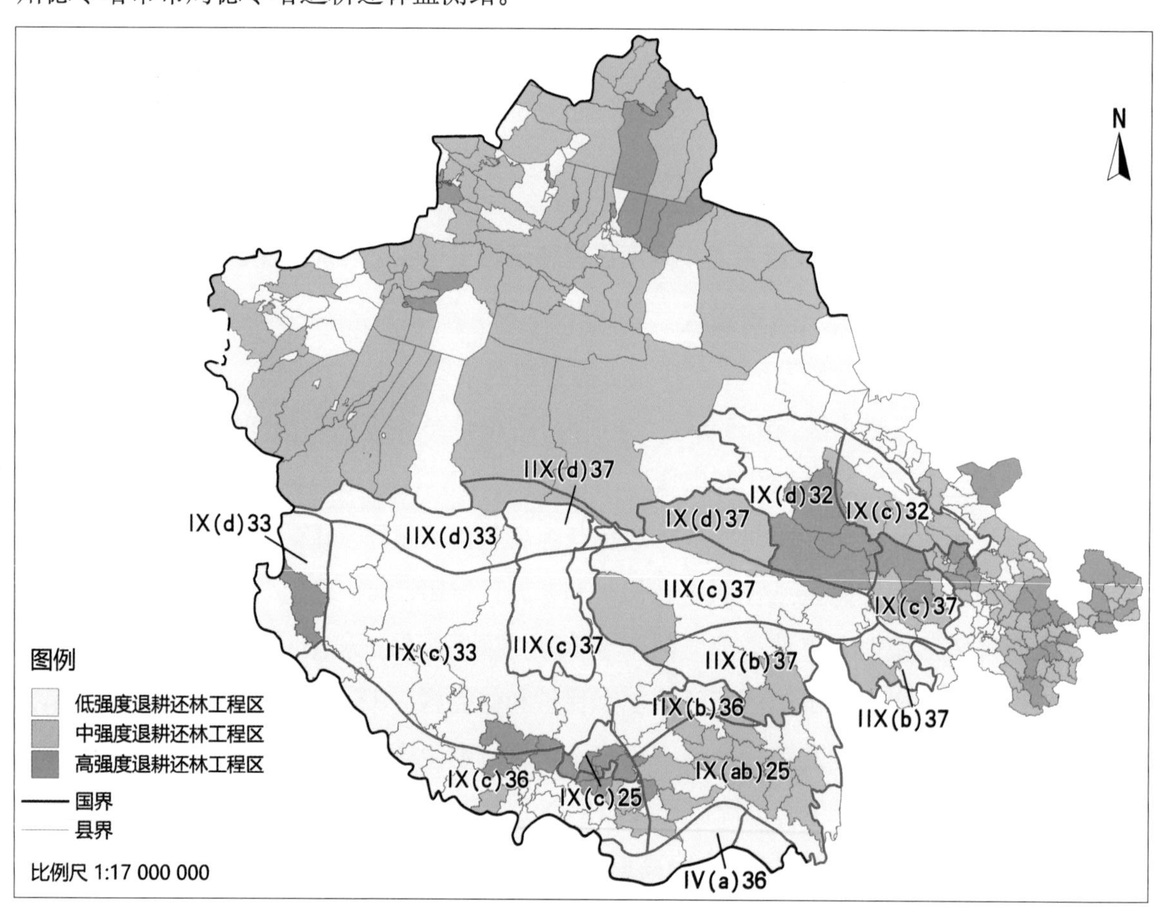

图 3-13　青藏高原草原草甸及寒漠区退耕还林工程生态功能监测区

四、布局结果

退耕还林工程生态功能监测网络布局如图 3-14，共设有退耕还林监测站 99 个。其中，

东北区 10 个、华北区 21 个、华东中南区 27 个、云贵高原区 11 个、华南区 4 个、西南高山峡谷区 8 个、内蒙古东部森林草原及草原区 8 个、蒙新荒漠半荒漠 7 个、青藏高原草甸及寒漠区 3 个。全部监测站中，兼容型监测站 51 个，专业型监测站 48 个。兼容型监测站中，一级站 20 个，二级站 31 个；专业型监测站中，一级站 18 个，二级站 30 个。退耕还林工程生态功能监测网络布局各工程区布设情况如下：

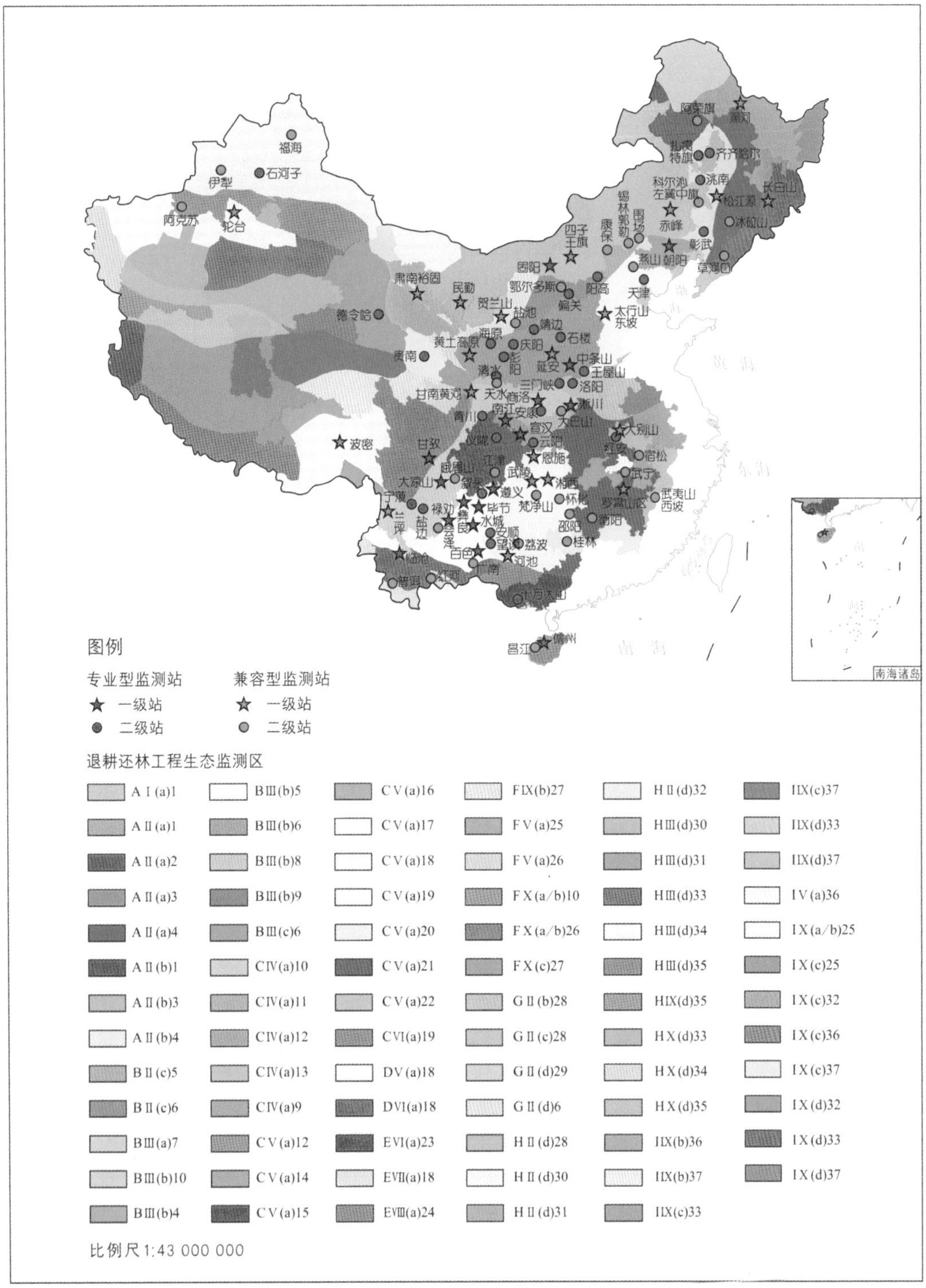

图 3-14 退耕还林工程生态功能监测网络布局

（一）东北区退耕还林工程生态功能监测网络布局

东北区退耕还林工程生态功能监测网络布局见表3-2、图3-14。布设退耕还林监测站10个，其中兼容型监测站6个、专业型监测站4个。

兼容型监测站中，一级站3个，分别为黑龙江黑河站、吉林长白山站和吉林松江源站；二级站3个，分别为辽宁草河口站、辽宁冰砬山站和内蒙古阿荣旗站。

专业型监测站4个，均为二级站，分别为黑龙江齐齐哈尔站、辽宁彰武站、吉林洮南站和内蒙古扎赉特旗站。

表3-2　东北区退耕还林工程生态功能监测网络布局

编码	气候区	典型生态区	建站数量	退耕还林工程生态效益监测站	依托已建生态站	退耕还林工程生态效益监测站站址	现状	类型	级别
AII（a）1	中温带湿润性	东北森林带大小兴安岭森林生态保育区	1	黑河站	黑龙江黑河森林生态系统国家定位观测研究站	黑龙江省黑河市	已建站	兼容型	一级站
AII（a）2	中温带湿润性	东北森林带长白山森林生态保育区	2	草河口站	辽宁辽东半岛森林生态系统国家定位观测研究站	辽宁省本溪市本溪县	已建站	兼容型	二级站
				长白山站	吉林长白山森林生态系统国家定位观测研究站	吉林省延边州敦化市	已建站	兼容型	一级站
AII（a）4	中温带湿润性	北方农牧交错生态脆弱区	1	冰砬山站	辽宁冰砬山森林生态系统国家定位观测研究站	辽宁省铁岭市西丰县	已建站	兼容型	二级站
AII（b）1	中温带半湿润性	东北森林带大小兴安岭森林生态保育区	1	阿荣旗站	内蒙古呼伦贝尔樟子松林生态系统国家定位观测研究站	内蒙古自治区呼伦贝尔市阿荣旗	已建站	兼容型	二级站
AII（b）3	中温带半湿润性	东北森林带三江平原、松嫩平原重要湿地保护恢复区	1	齐齐哈尔站	—	黑龙江省齐齐哈尔市泰来县	拟建站	专业型	二级站
AII（b）4	中温带半湿润性	北方农牧交错生态脆弱区	4	彰武站	—	辽宁省阜新市彰武县	拟建站	专业型	二级站
				松江源站	吉林松江源森林生态系统国家定位观测研究站	吉林省松原市长岭县	已建站	兼容型	一级站
				洮南站	—	吉林省白城市洮南市	拟建站	专业型	二级站
				扎赉特旗站	—	内蒙古自治区兴安盟扎赉特旗	拟建站	专业型	二级站

（二）华北区退耕还林工程生态功能监测网络布局

华北区退耕还林工程生态功能监测网络布局见表3-3、图3-14。布设退耕还林监测站21个，其中兼容型监测站7个、专业型监测站14个。

兼容型监测站中，一级站3个，分别为河北太行山东坡站、陕西延安站和甘肃黄土高原站；二级站4个，分别为河北康保站、河北围场站、北京燕山站和甘肃天水站。

专业型监测站14个，一级站2个，分别为辽宁朝阳站和山西中条山站；二级站12个，分别为山西偏关站、山西阳高站、天津站、甘肃清水站、河南王屋山站、宁夏彭阳站、河南洛阳站、河南三门峡站、宁夏海原站、甘肃庆阳站、山西石楼站和陕西靖边站。

（三）华东中南区退耕还林工程生态功能监测网络布局

华东中南区退耕还林工程生态功能监测网络布局见表3-4、图3-14。布设退耕还林监测站27个，其中兼容型监测站16个，专业型监测站11个。

兼容型监测站中，一级站5个，分别为河南大别山站、重庆武陵山站、湖北恩施站、广西河池站和江西罗霄山区站；二级站11个，分别为湖北大巴山站、安徽宿松站、重庆江津站、贵州梵净山站、贵州荔波站、湖南怀化站、湖南邵阳站、广西桂林站、湖南衡阳站、江西武宁站和江西武夷山西坡站。

专业型监测站11个，一级站5个，分别为陕西商洛站、河南淅川站、四川南江站、四川宣汉站和湖南湘西站；二级站6个，分别为陕西安康站、湖北红安站、四川仪陇站、重庆云阳站、贵州望谟站和贵州安顺站。

（四）云贵高原区退耕还林工程生态功能监测网络布局

云贵高原区退耕还林工程生态功能监测网络布局见表3-5、图3-14。布设退耕还林监测站11个，其中兼容型监测站3个，专业型监测站8个。

兼容型监测站均为二级站，分别为云南广南站、云南禄劝站和云南红河站。

专业型监测站8个，一级站7个，分别为云南会泽站、云南彝良站、贵州遵义站、贵州水城站、贵州毕节站、广西百色站和云南临沧站；二级站1个，为四川叙永站。

（五）华南区退耕还林工程生态功能监测网络布局

华南区退耕还林工程生态功能监测网络布局见表3-6、图3-14。布设退耕还林监测站4个，其中兼容型监测站2个，专业型监测站2个。

兼容型监测站均为二级站，分别为云南云南普洱站和海南昌江站。

专业型监测站2个，一级站1个，为海南儋州站；二级站1个，为广西十万大山站。

表 3-3　华北区退耕还林工程生态功能监测网络布局

编码	气候区	典型生态区	建站数量	退耕还林工程生态效益监测站	依托已建生态站	退耕还林工程生态效益监测站站址	现状	类型	级别
BII（c）5	中温带半干旱性	北方防沙带京津冀协同发展生态保护和修复区	2	康保站	河北小五台山森林生态系统国家定位观测研究站	河北省张家口市康保县	已建站	兼容型	二级站
				围场站	河北塞罕坝森林生态系统国家定位观测研究站	河北省承德市围场县	已建站	兼容型	二级站
BII（c）6	中温带半干旱性	黄河重点生态区黄土高原水土流失综合治理区	2	偏关站	—	山西省忻州市偏关县	拟建站	专业型	二级站
				阳高站	—	山西省大同市阳高县	拟建站	专业型	二级站
BIII（a）7	暖温带湿润性	海岸带黄渤海生态综合整治与修复区	1	天津站	—	天津市	拟建站	专业型	二级站
BIII（b）4	暖温带半湿润性	北方农牧交错生态脆弱区	3	朝阳站	—	辽宁省朝阳市	拟建站	专业型	一级站
BIII（b）5	暖温带半湿润性	北方防沙带京津冀协同发展生态保护和修复区	2	太行山东坡站	河北太行山东坡森林生态系统国家定位观测研究站	河北省石家市庄平山县	已建站	兼容型	一级站
				燕山站	北京燕山森林生态系统国家定位观测研究站	北京市怀柔区/密云区	已建站	兼容型	二级站
BIII（b）6	暖温带半湿润性	黄河重点生态区黄土高原水土流失综合治理区	5	清水站	—	甘肃省清水县	拟建站	专业型	二级站
				王屋山站	—	河南省济源市	拟建站	专业型	二级站
				中条山站	—	山西省运城市中条山	拟建站	专业型	一级站
				彭阳站	—	宁夏回族自治区固原市彭阳县	拟建站	专业型	二级站
				延安站	陕西黄龙山森林生态系统国家定位观测研究站	陕西省延安市宜川县/吴起县	已建站	兼容型	一级站

（续）

编码	气候区	典型生态区	建站数量	退耕还林工程生态效益监测站	依托已建生态站	退耕还林工程生态效益监测站站址	现状	类型	级别
BIII（b）10	暖温带半湿润性	黄河重点生态区秦岭生态保护和修复区	3	洛阳站	—	河南省洛阳市洛宁县	拟建站	专业型	二级站
				三门峡站	—	河南省三门峡市陕州区/灵宝市	拟建站	专业型	二级站
				天水站	甘肃小陇山森林生态系统国家定位观测研究站	甘肃省天水市麦积区	已建站	兼容型	二级站
BIII（c）6	暖温带半干旱性	黄河重点生态区黄土高原水土流失综合治理区	5	黄土高原站	甘肃兴隆山森林生态系统国家定位观测研究站	甘肃省兰州市榆中县/定西市/会宁	已建站	兼容型	一级站
				海原站	—	宁夏回族自治区中卫市海原县	拟建站	专业型	二级站
				庆阳站	—	甘肃省庆阳市环县	拟建站	专业型	二级站
				石楼站	—	山西省吕梁市石楼县	拟建站	专业型	二级站
				靖边站	—	陕西省榆林市靖边县	拟建站	专业型	二级站

表 3-4　华东中南区退耕还林工程生态功能监测网络布局

编码	气候区	典型生态区	建站数量	退耕还林工程生态效益监测站	依托已建生态站	退耕还林工程生态效益监测站站址	现状	类型	级别
CIV（a）10	北亚热带湿润性	黄河重点生态区秦岭生态保护和修复区	2	安康站	—	陕西省安康市旬阳县	拟建站	专业型	二级站
				商洛站	—	陕西省商洛市镇安县	拟建站	专业型	一级站
CIV（a）11	北亚热带湿润性	南水北调工程水源地生态修复区	1	淅川站	—	河南省南阳市淅川县	拟建站	专业型	一级站
CIV（a）12	北亚热带湿润性	长江重点生态区大巴山区生物多样性保护与生态修复区	1	大巴山站	湖北大巴山森林生态系统国家定位观测研究站	湖北省十堰市郧阳区	已建站	兼容型	二级站
CIV（a）13	北亚热带湿润性	长江重点生态区大别山—黄山水土保持与生态修复区	2	红安站	—	湖北省红安大别山	拟建站	专业型	二级站
				大别山站	河南鸡公山森林生态系统国家定位观测研究站	河南省信阳市光山县	已建站	兼容型	一级站
CV（a）12	中亚热带湿润性	长江重点生态区大巴山区生物多样性保护与生态修复区	1	南江站	—	四川省巴中市南江县	拟建站	专业型	一级站
CV（a）14	中亚热带湿润性	长江重点生态区鄱阳湖、洞庭湖等河湖、湿地保护和修复区	1	宿松站	安徽大别山森林生态系统国家定位观测研究站	安徽省安庆市宿松县	已建站	兼容型	二级站
CV（a）15	中亚热带湿润性	西南岩溶山地石漠化生态脆弱区	3	仪陇站	—	四川省南充市仪陇县	拟建站	专业型	二级站
				宣汉站	—	四川省达州市宣汉县	拟建站	专业型	一级站
				江津站	重庆缙云山森林生态系统国家定位观测研究站	重庆市江津区	已建站	兼容型	二级站
CV（a）16	中亚热带湿润性	长江重点生态区三峡库区生态综合治理区	1	云阳站	—	重庆市云阳县	拟建站	专业型	二级站
CV（a）17	中亚热带湿润性	长江重点生态区武陵山区生物多样性保护区	4	梵净山站	贵州梵净山森林生态系统国家定位观测研究站	贵州省铜仁市松桃县	已建站	兼容型	二级站

（续）

编码	气候区	典型生态区	建站数量	退耕还林工程生态效益监测站	依托已建生态站	退耕还林工程生态效益监测站站址	现状	类型	级别
CV（a）17	中亚热带湿润性	长江重点生态区武陵山区生物多样性保护区	4	武陵山站	重庆武陵山森林生态系统国家定位观测研究站	重庆市酉阳县	已建站	兼容型	一级站
				湘西站	湖南慈利森林生态系统国家定位观测研究站	湖南省张家界市慈利县/湘西州永顺县/龙山县	已建站	专业型	一级站
				恩施站	湖北恩施森林生态系统国家定位观测研究站	湖北省恩施州利川市	已建站	兼容型	一级站
CV（a）18	中亚热带湿润性	长江重点生态区长江上中游岩溶地区石漠化综合治理区	3	望谟站	—	贵州省黔西南望谟县	拟建站	专业型	二级站
				荔波站	贵州荔波喀斯特森林生态系统国家定位观测研究站	贵州省荔波县	已建站	兼容型	二级站
				安顺站	—	贵州省安顺市紫云县/镇宁县	拟建站	专业型	二级站
CV（a）19	中亚热带湿润性	南方丘陵山地带湘桂岩溶地区石漠化综合治理区	3	河池站	广西大瑶山森林生态系统国家定位观测研究站	广西壮族自治区河池市东兰县/凤山县	已建站	兼容型	一级站
				怀化站	湖南会同森林生态系统国家定位观测研究站	湖南省怀化市溆浦县	已建站	兼容型	二级站
				邵阳站	湖南南岭北江源森林生态系统国家定位观测研究站	湖南省邵阳市	已建站	兼容型	二级站
CV（a）20	中亚热带湿润性	南方丘陵山地带南岭山地森林及生物多样性保护区	1	桂林站	广西漓江源森林生态系统国家定位观测研究站	广西壮族自治区桂林市	已建站	兼容型	二级站

（续）

编码	气候区	典型生态区	建站数量	退耕还林工程生态效益监测站	依托已建生态站	退耕还林工程生态效益监测站站址	现状	类型	级别
CV（a）21	中亚热带湿润性	南方红壤丘陵山地生态脆弱区	3	衡阳站	湖南衡山森林生态系统国家定位观测研究站	湖南省衡阳市耒阳市/衡南县/衡阳县	已建站	兼容型	二级站
				罗霄山区站	江西大岗山森林生态系统国家定位观测研究站	江西省罗霄山区	已建站	兼容型	一级站
				武宁站	江西庐山森林生态系统国家定位观测研究站	江西省九江市武宁县	已建站	兼容型	二级站
CV（a）22	中亚热带湿润性	南方丘陵山地带武夷山森林及生物多样性保护区	1	武夷山西坡站	江西武夷山西坡森林生态系统定位观测研究站	江西省抚州市资溪县	已建站	兼容型	二级站

表 3-5　云贵高原区退耕还林工程生态功能监测网络布局

编码	气候区	典型生态区	建站数量	退耕还林工程生态效益监测站	依托已建生态站	退耕还林工程生态效益监测站站址	现状	类型	级别
DV（a）18	中亚热带湿润性	长江重点生态区长江上中游岩溶地区石漠化综合治理区	9	广南站	云南广南石漠生态系统国家定位观测站	云南省文山州广南县	已建站	兼容型	二级站
				禄劝站	云南滇中高原森林生态系统国家定位观测研究站	云南省昆明市禄劝县	已建站	兼容型	二级站
				会泽站	云南会泽退耕还林监测站	云南省曲靖市会泽县	拟建站	专业型	一级站
				彝良站	云南彝良退耕还林监测站	云南省昭通市彝良县	拟建站	专业型	一级站
				遵义站	贵州遵义退耕还林监测站	贵州省遵义市桐梓县/习水县	拟建站	专业型	一级站

（续）

编码	气候区	典型生态区	建站数量	退耕还林工程生态效益监测站	依托已建生态站	退耕还林工程生态效益监测站站址	现状	类型	级别
DV（a）18	中亚热带湿润性	长江重点生态区长江上中游岩溶地区石漠化综合治理区	9	水城站	贵州水城退耕还林监测站	贵州省六盘水市水城县	拟建站	专业型	一级站
				毕节站	贵州毕节退耕还林监测站	贵州省毕节市	拟建站	专业型	一级站
				叙永站	四川叙永退耕还林监测站	四川省泸州叙永县	拟建站	专业型	二级站
				百色站	广西百色退耕还林监测站	广西壮族自治区百色市隆林县	拟建站	专业型	一级站
DVI（a）18	南亚热带湿润性	长江重点生态区长江上中游岩溶地区石漠化综合治理区	2	红河站	云南建水石漠生态系统国家定位观测研究站	云南省红河州	已建站	兼容型	二级站
				临沧站	云南临沧退耕还林监测站	云南省临沧市	拟建站	专业型	一级站

表 3-6　华南区退耕还林工程生态功能监测网络布局

编码	气候区	典型生态区	建站数量	退耕还林工程生态效益监测站	依托已建生态站	退耕还林工程生态效益监测站站址	现状	类型	级别
EVI（a）23	南亚热带湿润性	海岸带北部湾典型滨海湿地生态系统保护和修复区	1	十万大山站	广西十万大山退耕还林监测站	广西壮族自治区防城港市	拟建站	专业型	二级站
EVII（a）18	边缘热带湿润性	长江重点生态区长江上中游岩溶地区石漠化综合治理修复区	1	普洱站	云南普洱森林生态系统国家定位观测研究站	云南省普洱市澜沧县	已建站	兼容型	二级站
EVIII（a）24	热带湿润性	海岸带海南岛热带生态系统保护和修复区	2	昌江站	海南五指山森林生态系统国家定位观测研究站	海南省昌江县	已建站	兼容型	二级站
				儋州站	海南儋州退耕还林监测站	海南省儋州市	拟建站	专业型	一级站

（六）西南高山峡谷区退耕还林工程生态功能监测网络布局

西南高山峡谷区退耕还林工程生态功能监测网络布局见表 3-7、图 3-14。布设退耕还林监测站 8 个，其中兼容型监测站 3 个，专业型监测站 5 个。

兼容型监测站中，一级站 2 个，分别为云南兰坪站和甘肃甘南黄河站；二级站 1 个，为四川峨眉山站。

专业型监测站中，一级站 2 个，分别为四川大凉山站和四川甘孜站；二级站 3 个，分别为四川盐边站、云南宁蒗站和四川青川站。

（七）内蒙古东部森林草原及草原区退耕还林工程生态功能监测网络布局

内蒙古东部森林草原及草原区退耕还林工程生态功能监测网络布局见表 3-8、图 3-14。布设退耕还林监测站 8 个，其中兼容型监测站 7 个，专业型监测站 1 个。

兼容型监测站中，一级站 3 个，分别为内蒙古四子王旗站、内蒙古赤峰站和宁夏贺兰山站；二级站 4 个，分别为内蒙古科尔沁左翼中旗站、内蒙古锡林郭勒站、内蒙古鄂尔多斯站和宁夏盐池站。

专业型监测站中，一级站 1 个，分别为内蒙古固阳站。

（八）蒙新荒漠半荒漠区退耕还林工程生态功能监测网络布局

内蒙古东部森林草原及草原区退耕还林工程生态功能监测网络布局见表 3-9、图 3-14。布设退耕还林监测站 6 个，其中兼容型监测站 6 个，专业型监测站 1 个。

兼容型监测站中，一级站 3 个，分别为甘肃民勤站、甘肃肃南裕固站和新疆轮台站；二级站 3 个，为吸纳新疆福海站、新疆伊犁站和新疆阿克苏站。

专业型监测站中，二级站 1 个，为新疆石河子站。

（九）青藏高原草原草甸及寒漠区退耕还林工程生态功能监测网络布局

青藏高原草原草甸及寒漠区退耕还林工程生态功能监测网络布局见表 3-10、图 3-14。布设退耕还林监测站 3 个，其中兼容型监测站 1 个，专业型监测站 2 个。

兼容型监测站中，一级站 1 个，为西藏波密站。

专业型监测站中，二级站 2 个，为青海贵南站和青海德令哈站。

表 3-7　西南高山峡谷区退耕还林工程生态功能监测网络布局

编码	气候区	典型生态区	建站数量	退耕还林工程生态效益监测站	依托已建生态站	退耕还林工程生态效益监测站站址	现状	类型	级别
FV（a）26	中亚热带湿润性	长江重点生态区横断山区水源涵养与生物多样性保护区	6	兰坪站	云南高黎贡山森林生态系统国家定位观测研究站	云南省怒江州兰坪县	已建站	兼容型	一级站
				盐边站	四川盐边退耕还林监测站	四川省攀枝花市盐边县	拟建站	专业型	二级站
				宁蒗站	云南宁蒗县退耕还林监测站	云南省丽江市宁蒗县	拟建站	专业型	二级站
				大凉山站	四川大凉山退耕还林监测站	四川省凉山州越西县	拟建站	专业型	一级站
				峨眉山站	四川峨眉山森林生态系统国家定位观测研究站	四川省乐山市马边县	已建站	兼容型	二级站
				青川站	四川青川退耕还林监测站	四川广元市青川县	拟建站	专业型	二级站
FX（a/b）10	高原温带湿润/半湿润性	黄河重点生态区秦岭生态保护和修复区	1	甘南黄河站	甘肃白龙江森林生态系统国家定位观测研究站	甘肃省甘南州舟曲县	已建站	兼容型	一级站
FX（a/b）26	高原温带湿润/半湿润性	长江重点生态区横断山区水源涵养与生物多样性保护区	1	甘孜站	四川甘孜退耕还林监测站	四川省甘孜州康定市/丹巴	拟建站	专业型	一级站

表 3-8　内蒙古东部森林草原及草原区退耕还林工程生态功能监测网络布局

编码	气候区	典型生态区	建站数量	退耕还林工程生态效益监测站	依托已建生态站	退耕还林工程生态效益监测站站址	现状	类型	级别
GII（b）28	中温带半湿润性	北方防沙带内蒙古高原生态保护和修复区	1	科尔沁左翼中旗站	内蒙古特金罕山森林生态系统国家定位观测研究站	内蒙古自治区科尔沁左翼中旗	已建站	兼容型	二级站

（续）

编码	气候区	典型生态区	建站数量	退耕还林工程生态效益监测站	依托已建生态站	退耕还林工程生态效益监测站站址	现状	类型	级别
GII（c）28	中温带半干旱性	北方防沙带内蒙古高原生态保护和修复区	5	固阳站	内蒙古固阳退耕还林监测站	内蒙古自治区包头市固阳县	拟建站	专业型	一级站
				四子王旗站	内蒙古大青山森林生态系统国家定位观测研究站	内蒙古自治区四子王旗/武川县	已建站	兼容型	一级站
				赤峰站	内蒙古赤峰森林生态系统国家定位观测研究站	内蒙古自治区赤峰市阿鲁科尔沁旗	已建站	兼容型	一级站
				锡林郭勒站	内蒙古赛罕乌拉森林生态系统国家定位观测研究站	内蒙古自治区锡林郭勒盟	已建站	兼容型	二级站
				鄂尔多斯站	内蒙古鄂尔多斯森林生态系统国家定位观测研究站	内蒙古自治区鄂尔多斯市准格尔旗	已建站	兼容型	二级站
GII（d）6	中温带干旱性	黄河重点生态区黄土高原水土流失综合治理区	1	盐池站	宁夏盐池沙地生态系统国家定位观测研究站	宁夏回族自治区吴忠市盐池县	已建站	兼容型	二级站
GII（d）29	中温带干旱性	黄河重点生态区贺兰山生态保护和修复区	1	贺兰山站	宁夏贺兰山森林生态系统国家定位观测研究站	宁夏回族自治区银川市	已建站	兼容型	一级站

表 3-9　蒙新荒漠半荒漠区退耕还林工程生态功能监测网络布局

编码	气候区	典型生态区	建站数量	退耕还林工程生态效益监测站	依托已建生态站	退耕还林工程生态效益监测站站址	现状	类型	级别
HII（d）30	中温带干旱性	北方防沙带天山和阿尔泰山森林草原保护区	3	石河子站	新疆石河子退耕还林监测站	新疆维吾尔自治区塔城区沙湾县	拟建站	专业型	二级站
				福海站	新疆阿尔泰山森林生态系统国家定位观测研究站	新疆维吾尔自治区阿勒泰地区福海县	已建站	兼容型	二级站

（续）

编码	气候区	典型生态区	建站数量	退耕还林工程生态效益监测站	依托已建生态站	退耕还林工程生态效益监测站站址	现状	类型	级别
HII（d）30	中温带干旱性	北方防沙带天山和阿尔泰山森林草原保护区	3	伊犁站	新疆西天山森林生态系统国家定位观测研究站	新疆维吾尔自治区伊犁州尼勒克县	已建站	兼容型	二级站
HII（d）31	中温带干旱性	北方防沙带河西走廊生态保护和修复区	1	民勤站	甘肃河西走廊森林生态系统国家定位观测研究站	甘肃省民勤县	已建站	兼容型	一级站
HII（d）32	中温带干旱性	青藏高原生态屏障区祁连山生态保护和修复区	1	肃南裕固站	甘肃祁连山森林生态系统国家定位观测研究站	甘肃省肃南裕固族自治县	已建站	兼容型	一级站
HIII（d）34	暖温带干旱	北方防沙带塔里木河流域生态修复区	1	轮台站	新疆胡杨林森林生态系统国家定位观测研究站	新疆维吾尔自治区巴音郭楞蒙古自治州轮台县	已建站	兼容型	一级站
HIII（d）35	暖温带干旱性	西北荒漠绿洲交接生态脆弱区	1	阿克苏站	新疆阿克苏森林生态系统国家定位观测研究站	新疆维吾尔自治区阿克苏地区温宿县	已建站	兼容型	二级站

表 3-10 青藏高原草原草甸及寒漠区退耕还林工程生态功能监测网络布局

编码	气候区	典型生态区	建站数量	退耕还林工程生态效益监测站	依托已建生态站	退耕还林工程生态效益监测站站址	现状	类型	级别
IX（a/b）25	高原温带湿润/半湿润性	青藏高原生态屏障区藏东南高原生态保护和修复区	1	波密站	西藏林芝森林生态系统国家定位观测研究站	西藏自治区林芝市波密县	已建站	兼容型	一级站
IX（c）37	高原温带半干旱性	青藏高原生态屏障区三江源生态保护和修复区	1	贵南站	青海贵南退耕还林监测站	青海省海南州贵南县	拟建站	专业型	二级站
IX（d）32	高原温带干旱性	青藏高原生态屏障区祁连山生态保护和修复区	1	德令哈站	青海德令哈退耕还林监测站	青海省海西州德令哈市	拟建站	专业型	二级站

五、布局分析

（一）综合布局分析

依照本布局，可实现对退耕还林工程的全覆盖监测，且退耕还林工程监测站均位于实施退耕还林工程强度高的区域（图3-15），突出了本布局以退耕还林工程规模为重点依据的布局原则。各类型退耕还林工程生态功能监测区监测站的布局数量多少与退耕还林工程实施规模基本一致，华东中南区布局退耕还林监测站最多（27个），占总建站数量的27%；华北区布局退耕还林监测站数量位居第二（21个），占总建站数量的21%；其次依次为云贵高原区（11个）、东北区（10个）、西南高山峡谷区（8个）、内蒙古东部森林草原及草原区（8个）、蒙新荒漠半荒漠区（7个）、华南区（4个）和青藏高原草原草甸及寒漠区（3个），分别占总建站数量的11%、10%、8%、8%、7%、4%和3%。

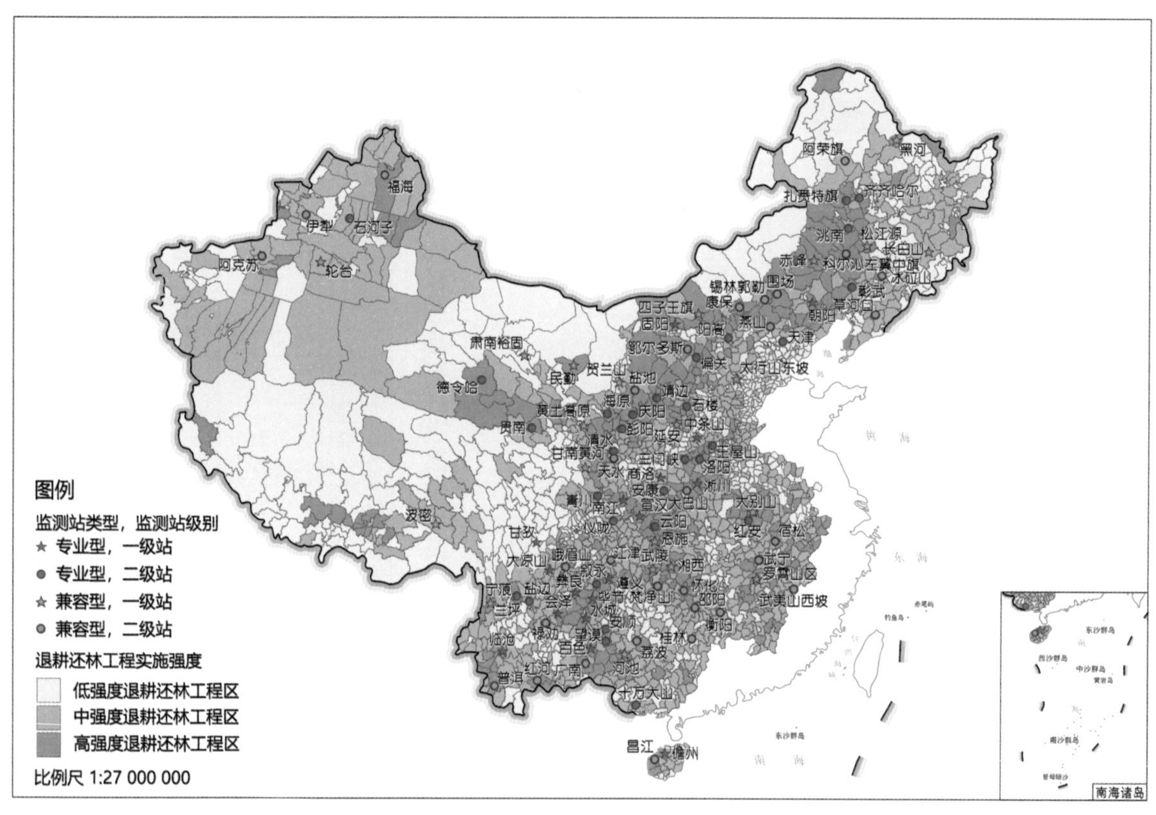

图3-15　不同实施强度退耕还林工程生态功能监测网络布局

退耕还林工程生态功能监测区划中站点布局最多的为GII（c）28中温带半干旱性北方防沙带内蒙古高原生态保护和修复区（5个）、FV（a）26中亚热带湿润性长江重点生态区横断山区水源涵养与生物多样性保护区（6个）、DV（a）18中亚热带湿润性长江重点生态区长江上中游岩溶地区石漠化综合治理区（9个）、CV（a）17中亚热带湿润性长江重点生态区武陵山区生物多样性保护区（4个）、BIII（c）6暖温带半干旱性黄河重点生态区黄土高原水土流失综合治理区（5个）、BIII（b）6暖温带半湿润性黄河重点生态区黄土高原水土流失综合治理区（5个）和AII（b）4中温带半湿润性北方农牧交错生态脆弱区（4个），

这主要是由于这些生态功能区面积较大，涉及省份较多同时生态区位典型性较强，多处于生态脆弱区内，退耕还林工程实施强度高（面积大），因此站点布设较多。

在退耕还林工程生态功能布局中，从监测站级别层面分析，一级站的建设标准最高，监测能力最强，对周边二级站具有引领带动的辐射作用，因此理论上一级站的数量应少于仅需要满足基本指标监测要求的二级站的数量，从监测站类型层面分析，专业型监测站作为退耕还林工程生态功能的主要监测站，理论上专业型监测站数量应高于兼容型监测站，本布局中，一级监测站共 38 个，占比 38%，二级站共 61 个，占比为 62%；兼容型监测站 51 个，占比为 51.51%，专业型监测站 48 个，占比为 48.49%（图 3-16），二者比例接近，这是由于充分发挥已建生态站的监测功能，资源最大化的同时节约资金。总体而言，该布局可以满足退耕还林工程的专业监测工作。

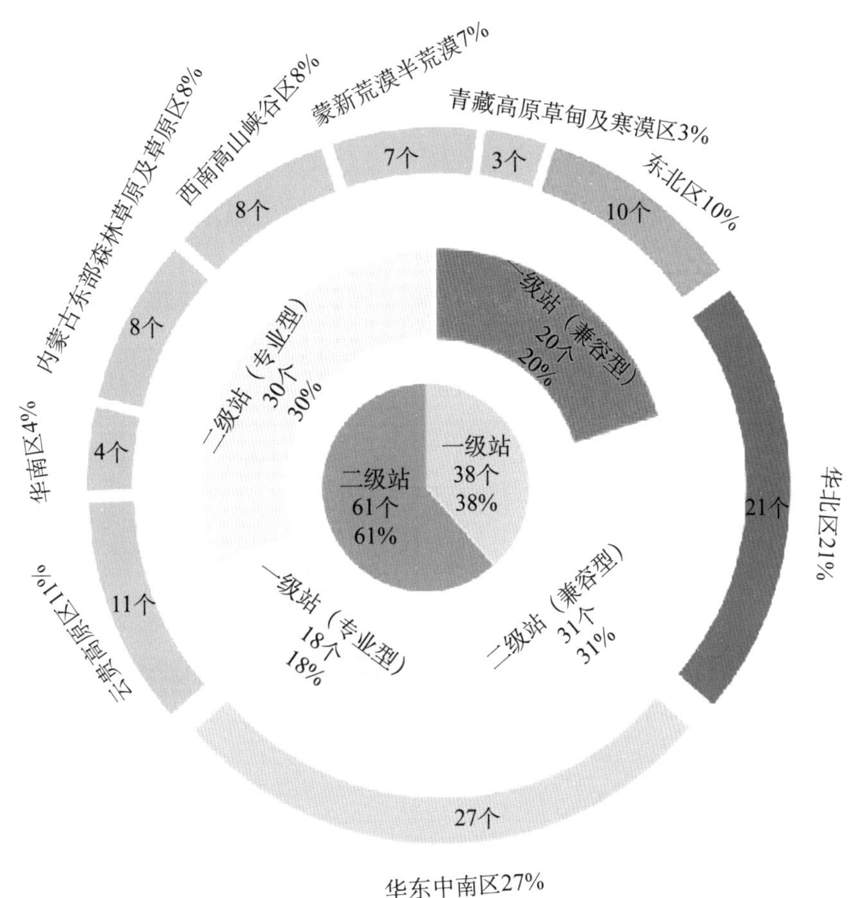

图 3-16 退耕还林工程监测站数量百分比

（二）退耕还林工程生态功能监测网络布局与典型生态区对应关系

1. 全国重要生态系统保护和修复重大工程区

《全国重要生态系统保护和修复重大工程总体规划》以全面提升国家生态安全屏障质量、促进生态系统良性循环和永续利用为目标，以统筹山水林田湖草一体化保护和修复为主线，将全国重要生态系统保护和修复重大工程布局在青藏高原生态屏障区、黄河重点生态区（含黄土高原生态屏障）、长江重点生态区（含川滇生态屏障）、东北森林带、北方防沙带、南方丘陵山地带、海岸带等重点区域，着力提高生态系统自我修复能力，切实增强生态系统稳定性，显著提升生态系统功能，全面扩大优质生态产品供给，推进形成生态保护和修复新格局，为维护国家生态安全、推进生态系统治理体系和治理能力现代化、加快建设美丽中国奠定坚实生态基础。

依照本布局,83 个退耕还林监测站位于全国重要生态系统保护和重大修复工程区(表 3-11、图 3-17)，其中有 42 个兼容型监测站和 41 个专业型监测站，兼容型监测站中又分为 19 个一级站和 23 个二级站，专业型监测站则为 15 个一级站和 26 个二级站。从布局角度来看，83% 的站点位于全国重要生态系统保护和修复重大工程区，其中一级站的占比为 41%，对于全国重要生态系统保护和重大修复工程区生态功能起到有效监测。退耕还林工程生态功能监测网络针对全国重要生态系统保护和重大修复工程区生态监测，可覆盖 66.7%，对于全面加强生态保护和修复，实现全国林草生态系统状况根本好转，生态系统质量明显改善，生态服务功能显著提高，生态稳定性明显增强，基本建成国家生态安全屏障体系，优质生态产品供给能力基本满足人民群众需求，绘就人与自然和谐共生的美丽画卷具有重要意义。

表 3-11　全国重要生态系统保护和重大修复工程区退耕还林工程生态效益监测站

<table>
<tr><th>工程</th><th>修复区</th><th>数量</th><th>退耕还林工程生态效益监测站</th><th>站点类型</th><th>级别</th></tr>
<tr><td rowspan="8">青藏高原生态屏障区生态保护和修复重大工程（4个）</td><td>三江源生态保护和修复</td><td>1</td><td>青海贵南站</td><td>专业型</td><td>二级站</td></tr>
<tr><td rowspan="2">祁连山生态保护和修复</td><td rowspan="2">2</td><td>青海德令哈站</td><td>专业型</td><td>二级站</td></tr>
<tr><td>甘肃肃南裕固站</td><td>兼容型</td><td>一级站</td></tr>
<tr><td>若尔盖—甘南草原湿地生态保护和修复</td><td>—</td><td>—</td><td>—</td><td>—</td></tr>
<tr><td>藏西北羌塘高原—阿尔金草原荒漠生态保护和修复</td><td>—</td><td>—</td><td>—</td><td>—</td></tr>
<tr><td>藏东南高原生态保护和修复</td><td>1</td><td>西藏波密站</td><td>兼容型</td><td>一级站</td></tr>
<tr><td>西藏“两江四河”造林绿化与综合整治</td><td>—</td><td>—</td><td>—</td><td>—</td></tr>
<tr><td>青藏高原矿山生态修复</td><td>—</td><td>—</td><td>—</td><td>—</td></tr>
<tr><td rowspan="4">黄河重点生态区(含黄土高原生态屏障)生态保护和修复重大工程（20个）</td><td rowspan="4">黄土高原水土流失综合治理（含库布齐、乌兰布和、毛乌素沙地）</td><td rowspan="4">13</td><td>甘肃黄土高原站</td><td>兼容型</td><td>一级站</td></tr>
<tr><td>甘肃清水站</td><td>专业型</td><td>二级站</td></tr>
<tr><td>宁夏彭阳站</td><td>专业型</td><td>二级站</td></tr>
<tr><td>宁夏海原站</td><td>专业型</td><td>二级站</td></tr>
</table>

（续）

工程	修复区	数量	退耕还林工程生态效益监测站	站点类型	级别
黄河重点生态区(含黄土高原生态屏障)生态保护和修复重大工程（20个）	黄土高原水土流失综合治理（含库布齐、乌兰布和、毛乌素沙地）	13	甘肃庆阳站	专业型	二级站
			宁夏盐池站	兼容型	二级站
			陕西靖边站	专业型	二级站
			陕西延安站	兼容型	一级站
			山西石楼站	专业型	二级站
			山西中条山站	专业型	一级站
			河南王屋山站	专业型	二级站
			山西阳高站	专业型	二级站
			山西偏关站	专业型	二级站
	秦岭生态保护和修复	6	甘肃天水站	兼容型	二级站
			甘肃甘南黄河站	兼容型	一级站
			陕西商洛站	专业型	一级站
			陕西安康站	专业型	二级站
			河南三门峡站	专业型	二级站
			河南洛阳站	专业型	二级站
	贺兰山生态保护和修复	1	宁夏贺兰山站	兼容型	一级站
	黄河下游生态保护和修复（含黄河三角洲）	—	—	—	—
	黄河重点生态区矿山生态修复	—	—	—	—
长江重点生态区(含川滇生态屏障)生态保护和修复重大工程（32个）	横断山区水源涵养与生物多样性保护	7	四川青川站	专业型	二级站
			四川甘孜站	专业型	一级站
			四川大凉山站	专业型	一级站
			四川峨眉山站	兼容型	二级站
			云南兰坪站	兼容型	一级站
			云南宁蒗县站	专业型	二级站
			四川盐边站	专业型	二级站
	长江上中游岩溶地区石漠化综合治理	15	云南普洱站	兼容型	二级站
			云南红河站	兼容型	二级站
			云南临沧站	专业型	一级站
			云南禄劝站	兼容型	二级站

（续）

工程	修复区	数量	退耕还林工程生态效益监测站	站点类型	级别
长江重点生态区(含川滇生态屏障)生态保护和修复重大工程（32个）	长江上中游岩溶地区石漠化综合治理	15	云南广南站	兼容型	二级站
			广西百色站	专业型	一级站
			贵州望谟站	专业型	二级站
			贵州荔波站	兼容型	二级站
			贵州安顺站	专业型	二级站
			贵州水城站	专业型	一级站
			贵州毕节站	专业型	一级站
			云南会泽站	专业型	一级站
			云南彝良站	专业型	一级站
			四川叙永站	专业型	二级站
			贵州遵义站	专业型	一级站
	大巴山区生物多样性保护与生态修复	2	湖北大巴山站	兼容型	二级站
			四川南江站	专业型	一级站
	三峡库区生态综合治理	1	重庆云阳站	专业型	二级站
	鄱阳湖、洞庭湖等河湖、湿地保护和修复（包括长江干流及重要支流）	1	安徽宿松站	兼容型	二级站
	大别山—黄山水土保持与生态修复	2	河南大别山站	兼容型	一级站
			湖北红安站	专业型	二级站
	武陵山区生物多样性保护	4	湖北恩施站	兼容型	一级站
			重庆武陵山站	兼容型	一级站
			湖南湘西站	专业型	一级站
			贵州梵净山站	兼容型	二级站
	长江重点生态区矿山生态修复	—	—	—	—
东北森林带（含国有林区87个林业局）生态保护和修复重大工程（5个）	大小兴安岭森林生态保育	2	黑龙江黑河站	兼容型	一级站
			内蒙古阿荣旗站	兼容型	二级站
	长白山森林生态保育	2	辽宁草河口站	兼容型	一级站
			吉林长白山站	兼容型	一级站
	三江平原、松嫩平原重要湿地保护恢复	1	黑龙江齐齐哈尔站	专业型	二级站

（续）

工程	修复区	数量	退耕还林工程生态效益监测站	站点类型	级别
北方防沙带生态保护和修复重大工程（14个）	京津冀协同发展生态保护和修复	4	河北围场站	兼容型	二级站
			河北康保县站	兼容型	二级站
			河北太行山东坡站	兼容型	一级站
			北京燕山站	兼容型	二级站
	内蒙古高原生态保护和修复	5	内蒙古赤峰站	兼容型	一级站
			内蒙古科尔沁左翼中旗站	兼容型	二级站
			内蒙古固阳站	专业型	一级站
			内蒙古四子王旗站	兼容型	一级站
			内蒙古锡林郭勒站	专业型	二级站
	河西走廊生态保护和修复	1	甘肃民勤站	兼容型	一级站
	塔里木河流域生态修复	1	新疆轮台站	兼容型	一级站
	天山和阿尔泰山森林草原保护	3	新疆福海站	兼容型	二级站
			新疆石河子站	专业型	二级站
			新疆伊犁站	兼容型	二级站
	三北地区矿山生态修复	—	—	—	—
南方丘陵山地带生态保护和修复重大工程（5个）	南岭山地森林及生物多样性保护	1	广西桂林站	兼容型	二级站
	武夷山森林和生物多样性保护	1	江西武夷山西坡站	兼容型	二级站
	湘桂岩溶地区石漠化综合治理	3	广西河池站	兼容型	一级站
			湖南怀化站	兼容型	二级站
			湖南邵阳站	兼容型	二级站
	南方丘陵山地带矿山生态修复	—	—	—	—
海岸带生态保护和修复重大工程（3个）	粤港澳大湾区生物多样性保护重点工程	—	—	—	—
	海南岛热带生态系统保护和修复重点工程	2	海南儋州站	专业型	一级站
			海南昌江站	兼容型	二级站
	黄渤海生态综合整治与修复重点工程	—	—	—	—
	长江三角州重要河口区生态保护和修复重点工程	—	—	—	—
	海峡西岸重点海湾和河口生态保护修复重点工程	—	—	—	—
	北部湾典型滨海湿地生态系统保护和修复重点工程	1	广西十万大山站	专业型	二级站

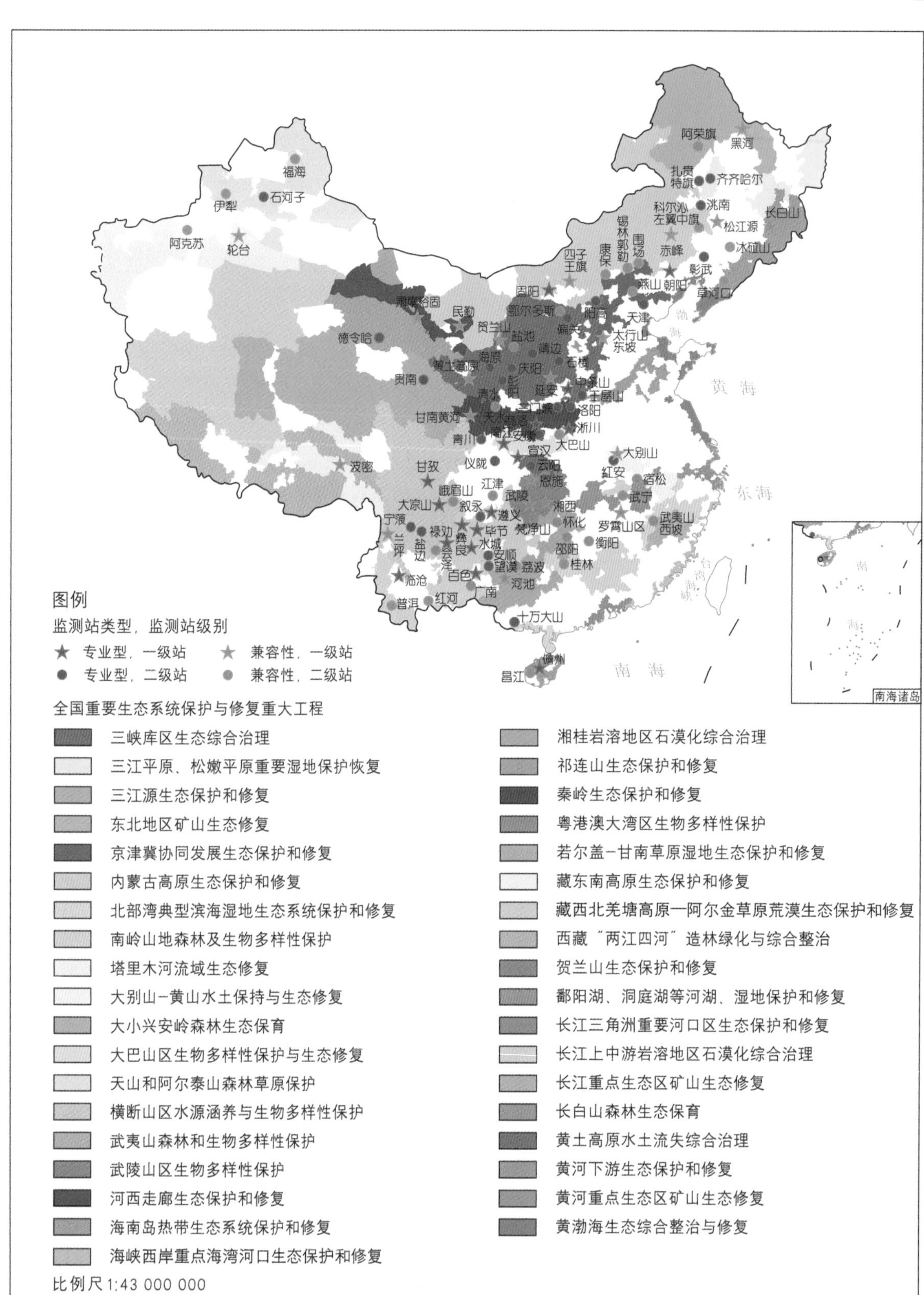

图 3-17　全国重要生态系统保护和修复重大工程区退耕还林工程生态功能监测网络布局

2. 全国生态脆弱区

全国生态脆弱区是我国目前生态问题突出、经济相对落后和人民生活贫困的地区，同时也是环境监管的薄弱地区，退耕还林工程作为修复生态环境的重要措施，其实施对于脆弱区生态修复具有重要意义。

依照本布局，79个退耕还林监测站位于全国生态脆弱区（表3-12、图3-18），其中有42个兼容型监测站和37个专业型监测站，兼容型监测站中又分为16个一级站和26个二级站，专业型监测站则为15个一级站和22个二级站，见表3-5、图3-8。从布局角度来看，79%的站点位于全国生态脆弱区，其中一级站占比为39%，对于全国生态脆弱区的生态状况起到有效监测。退耕还林工程监测网络针对全国生态脆弱区生态监测，可实现全覆盖监测，为加强生态脆弱区保护、控制生态退化、恢复生态系统功能、改善生态环境质量和落实《全国生态功能区划》提供科学支撑，对于改善生态脆弱区生态问题、加强生态脆弱区保护、恢复和提升生态脆弱区生态系统生态功能、保障国家生态安全、实现可持续发展具有重要战略意义。

表3-12 全国生态脆弱区退耕还林工程生态效益监测站

区域	数量	退耕还林工程生态效益监测站	站点类型	级别
东北林草交错生态脆弱区	6	内蒙古阿荣旗站	兼容型	二级站
		黑龙江齐齐哈尔站	专业型	二级站
		内蒙古扎赉特旗站	专业型	二级站
		吉林洮南站	专业型	二级站
		吉林松江源站	兼容型	一级站
		内蒙古科尔沁左翼中旗站	兼容型	二级站
北方农牧交错生态脆弱区	17	内蒙古赤峰站	兼容型	一级站
		河北围场站	兼容型	二级站
		内蒙古锡林郭勒站	兼容型	二级站
		河北康保站	兼容型	二级站
		内蒙古四子王旗站	兼容型	一级站
		内蒙古固阳站	专业型	一级站
		内蒙古鄂尔多斯站	兼容型	二级站
		山西偏关站	专业型	二级站
		山西阳高站	专业型	二级站
		宁夏贺兰山站	兼容型	一级站
		宁夏盐池站	兼容型	二级站
		陕西靖边站	专业型	二级站
		山西石楼站	专业型	二级站
		甘肃黄土高原站	兼容型	一级站
		宁夏海原站	专业型	二级站
		甘肃庆阳站	专业型	二级站
		宁夏彭阳站	专业型	二级站

（续）

区域	数量	退耕还林工程生态效益监测站	站点类型	级别
西北荒漠绿洲交接生态脆弱区	7	新疆福海站	兼容型	二级站
		新疆伊犁站	兼容型	二级站
		新疆阿克苏站	兼容型	二级站
		新疆石河子站	专业型	二级站
		新疆轮台站	兼容型	一级站
		甘肃肃南裕固站	兼容型	一级站
		甘肃民勤站	兼容型	一级站
南方红壤丘陵山地生态脆弱区	32	四川青川站	专业型	二级站
		四川南江站	专业型	一级站
		四川仪陇站	专业型	二级站
		四川宣汉站	专业型	一级站
		重庆云阳站	专业型	二级站
		陕西商洛站	专业型	一级站
		陕西安康站	专业型	二级站
		河南淅川站	专业型	一级站
		湖北大巴山站	兼容型	二级站
		重庆江津站	兼容型	二级站
		湖北恩施站	兼容型	一级站
		重庆武陵山站	兼容型	一级站
		湖南湘西站	专业型	一级站
		贵州梵净山站	兼容型	二级站
		湖南怀化站	兼容型	二级站
		湖南邵阳站	兼容型	二级站
		湖南衡阳站	兼容型	二级站
		广西桂林站	兼容型	二级站
		四川峨眉山站	兼容型	二级站
		贵州遵义站	专业型	一级站
		四川叙永站	专业型	二级站
		贵州毕节站	专业型	一级站
		贵州安顺站	专业型	二级站
		贵州望谟站	专业型	二级站
		贵州荔波站	兼容型	二级站
		广西河池站	兼容型	一级站
		河南大别山站	兼容型	一级站
		湖北红安站	专业型	二级站
		安徽宿松站	兼容型	二级站
		江西武宁站	兼容型	二级站
		江西罗霄山区站	兼容型	一级站
		江西武夷山西坡站	兼容型	二级站
西南岩溶山地石漠化生态脆弱区	13	云南兰坪站	兼容型	一级站
		云南临沧站	专业型	一级站

（续）

区域	数量	退耕还林工程生态效益监测站	站点类型	级别
西南岩溶山地石漠化生态脆弱区	13	云南普洱站	兼容型	二级站
		云南红河站	兼容型	二级站
		云南广南站	兼容型	二级站
		广西百色站	专业型	一级站
		云南禄劝站	兼容型	二级站
		云南会泽站	专业型	一级站
		贵州水城站	专业型	一级站
		云南彝良站	专业型	一级站
		四川大凉山站	专业型	一级站
		云南宁蒗站	专业型	二级站
		四川盐边站	专业型	二级站
西南山地农牧交错生态脆弱区	3	西藏波密站	兼容型	一级站
		四川甘孜站	专业型	一级站
		甘肃甘南黄河站	兼容型	一级站
青藏高原复合侵蚀生态脆弱区	1	青海贵南站	专业型	二级站
沿海水陆交接带生态脆弱区	—	—	—	—

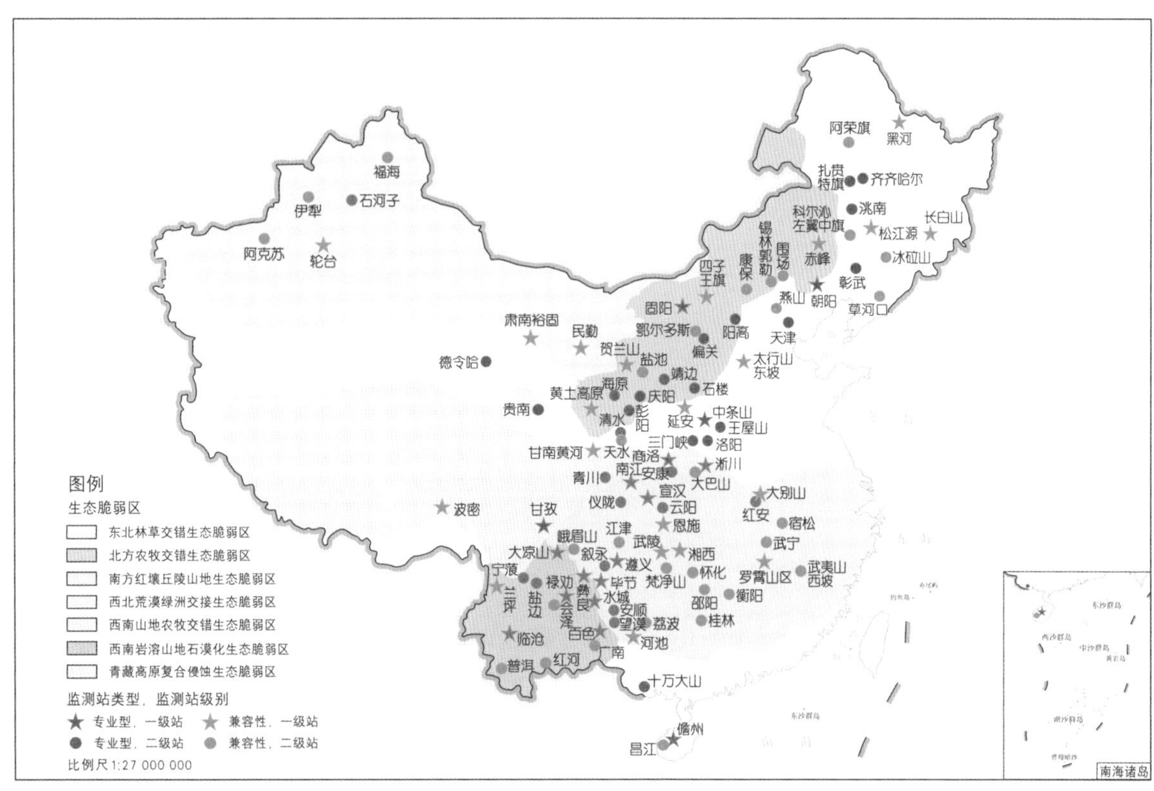

图 3-18　全国生态脆弱区退耕还林生态监测网络布局

3. 国家生态屏障区

生态屏障是一个区域的关键地段，其生态系统对区域具有重要作用。“两屏三带”以青藏高原生态屏障、黄土高原川滇生态屏障、东北森林带、北方防沙带和南方丘陵土地带以及大江大河重要水系为骨架，以其他国家重点生态功能区为重要支撑，以点状分布的国家禁止开发区域为重要组成部分的生态安全战略格局，是构建国土空间的“三大战略格局”的重要组成部分，也是城市化格局战略和农业战略格局的重要保障性格局。

依照本布局，41 个退耕还林监测站位于国家生态屏障区（表 3-13、图 3-19），其中有 24 个兼容型监测站和 17 个专业型监测站，兼容型监测站中又分为 11 个一级站和 13 个二级站，专业型监测站则为 6 个一级站和 11 个二级站，见表 3-6、图 3-9。从布局角度来看，41% 的站点位于国家生态屏障区，其中一级站占比为 41%，对于国家生态屏障区生态起到有效监测。国家生态屏障区作为退耕还林工程生态监测布局的主导生态功能指标，退耕还林工程监测网络针对国家生态屏障区生态监测，可实现全覆盖监测，本次布局合理，对于恢复和提升生态屏障区生态系统生态功能，保障国家生态安全屏障，实现可持续发展具有重要战略意义。

表 3-13　国家生态屏障区退耕还林工程生态效益监测站

区域	数量	退耕还林工程生态效益监测站	站点类型	级别
塔里木防沙带	2	新疆轮台站	兼容型	一级站
		新疆阿克苏站	兼容型	二级站
青藏高原生态屏障	1	青海贵南站	专业型	二级站
河西走廊防沙带	2	青海德令哈站	专业型	二级站
内蒙古防沙带	13	宁夏贺兰山站	兼容型	一级站
		甘肃民勤站	兼容型	一级站
		内蒙古固阳站	专业型	一级站
		内蒙古鄂尔多斯站	兼容型	二级站
		山西偏关站	专业型	二级站
		内蒙古四子王旗站	兼容型	一级站
		山西阳高站	专业型	二级站
		河北康保站	兼容型	二级站
		内蒙古锡林郭勒站	兼容型	二级站
		北京燕山站	兼容型	二级站
		河北围场站	兼容型	二级站
		内蒙古赤峰站	兼容型	一级站
		辽宁朝阳站	专业型	一级站
		内蒙古科尔沁左翼中旗站	兼容型	二级站
东北森林屏障带	3	黑龙江黑河站	兼容型	一级站
		内蒙古阿荣旗站	兼容型	二级站
		吉林长白山站	兼容型	一级站
川滇—黄土高原生态屏障	14	云南兰坪站	兼容型	一级站
		云南宁蒗站	专业型	二级站
		四川盐边站	专业型	二级站
		四川甘孜站	专业型	一级站

（续）

区域	数量	退耕还林工程生态效益监测站	站点类型	级别
川滇—黄土高原生态屏障	14	四川大凉山站	专业型	一级站
		四川峨眉山站	兼容型	二级站
		甘肃甘南黄河站	兼容型	一级站
		甘肃天水站	兼容型	二级站
		四川青川站	专业型	二级站
		甘肃清水站	专业型	二级站
		宁夏彭阳站	专业型	二级站
		四川南江站	专业型	一级站
		山西石楼站	专业型	二级站
		陕西延安站	兼容型	一级站
南方丘陵山地带	6	云南广南站	兼容型	二级站
		广西百色站	专业型	一级站
		贵州望谟站	专业型	二级站
		广西河池站	兼容型	一级站
		贵州荔波站	兼容型	二级站
		广西桂林站	兼容型	二级站

注：北方防沙带包括内蒙古防沙带、河西走廊防沙带和塔里木防沙带。

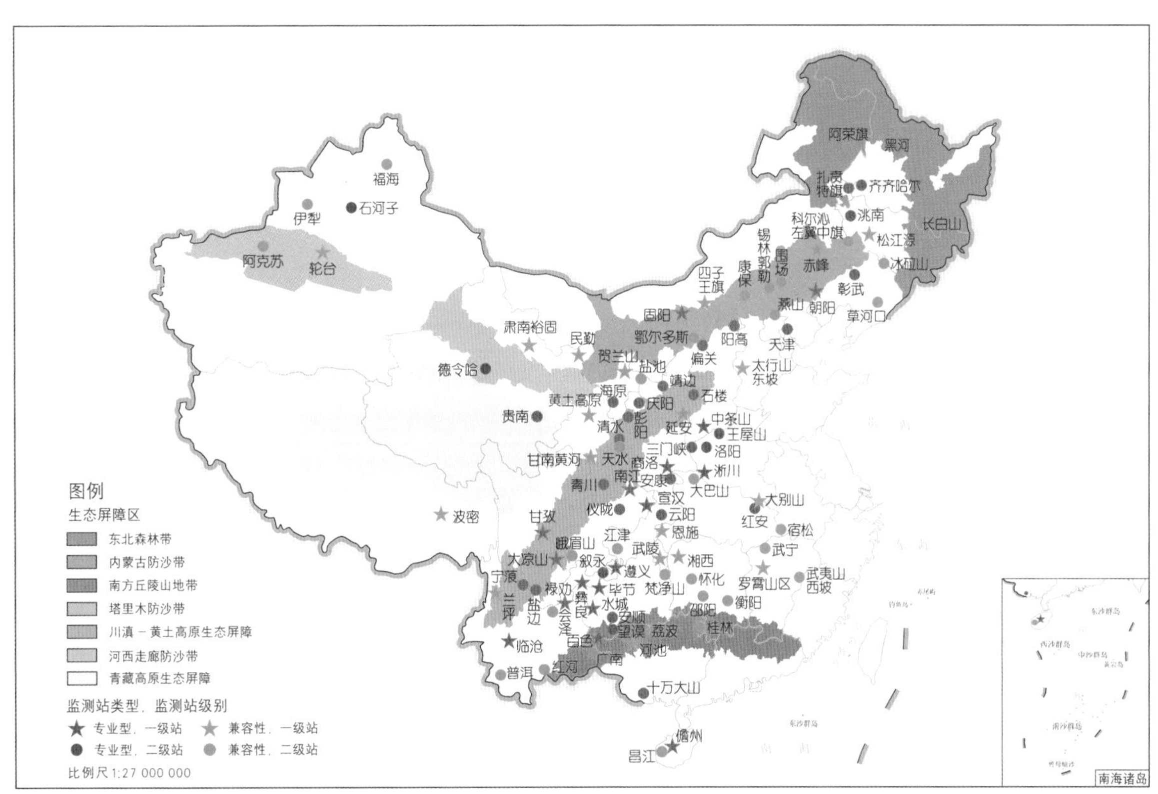

图 3-19 国家生态屏障区退耕还林工程生态功能监测网络布局

注：北方防沙带包括内蒙古防沙带、河西走廊防沙带和塔里木防沙带。

4. 国家重点生态功能区

国家重点生态功能区是《全国主体功能规划》保障国家生态安全的重要区域，也是人与自然和谐相处的示范区，其主要分为水源涵养型、水土保持型、防风固沙型和生物多样性维护型四种类型，共 25 个地区。

依照本布局，58 个退耕还林监测站位于国家重点生态功能区（表 3-14、图 3-20），其中有 31 个兼容型监测站和 27 个专业型监测站，兼容型监测站中又分为 15 个一级站和 16 个二级站，专业型监测站则为 9 个一级站和 18 个二级站，见表 3-4、图 3-7。从布局角度来看，58% 的站点位于国家重点生态功能区，其中一级站占比为 41%，对于生态功能区水源涵养、水土保持、防风固沙和生物多样性维护等生态功能起到有效监测。退耕还林工程生态功能监测网络针对国家重点生态功能区生态监测，可覆盖 76% 的区域，是加强国家重点生态功能区环境保护和管理、改善生态环境质量、增强生态服务功能，构建国家生态安全屏障的重要支撑。

表 3-14　全国重点生态功能区退耕还林工程生态效益监测站

区域	类型	数量	退耕还林工程生态效益监测站	站点类型	级别
阿尔泰山山地森林草原生态功能区	水源涵养	1	新疆福海站	兼容型	二级站
塔里木河荒漠化防治生态功能区	防风固沙	2	新疆阿克苏站	兼容型	二级站
			新疆轮台站	兼容型	一级站
藏西北羌塘高原荒漠生态功能区	生物多样性维护	—	—	—	—
三江源草原草甸湿地生态功能区	水源涵养	1	青海贵南站	专业型	二级站
藏东南高原边缘森林生态功能区	生物多样性维护	1	西藏波密站	兼容型	一级站
川滇生物多样性保护生态功能区	生物多样性维护	7	四川甘孜站	专业型	一级站
			四川大凉山站	专业型	一级站
			四川峨眉山站	兼容型	二级站
			云南宁蒗站	专业型	二级站
			云南兰坪站	兼容型	一级站
			云南红河站	兼容型	二级站
			四川盐边站	专业型	二级站
桂黔滇喀斯特石漠化防治生态功能区	水土保持	5	贵州安顺站	专业型	二级站
			贵州望谟站	专业型	二级站
			广西河池站	兼容型	一级站
			广西百色站	专业型	一级站
			云南广南站	兼容型	二级站
南岭山地森林及生物多样性生态功能区	水源涵养	1	广西桂林站	兼容型	二级站

（续）

区域	类型	数量	退耕还林工程生态效益监测站	站点类型	级别
武陵山区生物多样性及水土保持生态功能区	生物多样性维护	4	贵州遵义站	专业型	一级站
			重庆武陵山站	兼容型	一级站
			湖南湘西站	专业型	一级站
			湖北恩施站	兼容型	一级站
三峡库区水土保持生态功能区	水土保持	1	重庆云阳站	专业型	二级站
大别山水土保持生态功能区	水土保持	3	河南大别山站	兼容型	一级站
			湖北红安站	专业型	二级站
			安徽宿松站	兼容型	二级站
秦巴生物多样性生态功能区	生物多样性维护	8	甘肃甘南黄河站	兼容型	一级站
			甘肃天水站	兼容型	二级站
			四川青川站	专业型	二级站
			四川南江站	专业型	一级站
			河南三门峡站	专业型	二级站
			湖北大巴山站	兼容型	二级站
			陕西商洛站	专业型	一级站
			陕西安康站	专业型	二级站
黄土高原丘陵沟壑水土保持生态功能区	生物多样性维护	11	宁夏海原站	专业型	二级站
			宁夏彭阳站	专业型	二级站
			甘肃庆阳站	专业型	二级站
			陕西靖边站	专业型	二级站
			陕西延安站	兼容型	一级站
			山西偏关站	专业型	二级站
			北京燕山站	兼容型	二级站
			天津站	专业型	二级站
			山西石楼站	专业型	二级站
			山西中条山站	专业型	一级站
			河南王屋山站	专业型	二级站
阴山北麓草原生态功能区	防风固沙	1	内蒙古四子王旗站	兼容型	一级站
科尔沁草原生态功能区	防风固沙	2	内蒙古科尔沁左翼中旗站	兼容型	二级站
			内蒙古赤峰站	兼容型	一级站
呼伦贝尔草原草甸生态功能区	防风固沙	—	—	—	—
大小兴安岭森林生态功能区	水源涵养	2	黑龙江黑河站	兼容型	一级站
			内蒙古阿荣旗站	兼容型	二级站
三江平原湿地生态功能区	水源涵养	—	—	—	—
长白山湿地生态功能区	水源涵养	1	吉林长白山站	兼容型	一级站
浑善达克沙漠化防治生态功能区	防风固沙	3	河北围场站	兼容型	二级站
			内蒙古锡林郭勒站	兼容型	二级站
			河北康保站	兼容型	二级站

（续）

区域	类型	数量	退耕还林工程 生态效益监测站	站点 类型	级别
祁连山冰川与水源涵养生态功能区	水源涵养	2	甘肃山丹站	兼容型	一级站
			甘肃民勤站	兼容型	一级站
甘南黄河重要水源补给生态功能区	水源涵养	—	—	—	—
若尔盖草原湿地生态功能区	水源涵养	—	—	—	—
阿尔金草原荒漠化防治生态功能区	防风固沙	—	—	—	—
海南岛中部山区热带雨林生态功能区	生物多样性维护	2	海南儋州站	专业型	一级站
			海南昌江站	兼容型	二级站

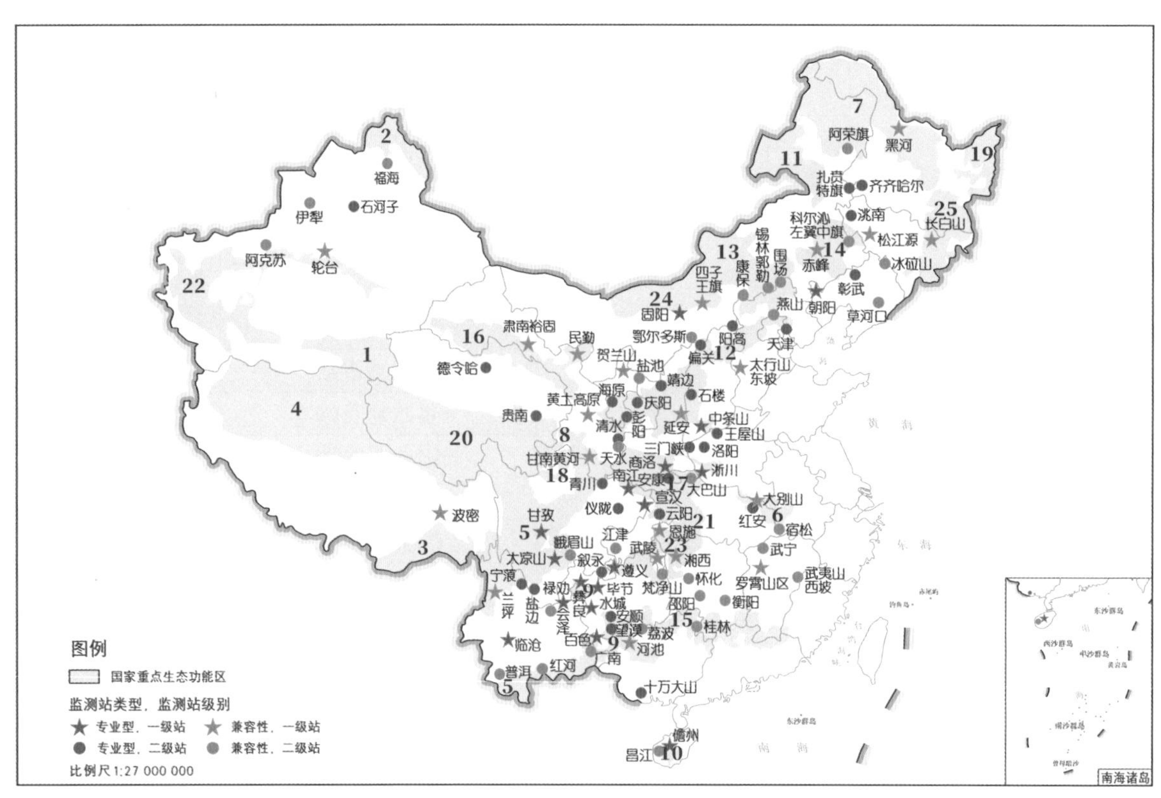

图 3-20　国家重点生态功能区退耕还林生态监测网络布局

注：1. 阿尔金草原荒漠化防治生态功能区；2. 阿尔泰山地森林草原生态功能区；3. 藏东南高原边缘森林生态功能区；4. 藏西北羌塘高原荒漠生态功能区；5. 川滇森林及生物多样性保护生态功能区；6. 大别山水土保持生态功能区；7. 大小兴安岭森林生态功能区；8. 甘南黄河重要水源补给生态功能区；9. 桂黔滇喀斯特石漠化防治生态功能区；10. 海南岛中部山区热带雨林生态功能区；11. 呼伦贝尔草原草甸生态功能区；12. 黄土高原丘陵沟壑水土保持生态功能区；13. 浑善达克沙漠化防治生态功能区；14. 科尔沁草原生态功能区；15. 南岭山地森林及生物多样性生态功能区；16. 祁连山冰川与水源涵养功能区；17. 秦巴生物多样性生态功能区；18. 若尔盖草原湿地生态功能区；19. 三江平原湿地生态功能区；20. 三江源草原草甸湿地生态功能区；21. 三峡库区水土保持生态功能区；22. 塔里木河荒漠化防治生态功能区；23. 武陵山区生物多样性及水土保持生态功能区；24. 阴山北麓草原生态功能区；25. 长白山森林生态功能区。

5. 长江流域和黄河流域

长江上游的云南、四川、重庆、湖北和黄河上中游的陕西、甘肃、青海、宁夏、内蒙古、山西、河南等地是退耕还林工程建设的重点区域，对这些地区退耕还林生态效益的客观评估，可以充分反映为国民经济发展和社会发展所做的贡献，有助于新时期退耕还林工程在长江流域和黄河流域的规划和实施。

依照本布局，37 个退耕还林监测站位于长江流域（表 3-15、图 3-21），其中 18 个兼容型监测站和 19 个专业型监测站，兼容型监测站中分为 5 个一级站和 13 个二级站，专业型监测站分为 11 个一级站和 8 个二级站；18 个退耕还林工程生态效益监测站位于黄河流域，其中 5 个兼容型监测站和 13 个专业型监测站，容型监测站中分为 3 个一级站和 2 个二级站，专业型监测站分为 2 个一级站和 11 个二级站，具体见表 3-15、图 3-21。从布局角度来看，55% 的站点位于长江、黄河流域，其中一级站占比为 38%，对于长江、黄河流域退耕还林工程起到有效监测。

表 3-15　长江流域和黄河流域退耕还林生态效益监测站

区域	数量	退耕还林工程生态效益监测站	站点类型	级别
长江流域	37	云南宁蒗站	专业型	二级站
		四川盐边站	专业型	二级站
		云南禄劝站	兼容型	二级站
		云南会泽站	专业型	一级站
		四川甘孜站	专业型	一级站
		四川大凉山站	专业型	一级站
		四川峨眉山站	兼容型	二级站
		云南彝良站	专业型	一级站
		贵州毕节站	专业型	一级站
		四川叙永站	专业型	二级站
		贵州遵义站	专业型	一级站
		重庆江津站	兼容型	二级站
		四川仪陇站	专业型	二级站
		四川青川站	专业型	二级站
		甘肃甘南黄河站	兼容型	一级站
		甘肃天水站	兼容型	二级站
		四川南江站	专业型	一级站
		四川宣汉站	专业型	一级站
		重庆云阳站	专业型	二级站
		湖北恩施站	兼容型	一级站

（续）

区域	数量	退耕还林工程 生态效益监测站	站点类型	级别
长江流域	37	重庆武陵山站	兼容型	一级站
		湖南湘西站	专业型	一级站
		贵州梵净山站	兼容型	二级站
		湖南怀化站	兼容型	二级站
		湖南邵阳站	兼容型	二级站
		湖南衡阳站	兼容型	二级站
		广西桂林站	兼容型	二级站
		陕西商洛站	专业型	一级站
		陕西安康站	专业型	二级站
		河南淅川站	专业型	一级站
		湖北大巴山站	兼容型	二级站
		河南大别山站	兼容型	一级站
		湖北红安站	专业型	二级站
		安徽宿松站	兼容型	二级站
		江西武宁站	兼容型	二级站
		江西罗霄山区站	兼容型	一级站
		江西武夷山西坡站	兼容型	二级站
黄河流域	18	青海贵南站	专业型	二级站
		甘肃黄土高原站	兼容型	一级站
		宁夏海原站	专业型	二级站
		甘肃清水站	专业型	二级站
		宁夏彭阳站	专业型	二级站
		甘肃庆阳站	专业型	二级站
		宁夏贺兰山站	兼容型	一级站
		宁夏盐池站	兼容型	二级站
		陕西靖边站	专业型	二级站
		内蒙古固阳站	专业型	一级站
		内蒙古鄂尔多斯站	兼容型	二级站
		山西偏关站	专业型	二级站
		山西石楼站	专业型	二级站
		陕西延安站	兼容型	一级站
		山西中条山站	专业型	一级站
		河南王屋山站	专业型	二级站
		河南三门峡站	专业型	二级站
		河南洛阳站	专业型	二级站

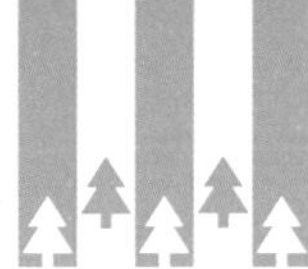

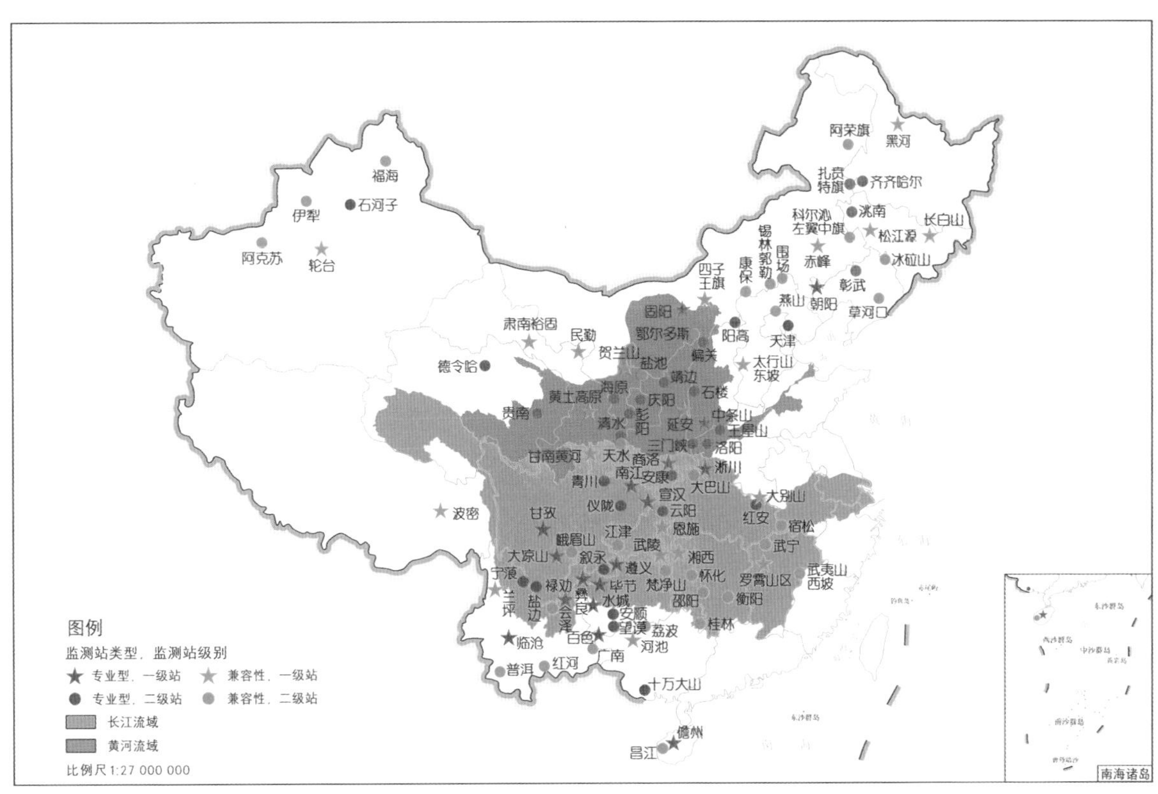

图 3-21　长江流域和黄河流域退耕还林工程生态功能监测网络布局

第四章
退耕还林工程生态功能监测评估实践与展望

退耕还林工程在提高森林覆盖率的同时发挥着显著的生态功能，在实现碳中和、碳达峰目标，改善生态环境构建美丽中国的过程中发挥着至关重要的作用。科学量化退耕还林工程生态功能的生态效益既是向国家和人民报账的需要，也是为工程未来高质量发展提供支撑的需要，更是将绿水青山价值转化为金山银山的需要。国家标准《森林生态系统服务功能评估规范》（GB/T 38582—2020）从宏观层面为退耕还林工程生态系统生态效益的科学评估提供理论指导，为退耕还林工程生态功能监测网络提供生态数据支撑，将二者有机结合，可以实现不同尺度范围内的退耕还林工程生态功能和生态效益的精准监测与评估，进而为合理调整工程实施力度、提质增效、走高质量发展之路提供科学依据。本章以省、区域、国家不同尺度范围内的退耕还林工程生态功能监测与评估的实践阐述退耕还林工程生态功能监测区划与布局的具体应用并进行展望，以期为国家生态文明建设提供战略支撑。

一、退耕还林工程生态连清体系

退耕还林工程森林生态系统服务功能及价值评估涉及林学、生态学、经济学等诸多学科，需要大量的基础数据。研究表明，要科学有效地计量退耕还林工程生态功能效益，必须获取准确的资源数据和详实的生态参数，采用规范化、标准化、科学化的计量评估方法，才能够保证评估结果的科学性、准确性和可靠性。由于缺乏对某些必要的森林生态系统指标连续监测数据，导致在评估效益时缺乏系统、可靠的基础数据的支撑，因而对其生态系统服务功能的部分评估数据只能采用固定数据，致使结果不能很好地反映在特定地点或特殊环境下退耕还林工程的生态系统服务功能和价值。王兵（2015）在借鉴国内外森林生态系统服务研究成果基础上，结合中国国情和林情，提出森林生态连清体系，有效地解决了上述问题。退耕还林工程生态连清体系（图 4-1）是退耕还林工程生态效益全指标体系连续观测与清查体

系的简称，指以退耕还林还草生态功能监测区划为单位，依托国家现有森林生态系统定位观测研究站（简称森林生态站）、全国退耕还林工程生态效益监测站和辅助观测点，采用长期定位观测技术和分布式测算方法，定期对全国退耕还林工程进行全指标体系观测和清查，它与全国退耕还林工程资源调查数据相耦合，评估一定时期和范围内全国退耕还林还草工程生态效益，进一步了解该地区退耕还林还草工程生态效益动态变化。

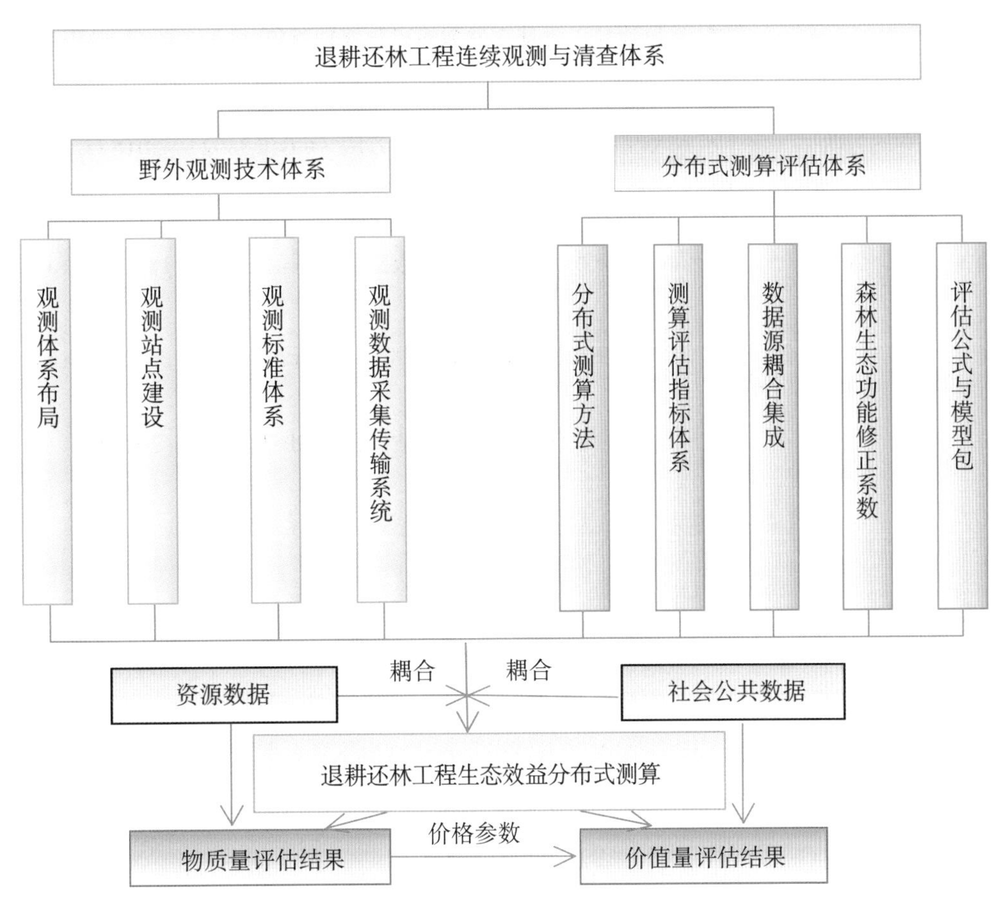

图 4-1　退耕还林工程生态连清体系

二、退耕还林工程生态连清监测评估标准体系

退耕还林工程生态连清及价值评估所依据的标准体系如图 4-2 所示，包含了从森林生态系统服务建设站点建设到观测指标、观测方法、数据管理乃至数据应用各个阶段的标准。退耕还林工程生态效益监测站点建设、观测指标、观测方法、数据管理及数据应用的标准化保证了不同监测站所提供的退耕还林工程生态连清数据的准确性与可比性，为退耕还林工程生态效益评估的顺利进行提供了保障。

图 4-2　退耕还林工程生态效益监测评估标准体系

三、退耕还林工程生态效益监测评估指标体系

如何真实地反映退耕还林工程的生态效益，监测评估指标体系的建立非常重要。在满足代表性、全面性、简明性、可操作性以及适应性等原则的基础上，通过总结近年来的工作及研究经验，依据国家林业行业标准《退耕还林工程生态效益监测与评估规范》（LY/T 2573—2016）和国家标准《森林生态系统服务功能评估规范》（GB/T 38582—2020）选取的监测评估指标体系包括涵养水源、保育土壤、固碳释氧、林木养分固持、净化大气环境、生物多样性保护和森林防护 3 大服务类别 7 类功能类别 23 项指标类别（图 4-3）。

退耕还林工程生态效益评估分为物质量和价值量两部分。物质量评估所需数据来源于退耕还林工程生态连清数据集和退耕还林工程资源调查数据集；价值量评估所需数据除以上两个来源外还包括社会公共数据集。

（1）退耕还林工程生态连清数据集主要来源于退耕还林工程森林生态功能监测网络的结果。

（2）退耕还林工程资源数据集主要包括工程省每年的退耕还林工程 3 种植被恢复类型中各退耕还林树种营造面积、树龄等资源数据，数据来源于国家林业和草原局退耕还林还草工程管理办公室。

(3) 社会公共数据集来源于我国水利部、农业农村部、卫健委以及国家发展改革委等权威机构公布的社会公共数据，包括《关于加快建立完善城镇居民用水阶梯价格制度的指导意见》、《中华人民共和国水利部水利建筑工程预算定额》、农业部信息网、卫生部网站、国家发展改革委发布的《排污费征收标准及计算方法》等。

将上述三类数据源有机耦合集成（图 4-4），应用于一系列的评估公式中，即可获得退耕还林工程生态系统服务功能评估结果。

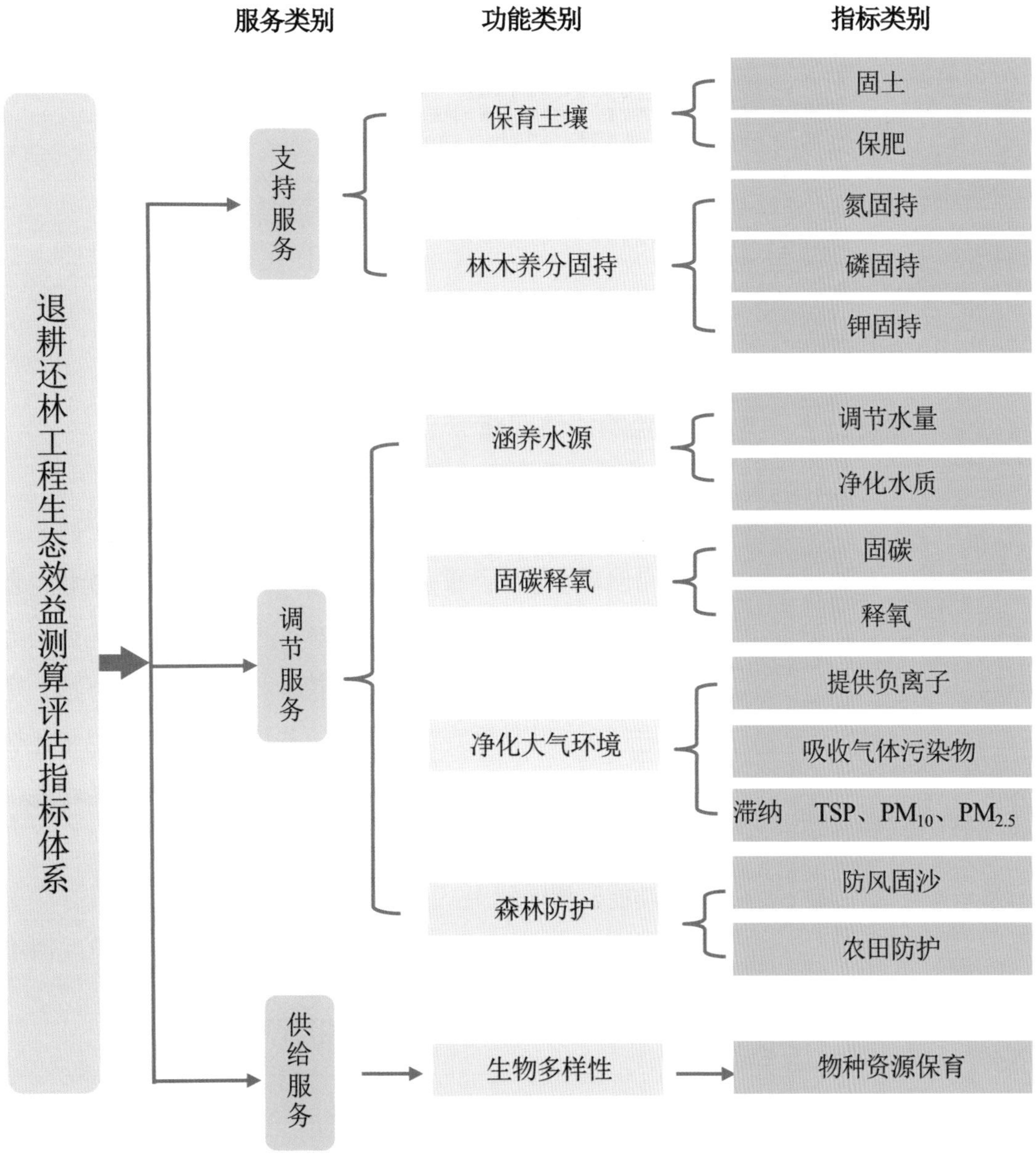

服务类别 **功能类别** **指标类别**

- 退耕还林工程生态效益测算评估指标体系
  - 支持服务
    - 保育土壤：固土；保肥
    - 林木养分固持：氮固持；磷固持；钾固持
  - 调节服务
    - 涵养水源：调节水量；净化水质
    - 固碳释氧：固碳；释氧
    - 净化大气环境：提供负离子；吸收气体污染物；滞纳 TSP、PM_{10}、$PM_{2.5}$
    - 森林防护：防风固沙；农田防护
  - 供给服务
    - 生物多样性：物种资源保育

图 4-3 退耕还林工程生态效益监测评估指标体系

图 4-4　退耕还林工程数据源耦合集成

四、退耕还林工程生态功能监测评估实践

（一）重点省份退耕还林工程生态功能监测评估实践

重点省份是指甘肃、云南、河北、湖北、湖南和辽宁共 6 个省份，分别位于西北、西南、华北和东北地区，具有不同的自然环境条件。重点省份退耕还林工程生态功能和生态效益的监测与评估是基于退耕还林工程生态连清体系，以退耕还林工程生态功能监测区划为单位，依托退耕还林工程生态功能监测网络，采用长期定位观测技术和分布式测算方法，定期对重点省份退耕还林工程生态效益进行全指标体系观测与清查，并与重点退省份退耕还林工程资源数据相耦合，评估一定时期和范围内的重点省份退耕还林工程生态系统服务功能，进一步掌握该区域退耕还林工程生态效益的动态变化。

1. 重点省份退耕还林工程生态功能监测区划

重点省份退耕还林工程覆盖区域可划分为 49 个生态功能监测单元区，如表 4-1、图 4-5。

表 4-1　重点省份退耕还林工程生态功能监测与评估区

序号	编码	分区名称	
1	AII（a）2	东北区	中温带湿润性东北森林带长白山森林生态保育区
2	AII（a）4		中温带湿润性北方农牧交错生态脆弱区
3	AII（b）4		中温带半湿润性北方农牧交错生态脆弱区

（续）

序号	编码	分区名称	
4	BII（c）5	华北区	中温带半干旱性北方防沙带京津冀协同发展生态保护和修复区
5	BII（c）6		中温带半干旱性黄河重点生态区黄土高原水土流失综合治理区
6	BIII（a）7		暖温带湿润性海岸带黄渤海生态综合整治与修复区
7	BIII（b）4		暖温带半湿润性北方农牧交错生态脆弱区
8	BIII（b）5		暖温带半湿润性北方防沙带京津冀协同发展生态保护和修复区
9	BIII（b）6		暖温带半湿润性黄河重点生态区黄土高原水土流失综合治理区
10	BIII（b）8		暖温带半湿润性黄河重点生态区黄河下游生态保护和修复区
11	BIII（b）10		暖温带半湿润性黄河重点生态区秦岭生态保护和修复区
12	BIII（c）6		暖温带半干旱性黄河重点生态区黄土高原水土流失综合治理区
13	CIV（a）10	华东中南区	北亚热带湿润性黄河重点生态区秦岭生态保护和修复区
14	CIV（a）11		北亚热带湿润性南水北调工程水源地生态修复区
15	CIV（a）12		北亚热带湿润性长江重点生态区大巴山区生物多样性保护与生态修复区
16	CIV（a）13		北亚热带湿润性长江重点生态区大别山—黄山水土保持与生态修复区
17	CV（a）14		中亚热带湿润性长江重点生态区鄱阳湖、洞庭湖等河湖、湿地保护和修复区
18	CV（a）15		中亚热带湿润性西南岩溶山地石漠化生态脆弱区
19	CV（a）16		中亚热带湿润性长江重点生态区三峡库区生态综合治理区
20	CV（a）17		中亚热带湿润性长江重点生态区武陵山区生物多样性保护区
21	CV（a）18		中亚热带湿润性长江重点生态区长江上中游岩溶地区石漠化综合治理区
22	CV（a）19		中亚热带湿润性南方丘陵山地带湘桂岩溶地区石漠化综合治理区
23	CV（a）20		中亚热带湿润性南方丘陵山地带南岭山地森林及生物多样性保护区
24	CV（a）21		中亚热带湿润性南方红壤丘陵山地生态脆弱区
25	CVI（a）19		南亚热带湿润性南方丘陵山地带湘桂岩溶地区石漠化综合治理区

（续）

序号	编码	分区名称	
26	DV（a）18	云贵高原区	中亚热带湿润性长江重点生态区长江上中游岩溶地区石漠化综合治理区
27	EVII（a）18	华南区	边缘热带湿润性长江重点生态区长江上中游岩溶地区石漠化综合治理修复区
28	FV（a）25	西南高山峡谷区	中亚热带湿润性青藏高原生态屏障区藏东南高原生态保护和修复区
29	FV（a）26		中亚热带湿润性长江重点生态区横断山区水源涵养与生物多样性保护区
30	FIX（b）27		高原亚寒带半湿润性青藏高原生态屏障区若尔盖—甘南草原湿地生态保护和修复区
31	FX（a/b）10		高原温带湿润/半湿润性黄河重点生态区秦岭生态保护和修复区
32	FX（a/b）26		高原温带湿润/半湿润性长江重点生态区横断山区水源涵养与生物多样性保护区
33	FX（c）27		高原温带半干旱性青藏高原生态屏障区若尔盖—甘南草原湿地生态保护和修复区
34	GII（b）28	内蒙古东部森林草原及草原区	中温带半湿润性北方防沙带内蒙古高原生态保护和修复区
35	GII（c）28		中温带半干旱性北方防沙带内蒙古高原生态保护和修复区
36	GII（d）6		中温带干旱性黄河重点生态区黄土高原水土流失综合治理区
37	HII（d）28	蒙新荒漠半荒漠区	中温带干旱性北方防沙带内蒙古高原生态保护和修复区
38	HII（d）30		中温带干旱性北方防沙带天山和阿尔泰山森林草原保护区
39	HII（d）31		中温带干旱性北方防沙带河西走廊生态保护和修复区
40	HII（d）32		中温带干旱性青藏高原生态屏障区祁连山生态保护和修复区
41	HIII（d）31		暖温带干旱性北方防沙带河西走廊生态保护和修复区
42	HIII（d）33	蒙新荒漠半荒漠区	暖温带干旱性青藏高原生态屏障区藏西北羌塘高原—阿尔金草原荒漠生态保护和修复区
43	HIII（d）35		暖温带干旱性西北荒漠绿洲交接生态脆弱区
44	HX（d）33		高原温带干旱性青藏高原生态屏障区藏西北羌塘高原—阿尔金草原荒漠生态保护和修复区
45	IIX（b）37	青藏高原草甸及寒漠区	高原亚寒带半湿润性青藏高原生态屏障区三江源生态保护和修复区
46	IX（a/b）25		高原温带湿润/半湿润性青藏高原生态屏障区藏东南高原生态保护和修复区
47	IX（c）32		高原温带半干旱性青藏高原生态屏障区祁连山生态保护和修复区
48	IX（c）37		高原温带半干旱性青藏高原生态屏障区三江源生态保护和修复区
49	IX（d）32		高原温带干旱性青藏高原生态屏障区祁连山生态保护和修复区

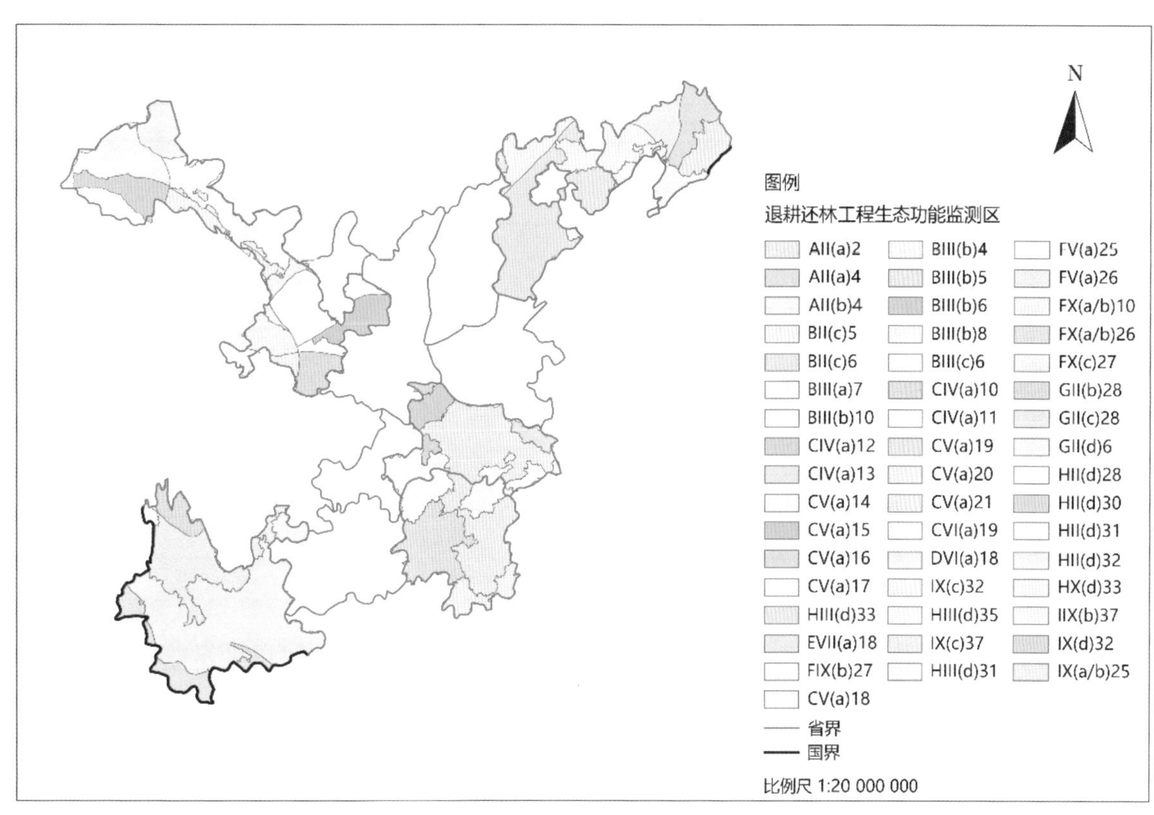

图 4-5　重点省份退耕还林工程生态功能监测与评估区

2. 重点省份退耕还林工程生态功能监测网络布局

野外观测技术体系是构建重点省份退耕还林工程生态连清体系的重要基础，为了做好这一基础工作，需要考虑如何构建观测体系布局。重点省份退耕还林工程生态功能监测网络以典型抽样为指导思想，以退耕还林工程实施范围和规模、水热分布以及典型生态区为布局基础，选择具有典型性、代表性、退耕还林面积最多的区域完成退耕还林生态功能监测网络布局。站点选取主要依据退耕还林工程实施面积、水热分布、区位代表性以及生态站建设研究水平等。

因此，重点省份退耕还林生态功能监测网络在布局上能够充分体现退耕还林特色、生态区位优势和地域特色，兼顾了国家和地方层面的典型性和重要性，可以负责相关站点所属区域的森林生态连清工作。重点省份退耕还林工程生态功能监测网络由 30 个监测站构成，其中 21 个为兼容性监测站，9 个为专业型监测站。一级站 12 个，占比 40.00%，二级站 18 个，占比 60.00%，具体见表 4-2。

表 4-2　重点退耕省份退耕还林工程生态功能监测站

退耕还林工程生态效益监测站	站点类型	级别	退耕还林工程生态效益监测站	站点类型	级别
甘肃肃南裕固站	兼容型	一级站	云南兰坪站	兼容型	一级站
甘肃甘南黄河站	兼容型	一级站	湖北大巴山站	兼容型	二级站
甘肃黄土高原站	兼容型	一级站	湖北恩施站	兼容型	一级站

（续）

退耕还林工程 生态效益监测站	站点类型	级别	退耕还林工程 生态效益监测站	站点类型	级别
甘肃庆阳站	专业型	二级站	湖北红安站	专业型	二级站
甘肃民勤站	兼容型	二级站	湖南湘西站	兼容型	一级站
甘肃清水站	兼容型	二级站	湖南衡阳站	兼容型	二级站
甘肃天水站	兼容型	一级站	湖南怀化站	兼容型	二级站
云南红河站	专业型	二级站	湖南邵阳站	兼容型	二级站
云南广南站	兼容型	二级站	河北围场站	兼容型	二级站
云南会泽站	专业型	一级站	河北太行山东坡站	兼容型	一级站
云南临沧站	专业型	二级站	河北康保站	兼容型	二级站
云南普洱站	兼容型	一级站	辽宁草河口站	兼容型	二级站
云南彝良站	专业型	二级站	辽宁朝阳站	专业型	一级站
云南宁蒗站	专业型	一级站	辽宁冰砬山站	兼容型	二级站
云南禄劝站	兼容型	二级站	辽宁彰武站	专业型	二级站

借助上述重点退耕监测省份退耕还林工程生态功能监测网络，可以满足重点退耕监测省份内退耕还林工程生态功能监测、生态系统服务评估以及科研需求。重点退耕省份退耕还林工程生态效益监测站点分布，如图 4-6 所示。

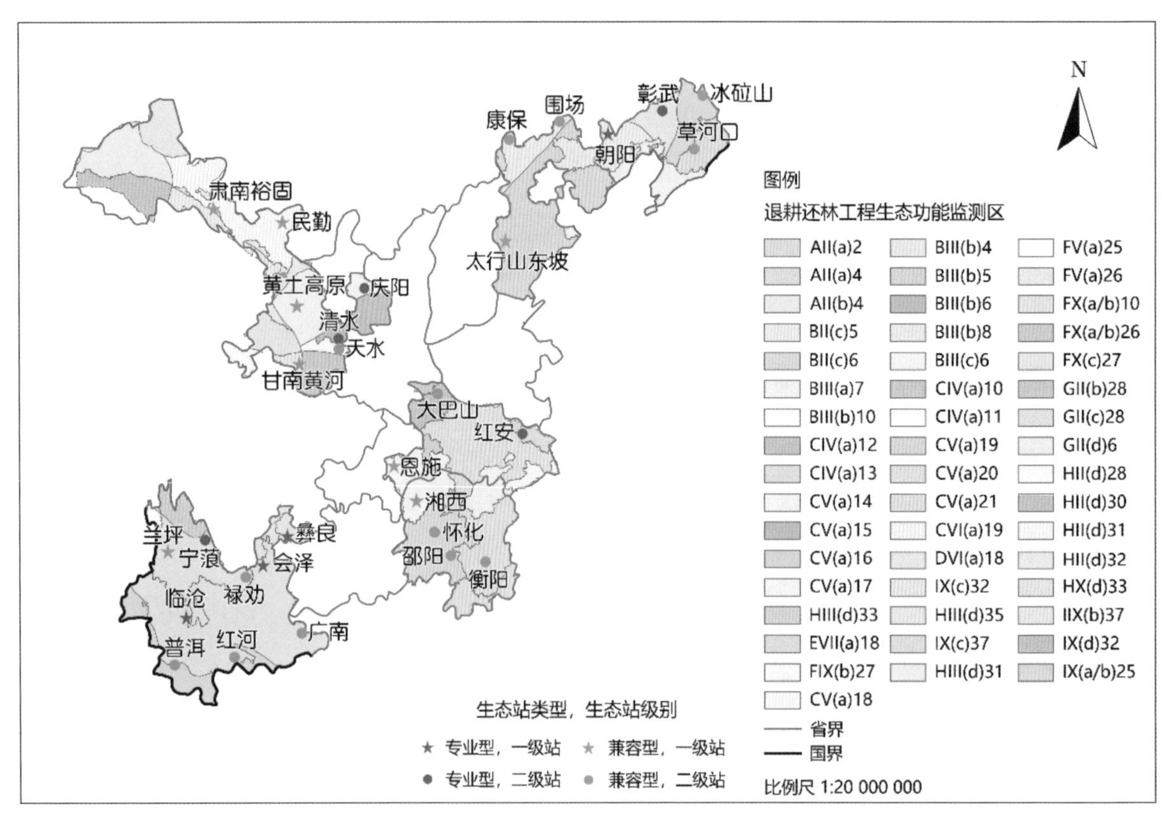

图 4-6　重点退耕省份退耕还林工程生态功能监测网络布局

3. 重点省份退耕还林工程分布式测算评估体系

重点省份的退耕还林工程生态效益测算是一项非常庞大、复杂的系统工程，很适合划

分成多个均质化的生态测算单元开展评估（Niu et al., 2012）。经研究证明，分布式测算方法是目前评估退耕还林工程生态效益所采用的较为科学有效的方法，能够保证结果的准确性及可靠性。重点省份退耕还林工程生态效益评估分布式测算方法：①按照重点省份退耕还林工程生态功能区划分为一级测算单元；②每个一级测算单元按照省划分成二级测算单元；③每个二级测算单元再按照不同退耕还林工程植被恢复类型分为退耕地还林、宜林荒山荒地造林和封山育林3个三级测算单元；④按照退耕还林林种类型将每个三级测算单元再分为生态林、经济林和灌木林3个四级测算单元。最后，结合不同立地条件的对比观测，确定相对均质化的生态效益评估单元（图4-7）。

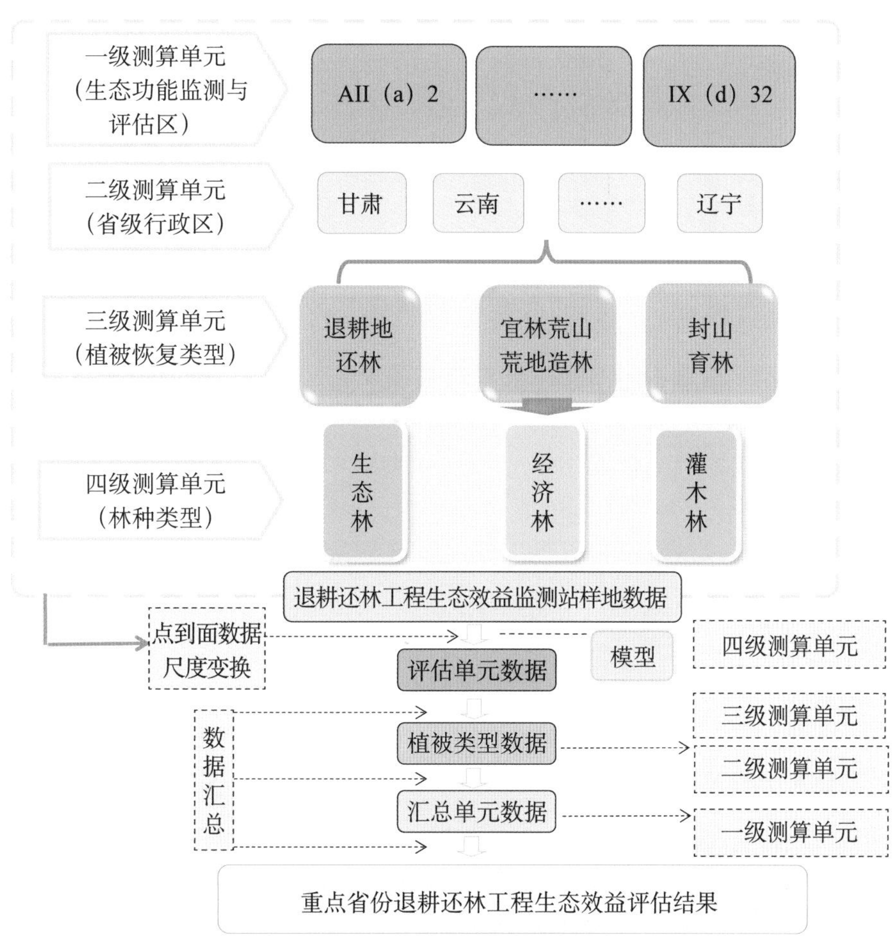

图4-7　重点省份退耕还林工程生态效益评估分布式测算方法

基于生态系统尺度的定位实测数据，运用遥感反演、模型模拟等技术手段，进行由点到面的数据尺度转换，将点上实测数据转换至面上测算数据，得到各生态效益评估单元的测算数据；以上均质化的单元数据累加的结果即为重点省份退耕还林工程生态效益测算结果。

4. 重点省份退耕还林工程生态功能监测评估结果

运用重点退耕省份退耕还林工程森林生态系统连续观测与清查体系，以退耕还林工程资源调查数据为基础，结合中国森林生态系统定位观测研究网络多年连续观测的数据和国家权威部门公布的社会公共资源数据，以《森林生态系统服务功能评估规范》(GB/T 38582—2020) 为依据，采用分布式测算方法，从物质量和价值量两个方面，对重点省份退耕还林工程的涵养水源、保育土壤、固碳释氧、林木积累营养物质、净化大气环境和生物多样性保护等 6 类功能 11 项评估指标的生态效益进行了评估，并编制出版了《2013 退耕还林工程生态效益监测国家报告》(国家林业局，2013)。

评估结果表明，重点省份退耕还林工程在涵养水源、固碳释氧和净化大气环境等生态功能的生态效益显著（图 4-8），在重点省份减少水土流失、改善生态环境状况方面显示出巨大潜力。

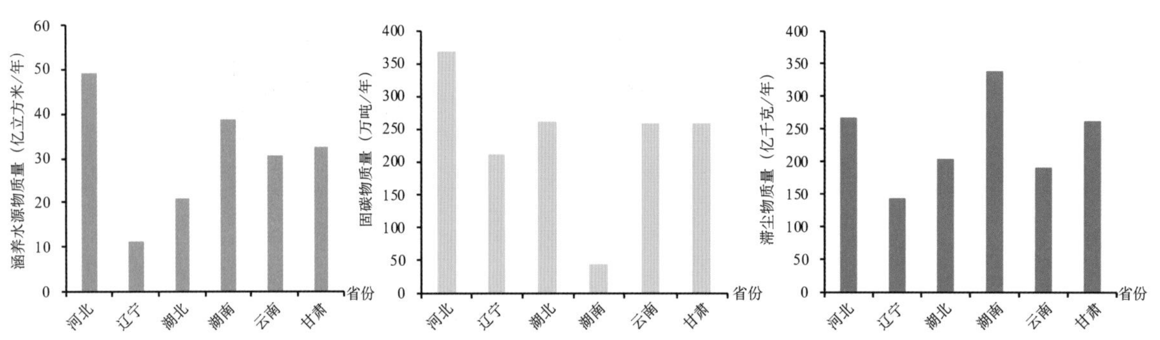

图 4-8 重点省份退耕还林工程涵养水源、固碳、滞尘物质量

重点监测省份退耕还林工程各项生态功能价值量如图 4-9，涵养水源功能价值量最高，林木养分固持价值量最低，各项功能价值量占比按大小排序依次为涵养水源功能（46.85%）、生物多样性保护（19.89%）、固碳释氧（13.18%）、保育土壤（10.79%）、净化大气环境（7.65%）、林木养分固持（1.59%），如图 4-10。

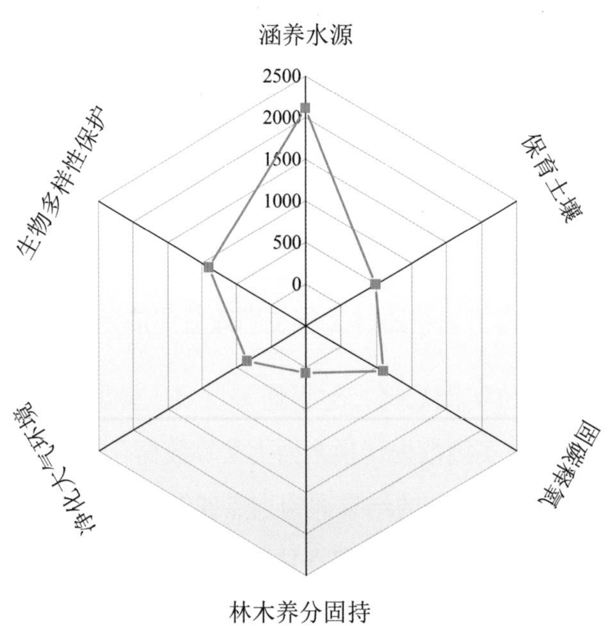

图 4-9 重点省份退耕还林工程生态效益价值量（亿元 / 年）

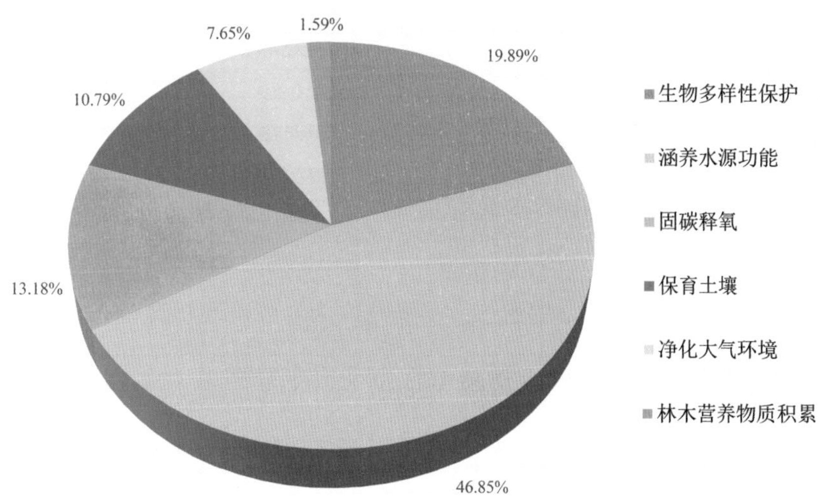

图 4-10 重点省份退耕还林工程生态服务功能价值量比例

由此可见，重点省份退耕还林工程的实施，充分发挥了涵养水源功能的“绿色水库”作用、固碳释氧功能的“绿色碳库”作用和生物多样性保护功能的“绿色基因库”的作用，显著改善了生态环境，提升了人民生活质量。此外，森林生态连清技术已成功应用于重点省份退耕还林工程生态效益的监测与评估。该实践证明，森林生态连清技术是适合于退耕还林工程生态效益监测与评估的科学可靠的技术体系。

（二）长江、黄河流域中上游退耕还林工程生态功能监测评估实践

长江、黄河流域中上游是我国重要的生态功能区，同时是我国退耕还林工程的主要区域，退耕还林工程的实施对于从根本上解决长江、黄河流域中上游的水土流失问题，改善流域生态环境、保障下游生态安全具有重要作用。

1. 长江、黄河流域中上游退耕还林工程生态功能监测区划

（1）长江流域中上游。长江流域中上游退耕还林工程覆盖区域可划分为 25 个生态功能监测与评估区，具体见表 4-3、图 4-11。

表 4-3 长江流域中上游退耕还林工程生态功能监测与评估区

序号	编码	分区名称	
1	BIII（b）8	华北区	暖温带半湿润性黄河重点生态区黄河下游生态保护和修复区
2	BIII（b）10		暖温带半湿润性黄河重点生态区秦岭生态保护和修复区
3	CIV（a）10	华东中南区	北亚热带湿润性黄河重点生态区秦岭生态保护和修复区
4	CIV（a）11		北亚热带湿润性南水北调工程水源地生态修复区
5	CIV（a）12		北亚热带湿润性长江重点生态区大巴山区生物多样性保护与生态修复区

（续）

序号	编码	分区名称	
6	CIV（a）13	华东中南区	北亚热带湿润性长江重点生态区大别山—黄山水土保持与生态修复区
7	CV（a）12		中亚热带湿润性长江重点生态区大巴山区生物多样性保护与生态修复区
8	CV（a）14		中亚热带湿润性长江重点生态区鄱阳湖、洞庭湖等河湖、湿地保护和修复区
9	CV（a）15		中亚热带湿润性西南岩溶山地石漠化生态脆弱区
10	CV（a）16		中亚热带湿润性长江重点生态区三峡库区生态综合治理区
11	CV（a）17		中亚热带湿润性长江重点生态区武陵山区生物多样性保护区
12	CV（a）18		中亚热带湿润性长江重点生态区长江上中游岩溶地区石漠化综合治理区
13	CV（a）19		中亚热带湿润性南方丘陵山地带湘桂岩溶地区石漠化综合治理区
14	CV（a）20		中亚热带湿润性南方丘陵山地带南岭山地森林及生物多样性保护区
15	CV（a）21		中亚热带湿润性南方红壤丘陵山地生态脆弱区
16	CV（a）22		中亚热带湿润性南方丘陵山地带武夷山森林及生物多样性保护区
17	DV（a）18	云贵高原区	中亚热带湿润性长江重点生态区长江上中游岩溶地区石漠化综合治理区
18	FV（a）26	西南高山峡谷区	中亚热带湿润性长江重点生态区横断山区水源涵养与生物多样性保护区
19	FIX（b）27		高原亚寒带半湿润性青藏高原生态屏障区若尔盖—甘南草原湿地生态保护和修复区
20	FX（a/b）10		高原温带湿润/半湿润性黄河重点生态区秦岭生态保护和修复区
21	FX（a/b）26		高原温带湿润/半湿润性长江重点生态区横断山区水源涵养与生物多样性保护区
22	FX（c）27		高原温带半干旱性青藏高原生态屏障区若尔盖—甘南草原湿地生态保护和修复区
23	IIX（b）37	青藏高原草原草甸及寒漠区	高原亚寒带半湿润性青藏高原生态屏障区三江源生态保护和修复区
24	IIX（c）37		高原亚寒带半干旱性青藏高原生态屏障区三江源生态保护和修复区
25	IX（a/b）25		高原温带湿润/半湿润性青藏高原生态屏障区藏东南高原生态保护和修复区

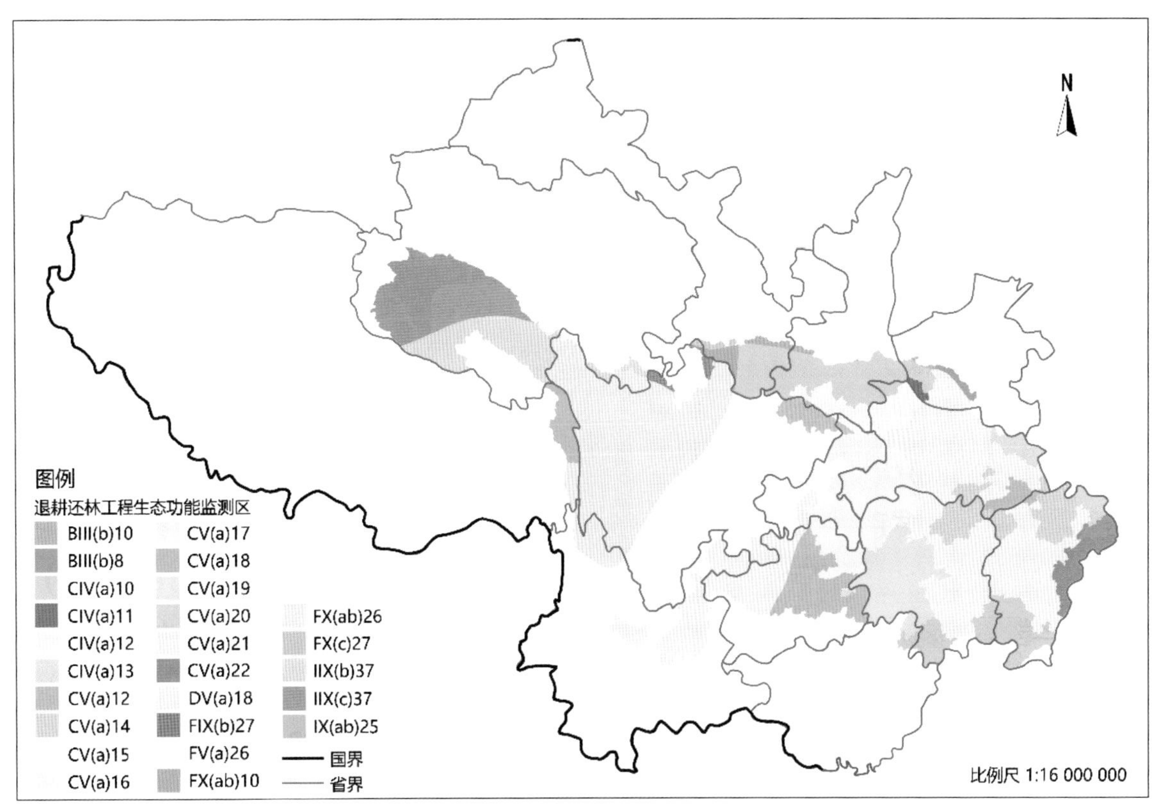

图 4-11　长江流域中上游退耕还林生态功能与监测区划示意

（2）黄河流域中上游。黄河流域中上游退耕还林工程覆盖区域可划分为 22 个生态功能监测与评估区，见表 4-4、图 4-12。

表 4-4　黄河流域中上游退耕还林工程生态功能监测与评估区

编号	编码	分区名称	
1	BII（c）6	华北区	中温带半干旱性黄河重点生态区黄土高原水土流失综合治理区
2	BIII（b）5		暖温带半湿润性北方防沙带京津冀协同发展生态保护和修复区
3	BIII（b）6		暖温带半湿润性黄河重点生态区黄土高原水土流失综合治理区
4	BIII（b）8		暖温带半湿润性黄河重点生态区黄河下游生态保护和修复区
5	BIII（b）10		暖温带半湿润性黄河重点生态区秦岭生态保护和修复区
6	BIII（c）6		暖温带半干旱性黄河重点生态区黄土高原水土流失综合治理区
7	CIV（a）10	华东中南区	北亚热带湿润性黄河重点生态区秦岭生态保护和修复区
8	FIX（b）27	西南高山峡谷区	高原亚寒带半湿润性青藏高原生态屏障区若尔盖—甘南草原湿地生态保护和修复区
9	FX（a/b）10		高原温带湿润/半湿润性黄河重点生态区秦岭生态保护和修复区

（续）

编号	编码	分区名称	
10	FX（a/b）26	西南高山峡谷区	高原温带湿润/半湿润性长江重点生态区横断山区水源涵养与生物多样性保护区
11	FX（c）27		高原温带半干旱性青藏高原生态屏障区若尔盖—甘南草原湿地生态保护和修复区
12	GII（c）28	内蒙古东部森林草原及草原区	中温带半干旱性北方防沙带内蒙古高原生态保护和修复区
13	GII（d）6		中温带干旱性黄河重点生态区黄土高原水土流失综合治理区
14	GII（d）29		中温带干旱性黄河重点生态区贺兰山生态保护和修复区
15	HII（d）28	蒙新荒漠半荒漠区	中温带干旱性北方防沙带内蒙古高原生态保护和修复区
16	HII（d）31		中温带干旱性北方防沙带河西走廊生态保护和修复区
17	HII（d）32		中温带干旱性青藏高原生态屏障区祁连山生态保护和修复区
18	IIX（b）37	青藏高原草原草甸及寒漠区	高原亚寒带半湿润性青藏高原生态屏障区三江源生态保护和修复区
19	IIX（c）37		高原亚寒带半干旱性青藏高原生态屏障区三江源生态保护和修复区
20	IX（c）32		高原温带半干旱性青藏高原生态屏障区祁连山生态保护和修复区
21	IX（c）37		高原温带半干旱性青藏高原生态屏障区三江源生态保护和修复区
22	IX（d）32		高原温带干旱性青藏高原生态屏障区祁连山生态保护和修复区

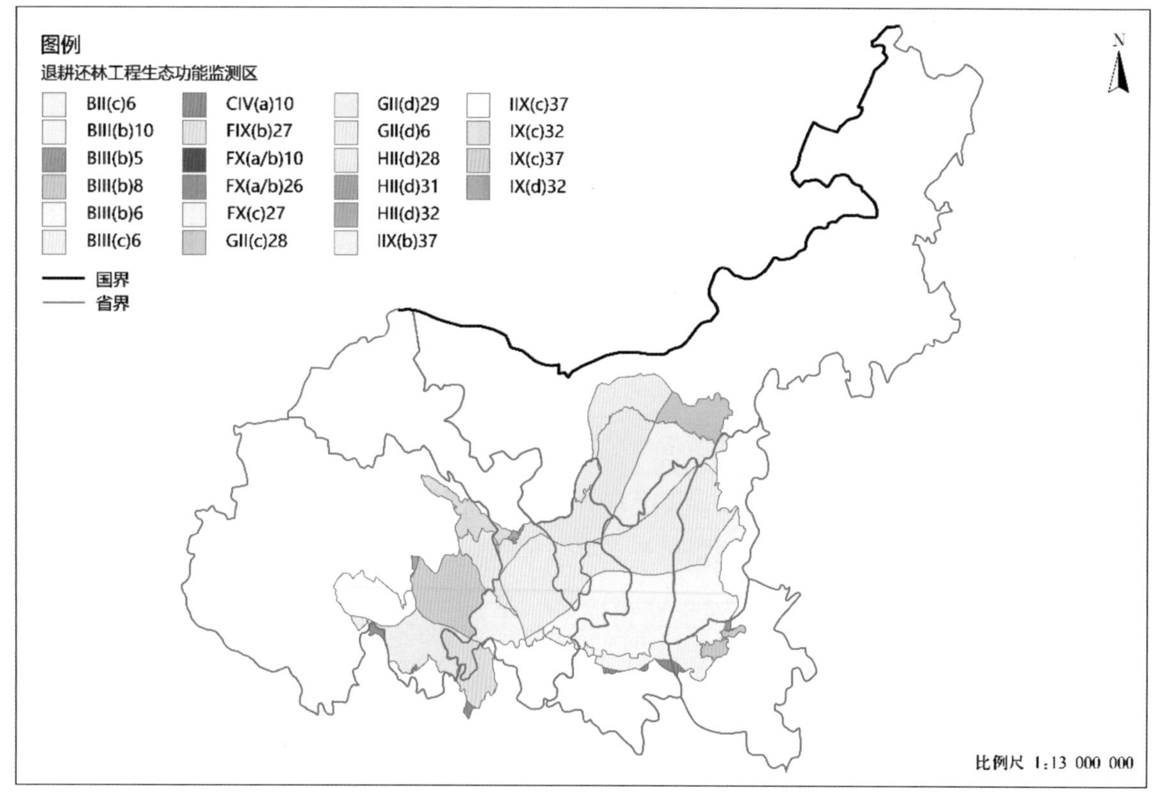

图 4-12　黄河流域中上游退耕还林生态功能监测区划示意

2. 长江、黄河流域中上游退耕还林工程生态功能监测网络布局

（1）长江流域中上游退耕还林工程生态功能监测网络布局。长江流域中上游退耕还林工程生态功能监测网络由37个监测站构成，18个为兼容性监测站，19个为专业型监测站。一级站16个，占比43%，二级站21个，占比57%，具体见表4-5。此外，补充流经省份内监测站17个，分别为青海德令哈站、青海贵南站、西藏波密站、云南兰坪站、云南临沧站、云南普洱站、云南红河站、云南广南站、贵州水城站、贵州安顺站、贵州望谟站、贵州荔波站、河南洛阳站、河南王屋山站、河南三门峡站、陕西延安站、陕西靖边站。

借助长江流域中上游退耕还林工程生态功能监测网络，可以满足长江流域中上游内退耕还林工程生态功能监测、生态系统服务评估以及科研需求。长江流域中上游退耕还林工程生态效益监测站点分布，如图4-13所示。

表4-5 长江流域退耕还林生态效益监测站

退耕还林生态效益监测站	监测站类型	监测站级别	退耕还林生态效益监测站	监测站类型	监测站级别
云南宁蒗站	专业型	二级站	陕西商洛站	专业型	一级站
四川盐边站	专业型	二级站	陕西安康站	专业型	二级站
云南禄劝站	兼容型	二级站	河南淅川站	专业型	一级站
云南会泽站	专业型	一级站	湖北大巴山站	兼容型	二级站
四川甘孜站	专业型	一级站	河南大别山站	兼容型	一级站
四川大凉山站	专业型	一级站	湖北红安站	专业型	二级站
四川峨眉山站	兼容型	二级站	安徽宿松站	兼容型	二级站
云南彝良站	专业型	一级站	江西武宁站	兼容型	二级站
贵州毕节站	专业型	一级站	江西罗霄山区站	兼容型	一级站
四川叙永站	专业型	二级站	江西武夷山西坡站	兼容型	二级站
贵州遵义站	专业型	一级站	青海德令哈站	专业型	二级站
重庆江津站	兼容型	二级站	青海贵南站	专业型	二级站
四川仪陇站	专业型	二级站	西藏波密站	兼容型	一级站
四川青川站	专业型	二级站	云南兰坪站	兼容型	一级站
甘肃甘南黄河站	兼容型	一级站	云南临沧站	专业型	一级站
甘肃天水站	兼容型	二级站	云南普洱站	兼容型	二级站
四川南江站	专业型	一级站	云南红河站	兼容型	二级站
四川宣汉站	专业型	一级站	云南广南站	兼容型	二级站
重庆云阳站	专业型	二级站	贵州水城站	专业型	一级站
湖北恩施站	兼容型	一级站	贵州安顺站	专业型	二级站
重庆武陵山站	兼容型	一级站	贵州望谟站	专业型	二级站
湖南湘西站	专业型	一级站	贵州荔波站	兼容型	二级站

（续）

退耕还林生态效益监测站	监测站类型	监测站级别	退耕还林生态效益监测站	监测站类型	监测站级别
贵州梵净山站	兼容型	二级站	河南洛阳站	专业型	二级站
湖南怀化站	兼容型	二级站	河南王屋山站	专业型	二级站
湖南邵阳站	兼容型	二级站	河南三门峡站	专业型	二级站
湖南衡阳站	兼容型	二级站	陕西延安站	兼容型	一级站
广西桂林站	兼容型	二级站	陕西靖边站	兼容型	二级站

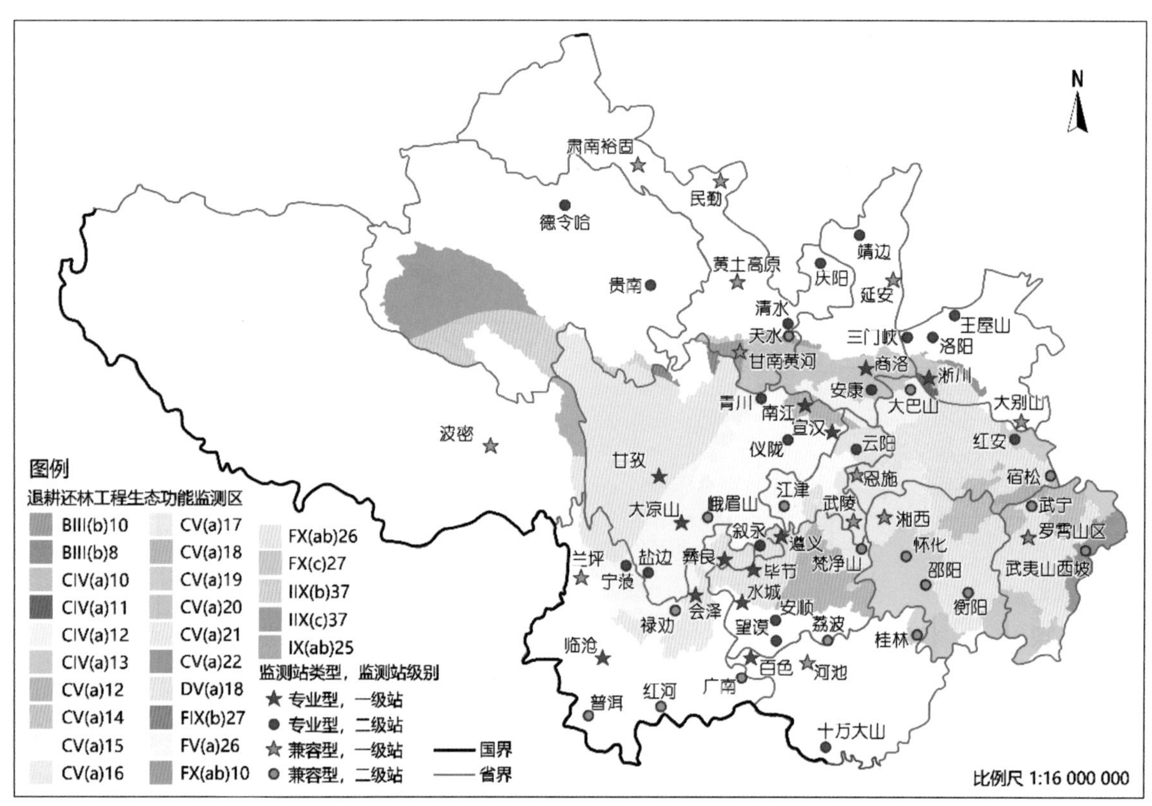

图 4-13　长江流域中上游退耕还林工程生态功能监测网络布局

（2）黄河流域中上游退耕还林工程生态功能监测网络布局。黄河流域中上游退耕还林工程生态功能监测网络由 34 个监测站构成，14 个为兼容性监测站，20 个为专业型监测站。一级站 15 个，占比 44.1%，二级站 19 个，占比 55.8%，具体见表 4-6、图 4-14。其中，13 个是补充流经省份内监测站，分别为青海德令哈站、甘肃肃南裕固站、甘肃民勤站、山西阳高站、内蒙古锡林郭勒站、内蒙古赤峰站、内蒙古科尔沁左翼中期站、内蒙古扎赉特站、内蒙古阿荣旗站、河南大别山站、河南淅川站、陕西安康站、陕西商洛站。

表 4-6 黄河流域中上游退耕还林工程生态功能监测站

退耕还林生态效益监测站	监测站类型	监测站级别	退耕还林生态效益监测站	监测站类型	监测站级别
内蒙古鄂尔多斯站	兼容型	二级站	陕西靖边站	专业型	二级站
内蒙古固阳站	专业型	一级站	河南王屋山站	专业型	一级站
甘肃甘南黄河站	兼容型	一级站	河南大别山站	兼容型	一级站
甘肃黄土高原站	兼容型	一级站	河南洛阳站	专业型	二级站
甘肃庆阳站	专业型	二级站	河南三门峡站	专业型	二级站
甘肃天水站	兼容型	二级站	河南淅川站	专业型	一级站
甘肃肃南裕固站	兼容型	一级站	陕西商洛站	专业型	一级站
甘肃民勤站	兼容型	一级站	内蒙古赤峰站	兼容型	一级站
甘肃清水站	专业型	二级站	内蒙古阿荣旗站	兼容型	二级站
宁夏海原站	专业型	二级站	内蒙古四子王旗站	兼容型	一级站
宁夏贺兰山站	兼容型	一级站	内蒙古锡林郭勒站	专业型	二级站
宁夏彭阳站	专业型	二级站	山西偏关站	专业型	二级站
宁夏盐池站	兼容型	一级站	山西石楼站	专业型	二级站
青海德令哈站	专业型	二级站	山西中条山站	专业型	一级站
青海贵南站	专业	二级站	山西阳高站	专业型	二级站
陕西安康站	专业型	二级站	内蒙古科尔沁左翼中旗站	兼容型	二级站
陕西延安站	兼容型	一级站	内蒙古扎赉特旗站	专业型	二级站

借助黄河流域中上游退耕还林工程生态功能监测网络，可以满足黄河流域中上游内退耕还林工程生态功能监测、生态系统服务评估以及科研需求。黄河流域中上游退耕还林工程生态效益监测站点分布，如图 4-14 所示。

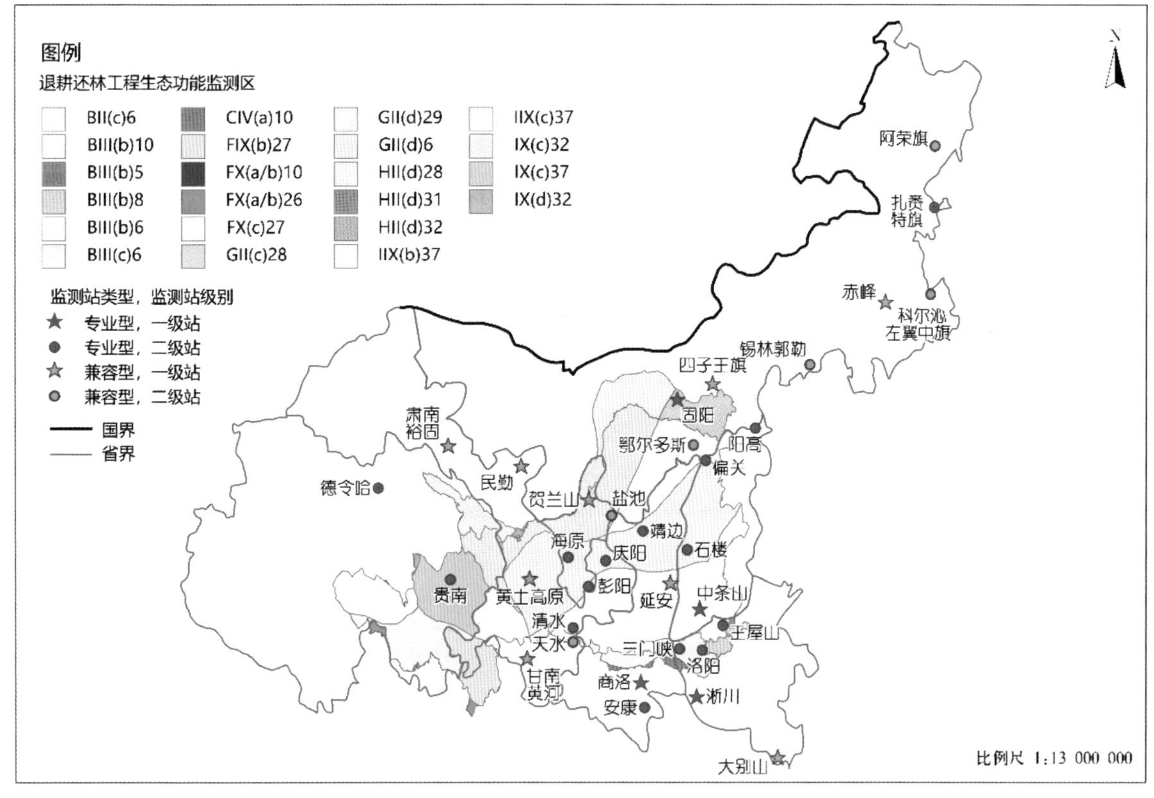

图 4-14 黄河流域中上游退耕还林工程生态功能监测网络布局

3. 长江、黄河中上游退耕还林工程分布式测算评估体系

长江、黄河中上游的退耕还林工程生态效益评估分布式测算方法：①按照长江、黄河中上游退耕还林工程生态功能区划分为一级测算单元；②每个一级测算单元按照省划分成二级测算单元；③每个二级测算单元再按照不同退耕还林工程植被恢复类型分为退耕地还林、宜林荒山荒地造林和封山育林3个三级测算单元；④按照退耕还林林种类型将每个三级测算单元再分为生态林、经济林和灌木林3个四级测算单元。最后，结合不同立地条件的对比观测，确定相对均质化的生态效益评估单元（图4-15）。

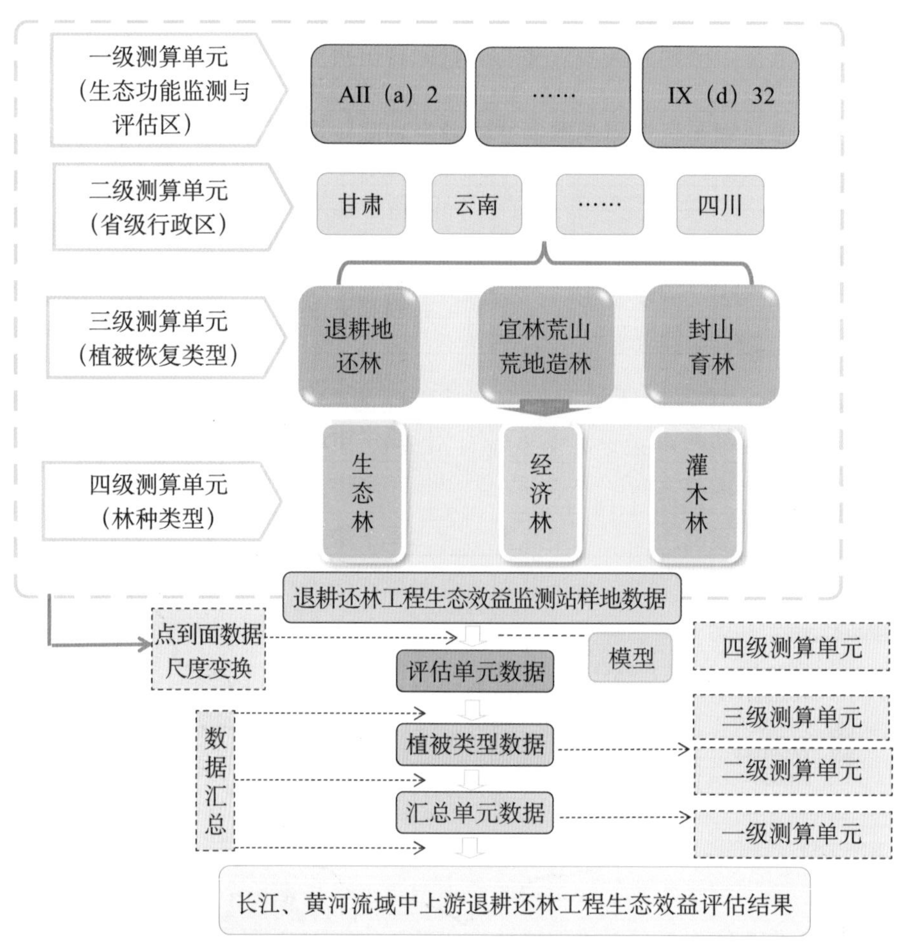

图4-15　长江、黄河流域中上游退耕还林工程生态效益评估分布式测算方法

4. 长江、黄河中上游退耕还林工程生态功能监测评估结果

监测结果显示，截至2014年年底，长江、黄河中上游流经的13个省份及长江中上游、黄河中上游退耕还林工程显著发挥着涵养水源功能的“绿色水库”、固碳释氧功能的“绿色碳库”、净化大气环境功能的“绿色氧吧”和生物多样性保护的“绿色基因库”作用，生态效益物质量评估结果如图4-16。

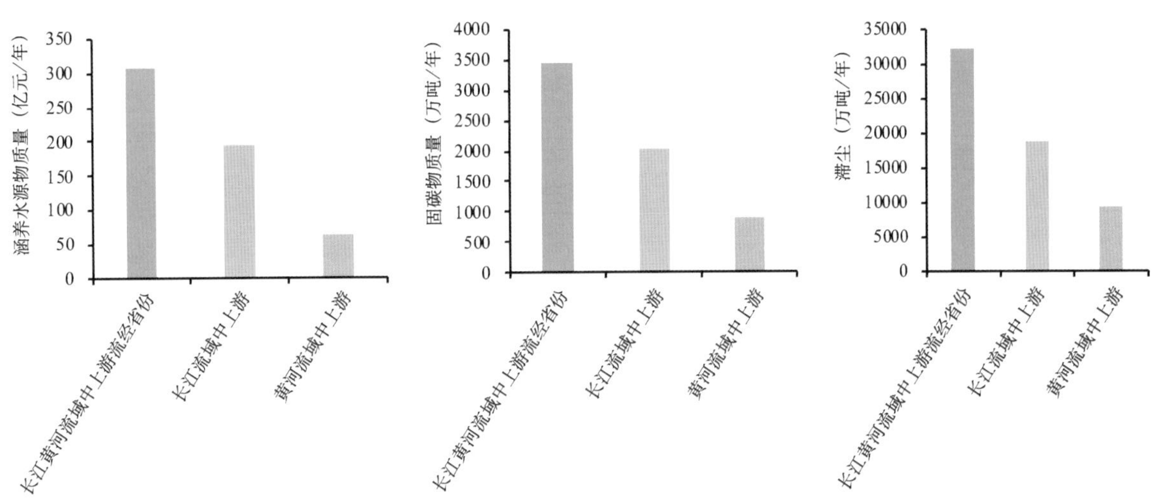

图 4-16 长江、黄河流域中上游及流经省份退耕还林工程涵养水源、固碳、滞尘物质量

13 个长江、黄河中上游流经省份退耕还林工程涵养水源量达到了三峡水库最大库容的 78.20%，长江、黄河流域中上游退耕还林工程营造林涵养水源量达到了三峡水库最大库容的 65.91%。其中，长江流域中上游退耕还林工程营造林涵养水源量达到了丹江口水库最大库容（290.5 亿立方米）的 67.09%；黄河流域中上游退耕还林工程营造林涵养水源量达到了丹江口水库最大库容（290.5 亿立方米）的 22.06%，有效减少了水土流失。13 个长江、黄河中上游流经省份退耕还林工程营造林固碳总量相当于 2013 年全国标准煤消费量（3.75 亿吨）所释放碳总量的 1.37%。长江、黄河流域中上游退耕还林工程每年累计固碳量可抵消北京市 59.52% 能源消耗（7354.20 万吨标准煤）（北京市统计局，2014）完全转化排放的二氧化碳量（标准煤与二氧化碳转化系数采用国家发改委推荐值 2.46 计算），增强了森林碳汇。长江、黄河流域中上游退耕还林工程营造林吸收污染物量远远超过了美国城市森林年污染物清理量（71.1 万吨 / 年）（McDonald et al.，2007），净化了大气环境。

长江、黄河中上游流经的 13 个省份及长江中上游、黄河中上游退耕还林工程均为涵养水源功能价值量最高，其他从高到低依次为净化大气环境、固碳释氧、生物多样性保护功能，价值量如图 4-17。13 个长江、黄河中上游流经省份退耕还林工程营造林生物多样性保护价值量占该地区退耕还林工程生态效益总价值量的 14.35%，长江、黄河流域中上游退耕还林工程每年创造的生物多样性保护价值占退耕还林工程生态效益总价值量的 14.84%，显著提高了生物多样性。

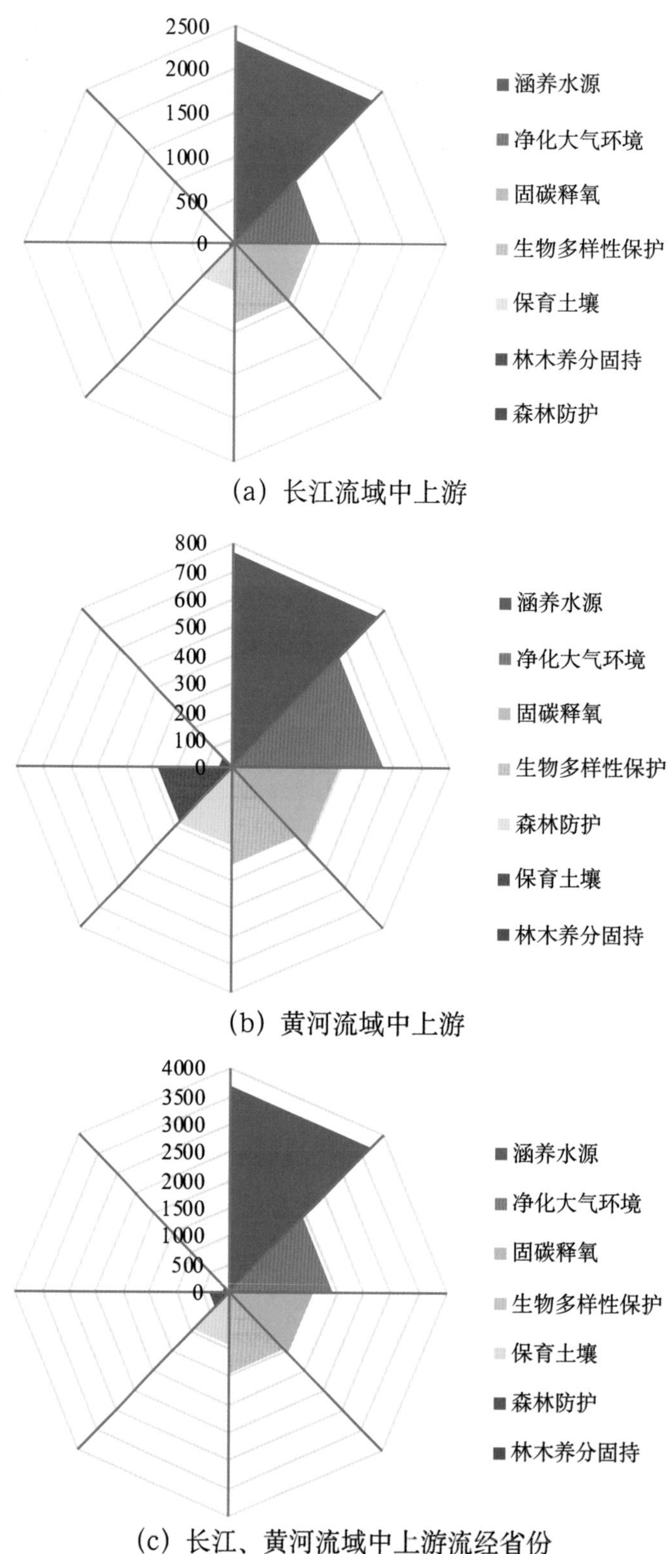

(a) 长江流域中上游

(b) 黄河流域中上游

(c) 长江、黄河流域中上游流经省份

图 4-17 退耕还林工程生态效益价值量（亿元 / 年）

长江、黄河流域中上游退耕还林工程部分区域位于《全国重要生态系统保护和修复重大工程总体规划（2021—2035 年）》中的青藏高原生态屏障区、长江重点生态区和黄河重点生态区，是重要的生态保护修复区。为改善和修复长江、黄河流域中上游生态环境问题，我

国制定了长江大保护、黄河流域生态保护和高质量发展等重大战略，以促进全流域高质量发展，维护国家生态安全。评估长江、黄河流域退耕还林工程生态效益对于评价工程建设成效乃至流域生态质量，制定生态效益定量化补偿都具有重要意义。

（三）北方沙化地区退耕还林工程生态功能监测评估实践

北方沙化土地主要分布在我国北纬35°～50°之间的内陆盆地和高原，形成一条西起塔里木盆地两端，东至松嫩平原西部，横贯西北、华北和东北地区，东西长达4500千米，南北宽约600千米的区域。这一地区自然生态脆弱，干旱、寒冷、土壤贫瘠，再加上长期以来人类生产、生活的干扰，导致该区域生物多样性低下、干旱频繁发生、水土流失加剧、土地沙漠化扩大及生态危机。

我国从1999年陆续在北方沙化地区实施退耕还林（草）工程，截至2014年年底，北方沙化地区11个省（自治区、新疆生产建设兵团）退耕还林工程总面积达到1592.29万公顷，其中沙化土地和严重沙化土地退耕还林面积分别为401.10万公顷和300.61万公顷。通过植被恢复，增加了该地区的生物多样性，改善了当地的生态环境。退耕还林工程的实施优化了该地区的产业结构，提高了当地人民的生活水平，取得了显著的生态、经济和社会效益。

1. 北方沙化土地退耕还林工程生态功能监测区划

北方沙化土地退耕还林工程覆盖区域可划分为45个生态功能区，如表4-7、图4-18。

表4-7　北方沙化土地退耕还林工程生态功能监测区划

序号	编码	分区名称	
1	AI（a）1	东北区	寒温带湿润性东北森林带大小兴安岭森林生态保育区
2	AII（a）1		中温带湿润性东北森林带大小兴安岭森林生态保育区
3	AII（a）2		中温带湿润性东北森林带长白山森林生态保育区
4	AII（a）3		中温带湿润性东北森林带三江平原、松嫩平原重要湿地保护恢复区
5	AII（a）4		中温带湿润性北方农牧交错生态脆弱区
6	AII（b）1		中温带半湿润性东北森林带大小兴安岭森林生态保育区
7	AII（b）3		中温带半湿润性东北森林带三江平原、松嫩平原重要湿地保护恢复区
8	AII（b）4		中温带半湿润性北方农牧交错生态脆弱区
9	BII（c）5	华北区	中温带半干旱性北方防沙带京津冀协同发展生态保护和修复区
10	BII（c）6		中温带半干旱性黄河重点生态区黄土高原水土流失综合治理区
11	BIII（a）7		暖温带湿润性海岸带黄渤海生态综合整治与修复区
12	BIII（b）4		暖温带半湿润性北方农牧交错生态脆弱区
13	BIII（b）5		暖温带半湿润性北方防沙带京津冀协同发展生态保护和修复区
14	BIII（b）6		暖温带半湿润性黄河重点生态区黄土高原水土流失综合治理区
15	BIII（b）10		暖温带半湿润性黄河重点生态区秦岭生态保护和修复区
16	BIII（c）6		暖温带半干旱性黄河重点生态区黄土高原水土流失综合治理区

（续）

序号	编码	分区名称	
17	CIV（a）10	华东中南区	北亚热带湿润性黄河重点生态区秦岭生态保护和修复区
18	CIV（a）11		北亚热带湿润性南水北调工程水源地生态修复区
19	CIV（a）12		北亚热带湿润性长江重点生态区大巴山区生物多样性保护与生态修复区
20	CV（a）12		中亚热带湿润性长江重点生态区大巴山区生物多样性保护与生态修复区
21	CV（a）15		中亚热带湿润性西南岩溶山地石漠化生态脆弱区
22	CV（a）16		中亚热带湿润性长江重点生态区三峡库区生态综合治理区
23	FV（a）26	西南高山峡谷区	中亚热带湿润性长江重点生态区横断山区水源涵养与生物多样性保护区
24	FIX（b）27		高原亚寒带半湿润性青藏高原生态屏障区若尔盖—甘南草原湿地生态保护和修复区
25	FX（a/b）10		高原温带湿润/半湿润性黄河重点生态区秦岭生态保护和修复区
26	FX（a/b）26		高原温带湿润/半湿润性长江重点生态区横断山区水源涵养与生物多样性保护区
27	FX（c）27		高原温带半干旱性青藏高原生态屏障区若尔盖—甘南草原湿地生态保护和修复区
28	GII（b）28	内蒙古东部森林草原及草原区	中温带半湿润性北方防沙带内蒙古高原生态保护和修复区
29	GII（c）28		中温带半干旱性北方防沙带内蒙古高原生态保护和修复区
30	GII（d）29		黄河重点生态区贺兰山生态保护和修复区
31	GII（d）6		中温带干旱性黄河重点生态区黄土高原水土流失综合治理区
32	HII（d）28	蒙新荒漠半荒漠区	中温带干旱性北方防沙带内蒙古高原生态保护和修复区
33	HII（d）30		中温带干旱性北方防沙带天山和阿尔泰山森林草原保护区
34	HII（d）31		中温带干旱性北方防沙带河西走廊生态保护和修复区
35	HII（d）32		中温带干旱性青藏高原生态屏障区祁连山生态保护和修复区
36	HIII（d）30		暖温带干旱性北方防沙带天山和阿尔泰山森林草原保护修复区
37	HIII（d）31		北方防沙带河西走廊生态保护和修复区
38	HIII（d）33		暖温带干旱性青藏高原生态屏障区藏西北羌塘高原—阿尔金草原荒漠生态保护和修复区
39	HIII（d）34		暖温带干旱北方防沙带塔里木河流域生态修复区
40	HIII（d）35		暖温带干旱性西北荒漠绿洲交接生态脆弱区
41	HIX（d）35		西北荒漠绿洲交接生态脆弱区
42	HX（d）33		高原温带干旱性青藏高原生态屏障区藏西北羌塘高原—阿尔金草原荒漠生态保护和修复区
43	HX（d）34		高原温带干旱性北方防沙带塔里木河流域生态修复区
44	HX（d）35		高原温带干旱性西北荒漠绿洲交接生态脆弱区
45	IIX（b）37	青藏高原草原草甸及寒漠区	高原亚寒带半湿润性青藏高原生态屏障区三江源生态保护和修复区
46	IIX（d）33		高原亚寒带干旱性青藏高原生态屏障区藏西北羌塘高原—阿尔金草原荒漠生态保护和修复区

（续）

序号	编码	分区名称	
47	IIX（d）37	青藏高原草原草甸及寒漠区	高原亚寒带干旱性青藏高原生态屏障区三江源生态保护和修复区
48	IX（c）32		高原温带半干旱性青藏高原生态屏障区祁连山生态保护和修复区
49	IX（c）37		高原温带半干旱性青藏高原生态屏障区三江源生态保护和修复区
50	IX（d）32		高原温带干旱性青藏高原生态屏障区祁连山生态保护和修复区
51	IX（d）37		高原温带干旱性青藏高原生态屏障区三江源生态保护和修复区

图例

退耕还林工程生态功能监测区

A Ⅰ(a)1　BⅡ(c)6　CⅤ(a)12　HⅡ(d)30　HⅩ(d)33
AⅡ(a)1　BⅢ(a)7　FⅨ(b)27　HⅡ(d)31　HⅩ(d)34
AⅡ(a)2　BⅢ(b)10　FⅩ(a/b)10　HⅡ(d)32　HⅩ(d)35
AⅡ(a)3　BⅢ(b)4　FⅩ(c)27　HⅢ(d)30　IIX(d)33
AⅡ(a)4　BⅢ(b)5　GⅡ(b)28　HⅢ(d)31　IX(c)32
AⅡ(b)1　BⅢ(b)6　GⅡ(c)28　HⅢ(d)33　IX(d)32
AⅡ(b)3　BⅢ(c)6　GⅡ(d)29　HⅢ(d)34
AⅡ(b)4　CⅣ(a)10　GⅡ(d)6　HⅢ(d)35
BⅡ(c)5　CⅣ(a)12　HⅡ(d)28　HⅨ(d)35

比例尺 1:43 000 000

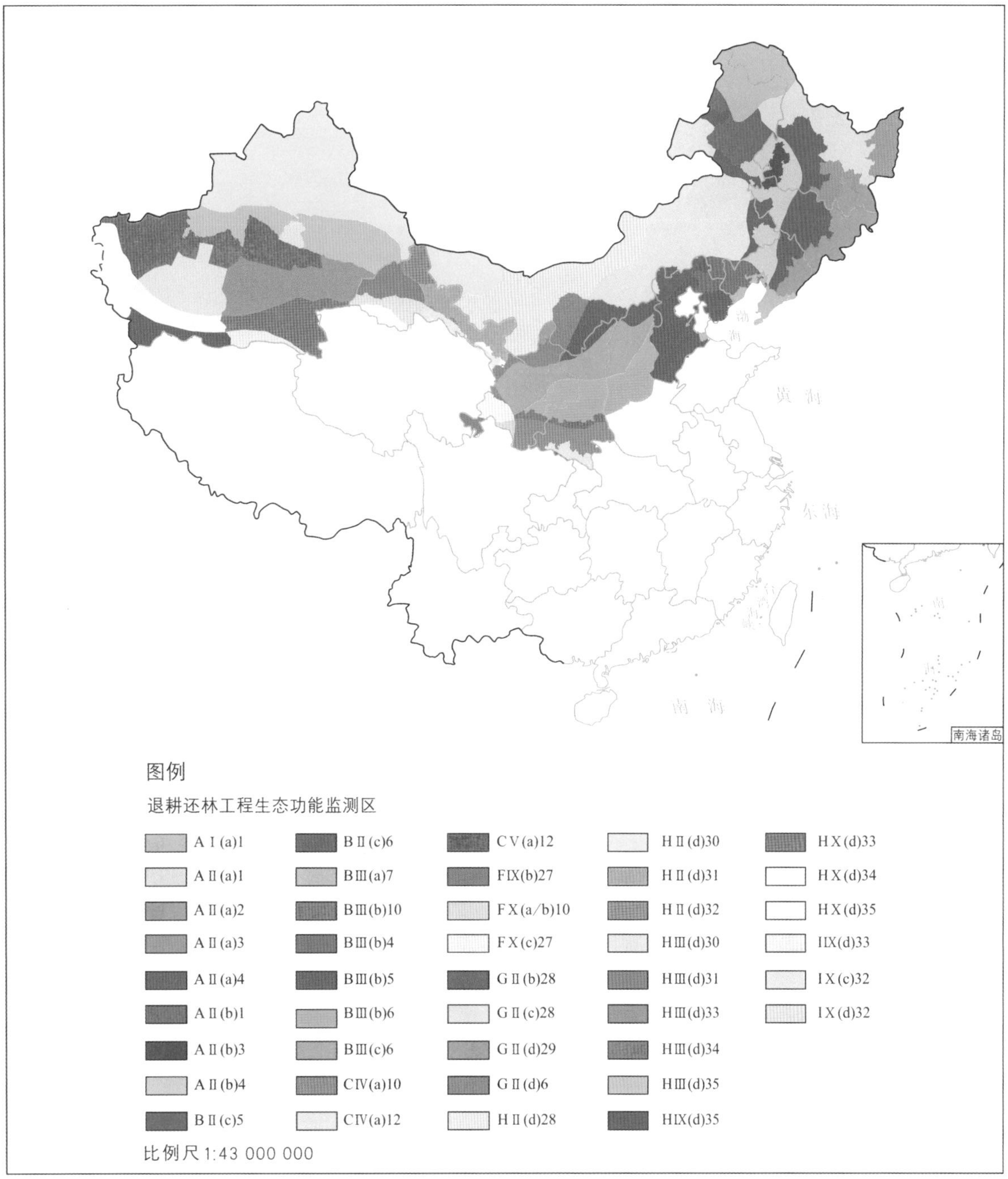

图 4-18　北方沙化土地退耕还林工程生态功能监测区划

2. 北方沙化土地退耕还林工程生态功能监测网络布局

北方沙化土地退耕还林工程生态功能监测网络由 44 个监测站构成，26 个为兼容性监测站，18 个为专业型监测站。一级站 17 个，占比 38.6%，二级站 27 个，占比 61.3%，具体见图 4-19、表 4-8。

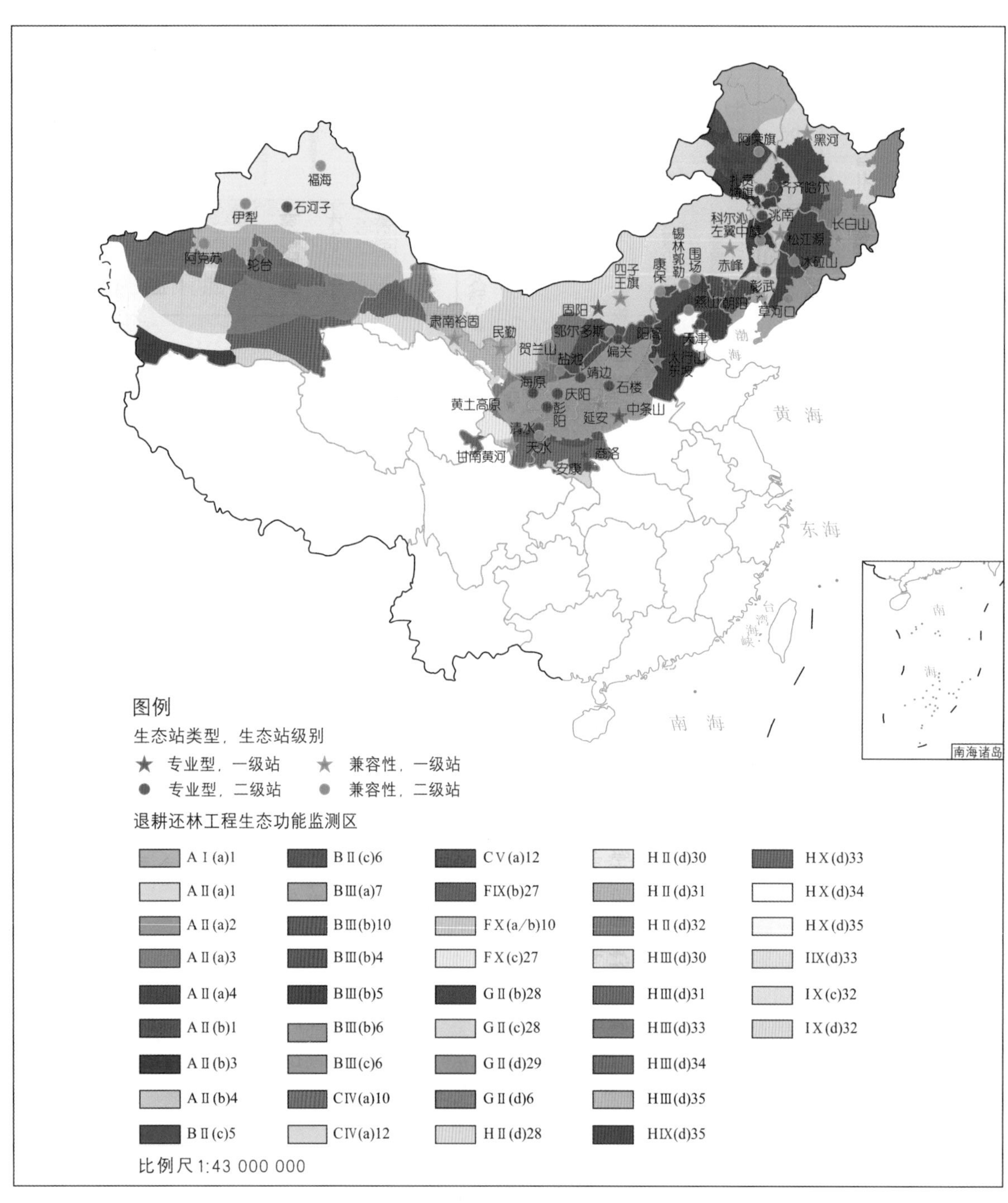

图 4-19　北方沙化土地退耕还林工程生态功能监测网络布局

表 4-8 北方沙化土地退耕还林工程生态效益监测站

退耕还林生态效益监测站	监测站类型	监测站级别	退耕还林生态效益监测站	监测站类型	监测站级别
河北围场站	兼容型	二级站	宁夏彭阳站	专业型	二级站
河北太行山东坡站	兼容型	一级站	宁夏盐池站	兼容型	二级站
河北康保站	兼容型	二级站	辽宁冰砬山站	兼容型	二级站
内蒙古赤峰站	兼容型	一级站	辽宁朝阳站	专业型	一级站
内蒙古四子王旗站	兼容型	一级站	辽宁草河口站	兼容型	二级站
内蒙古鄂尔多斯站	兼容型	二级站	辽宁彰武站	专业型	二级站
内蒙古固阳站	专业型	一级站	吉林松江源站	兼容型	一级站
内蒙古阿荣旗站	兼容型	二级站	吉林洮南站	专业型	二级站
内蒙古锡林郭勒站	兼容型	二级站	吉林长白山站	兼容型	一级站
内蒙古科尔沁左翼中旗站	兼容型	二级站	黑龙江黑河站	兼容型	一级站
内蒙古扎赉特旗站	专业型	二级站	黑龙江齐齐哈尔站	专业型	二级站
新疆福海站	兼容型	二级站	山西偏关站	专业型	二级站
新疆阿克苏站	兼容型	二级站	山西石楼站	专业型	二级站
新疆轮台站	兼容型	一级站	山西阳高站	专业型	二级站
新疆石河子站	专业型	二级站	中条山站	专业型	一级站
新疆伊犁站	兼容型	二级站	甘肃甘南黄河站	兼容型	一级站
陕西安康站	专业型	二级站	甘肃民勤站	兼容型	一级站
陕西延安站	兼容型	一级站	甘肃肃南裕固站	兼容型	一级站
陕西靖边站	专业型	二级站	甘肃清水站	专业型	二级站
商洛站	专业型	一级站	甘肃庆阳站	专业型	二级站
宁夏海原站	专业型	二级站	甘肃天水站	兼容型	二级站
宁夏贺兰山站	兼容型	一级站	甘肃黄土高原站	兼容型	一级站

3. 北方沙化土地退耕还林工程分布式测算评估体系

北方沙化土地退耕还林工程生态效益评估分布式测算方法：①将北方沙化土地退耕还林工程的 11 个省、自治区以及新疆生产建设兵团按照生态功能区划分为一级测算单元；②每个一级测算单元按照市（区、县、旗、团、农场）划分成二级测算单元；③每个二级测算单元再按照不同退耕还林工程植被恢复类型分为退耕地还林、宜林荒山荒地造林和封山育林 3 个三级测算单元；④按照退耕还林林种类型将每个三级测算单元再分为生态林、经济林和灌木林 3 个四级测算单元。⑤将四级测算单元按优势树种组作为五级测算单元。最后，结合不同立地条件的对比观测，确定相对均质化的生态效益评估单元（图 4-20）。

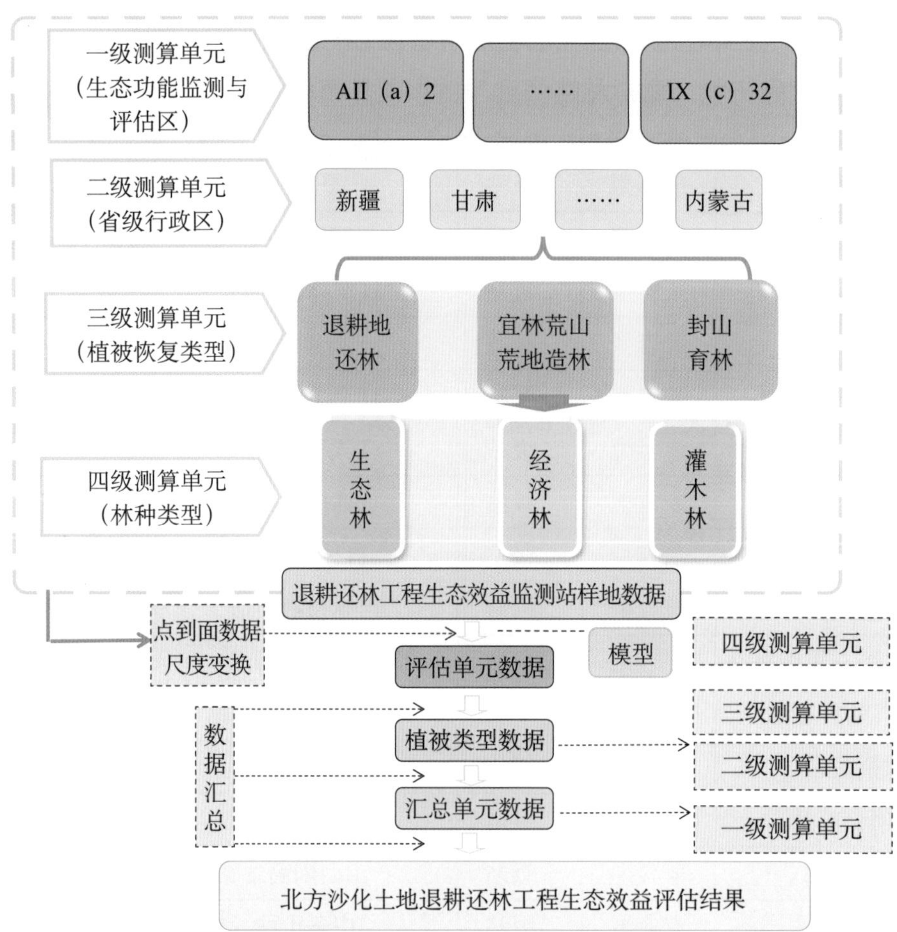

图 4-20　北方沙化土地退耕还林工程生态效益评估分布式测算方法

4. 北方沙化土地退耕还林工程生态功能监测评估结果

北方沙化土地和严重沙化土地退耕还林工程生态系统服务物质量和价值量如图 4-21 和 4-22 所示，北方沙化土地和严重沙化土地退耕还林工程生态系统服务功能中，价值量由高到低依次为防风固沙、净化大气环境、生物多样性保护、固碳释氧功能、涵养水源功能（图 4-23）。

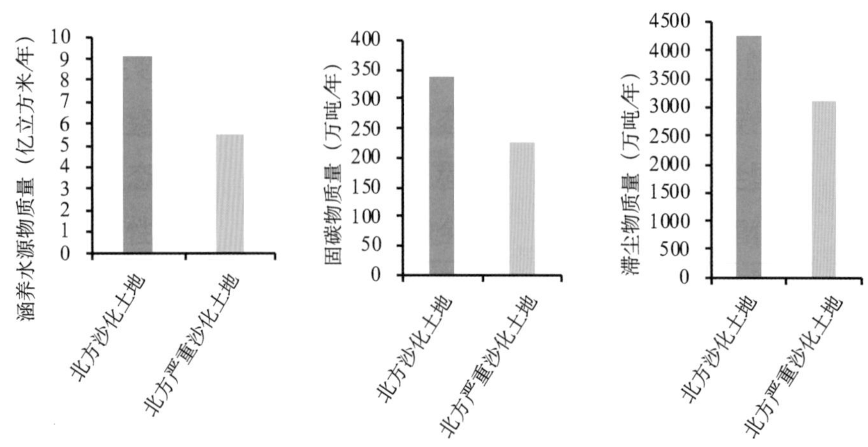

图 4-21　北方沙化土地和严重沙化土地退耕还林工程涵养水源、固碳、滞尘物质量

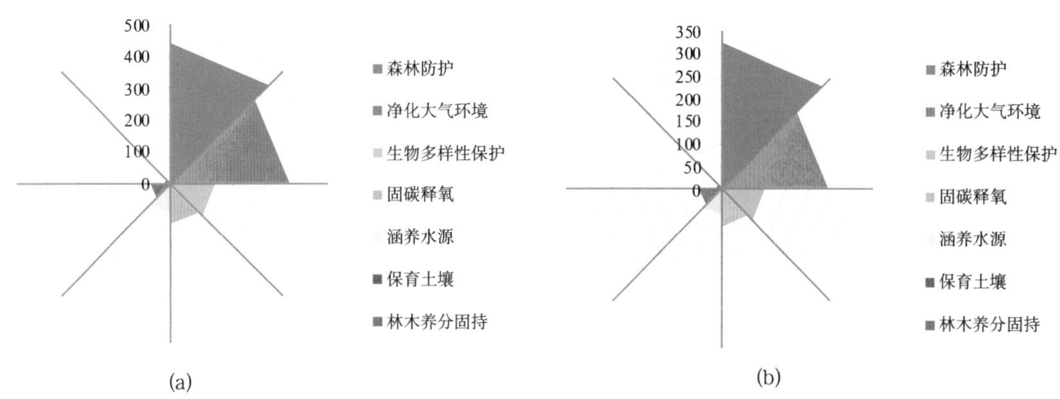

图 4-22 北方沙化土地（a）和严重沙化土地（b）退耕还林工程生态效益价值量（亿元 / 年）

北方沙化土地退耕还林工程涵养水源总量相当于博斯腾湖储水总量的 10.17%；固土总物质量相当于 2014 年黄河、松花江和辽河流域土壤侵蚀总量的 25.98%（水利部，2014）；防风固沙总物质量相当于避免了博斯腾湖 56.25 厘米湖床抬升，相当于避免了 1000 千米的京藏高速公路被 6.05 厘米的沙子掩埋；滞纳 TSP 总物质量相当于我国北方地面尘排放总量的 62.51%，年滞纳 $PM_{2.5}$ 和 PM_{10} 总量相当于 1364.80 万辆民用汽车的颗粒物排放量（环境保护部，2015）；固碳总量相当于 2014 年全国标准煤消费碳排放总量的 0.11%（国家统计局，2015）；北方沙化土地退耕还林工程保肥总量相当于 2014 年北方沙化土地退耕还林工程 11 个省级区域评估区的化肥施用量的 48.99%（国家统计局，2015）。由此可见，退耕还林工程的实施改善了北方沙化地区土地沙化、荒漠化、风沙危害等生态问题，为我国北方地区提供了生态保障。

总体而言，此次评估首次摸清了北方沙化土地和严重沙化土地退耕还林工程所发挥生态系统服务功能的物质量和价值量，全面评价了退耕还林工程建设成效，提高了人们对该区域退耕还林工程的认知程度，为退耕还林成果的巩固和高效推进奠定了基础，推动了该区域生态文明建设。

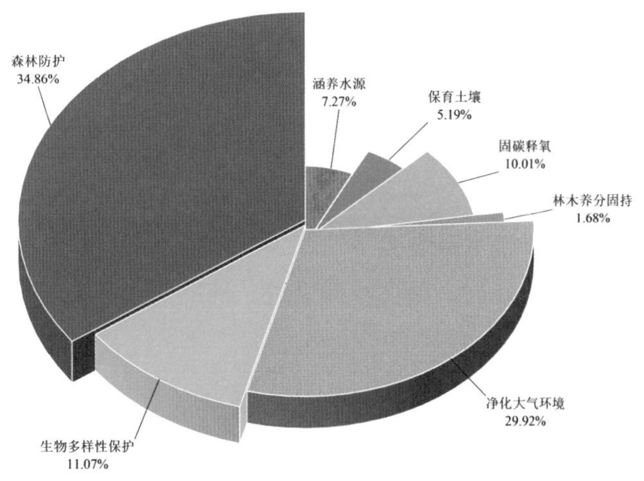

图 4-23 北方沙化土地退耕还林工程各项功能价值量相对比例

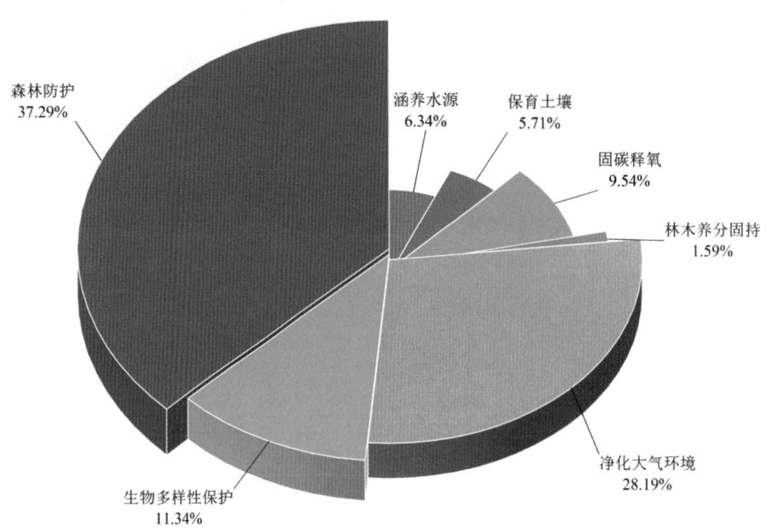

图 4-24　北方严重沙化土地退耕还林工程生态系统服务功能价值量相对比例

（四）全国尺度退耕还林工程生态功能监测评估实践

1. 全国尺度退耕还林工程生态功能监测区划

全国尺度退耕还林工程生态区划的结果与退耕还林工程生态功能监测布局区划结果相同，见表 2-8、图 2-13。

2. 全国尺度退耕还林工程生态功能监测网络布局

退耕还林生态功能监测网络以典型抽样为指导思想，以全国退耕还林工程实施范围、全国水热分布以及典型生态区为布局基础，选择具有典型性、代表性、退耕还林面积最多的区域完成退耕还林生态功能监测网络布局。因此，退耕还林生态功能监测网络可以负责相关站点所属区域的森林生态连清工作。退耕还林生态功能监测网络由 99 个站点组成。借助退耕还林生态功能监测网络可以满足全国尺度退耕还林工程生态功能监测、生态效益评估以及科研需求。

3. 分布式测算评估体系

全国尺度退耕还林工程生态效益监测按工程省分布式测算方法：①按照全国退耕还林工程生态功能区划分为一级测算单元；②每个一级测算单元按照省划分为二级测算单元；③每个二级测算单元按照不同退耕还林工程植被恢复模式分为退耕地还林、宜林荒山荒地造林和封山育林 3 个三级测算单元；④按照退耕还林林种将每个三级测算单元再分成生态林、经济林和灌木林 3 个四级测算单元。最后，结合不同立地条件的对比分析，确定相对均质化的生态效益评估单元（图 4-25）。

4. 全国尺度退耕还林工程生态功能监测评估结果

监测与评估结果表明，截至 2016 年，全国尺度退耕还林工程发挥的主要生态功能是“四库”功能，各工程省退耕还林涵养水源、固碳和滞尘功能物质量如图 4-26 至图 4-28 所示。

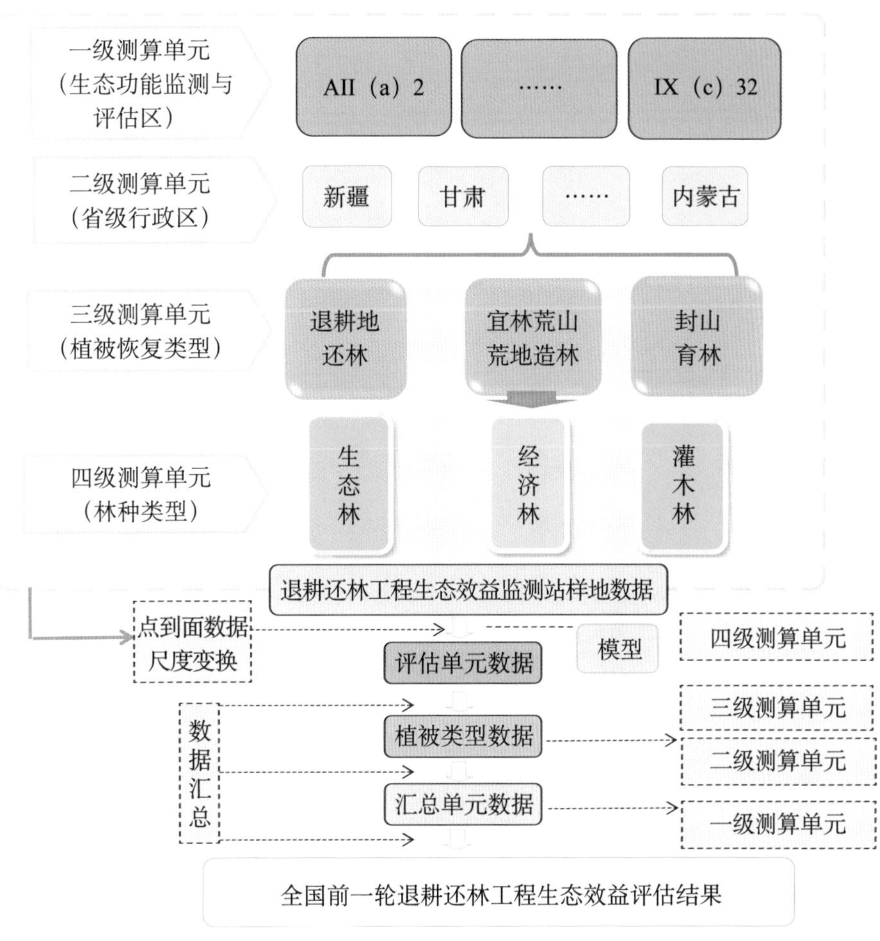

图 4-25 全国尺度退耕还林工程生态效益评估分布式测算方法

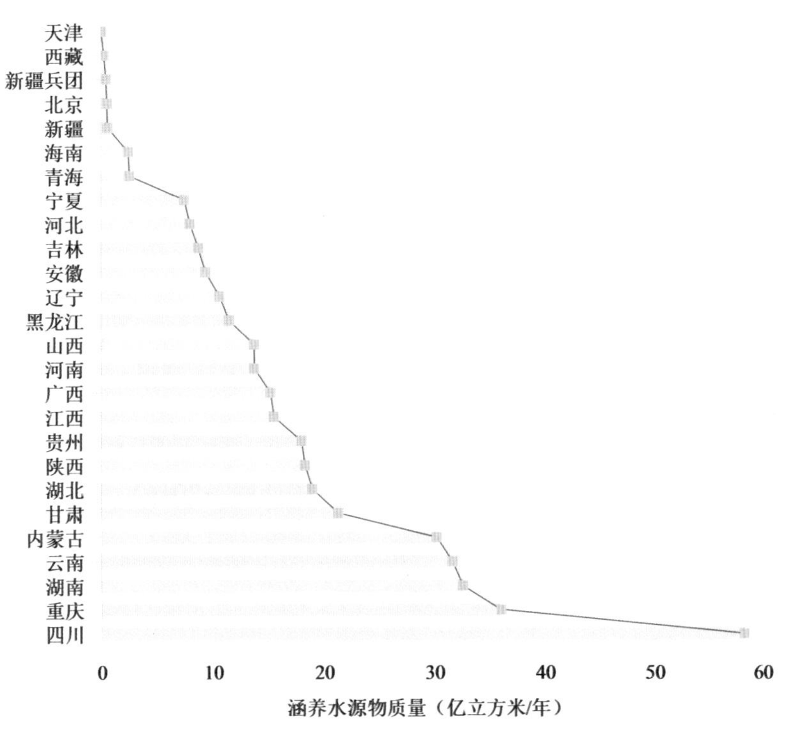

图 4-26 全国尺度退耕还林工程涵养水源物质量

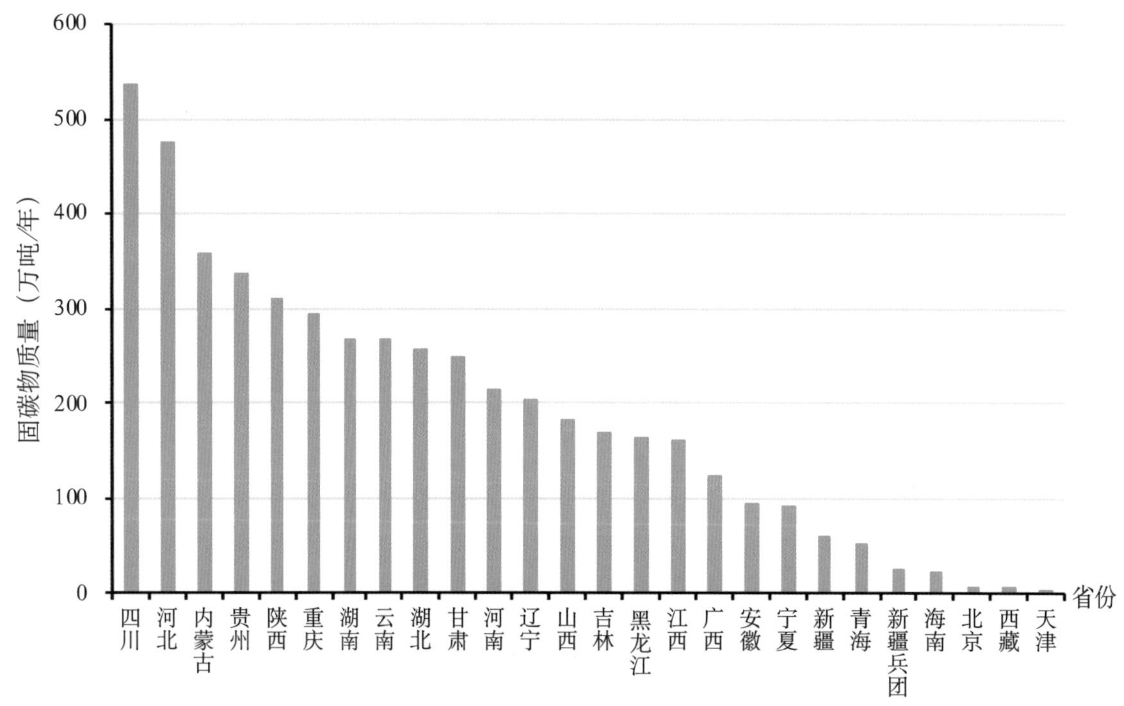

图 4-27　全国尺度退耕还林工程固碳物质量

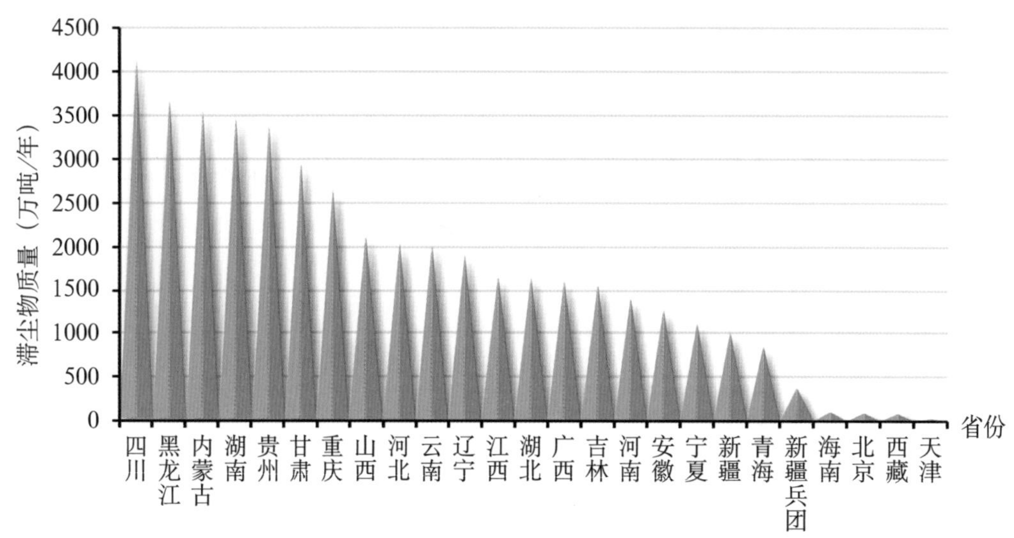

图 4-28　全国尺度退耕还林工程滞尘物质量

全国退耕还林工程各生态功能价值量如图 4-29 所示，每年产生的生态效益总价值量相当于 2015 年该评估区林业总产值的 3.12 倍（国家统计局，2016），也相当于前一轮全国退耕还林工程总投资的 3.41 倍。各项生态功能价值量所占比例大小排序为涵养水源功能（32.48%）、净化大气环境（24.86%）、固碳释氧（15.9%）、生物多样性保护（13.03%）、保育土壤（8.29%）、森林防护（4.38%）、林木积累（1.04%），如图 4-30。由此可见，全国前一轮退耕还林工程的实施，在全国涵养水源、净化大气环境（24.86%）和固碳释氧（15.9%）方面发挥了重要作用，显著改善了生态环境，提升了人民生活质量。

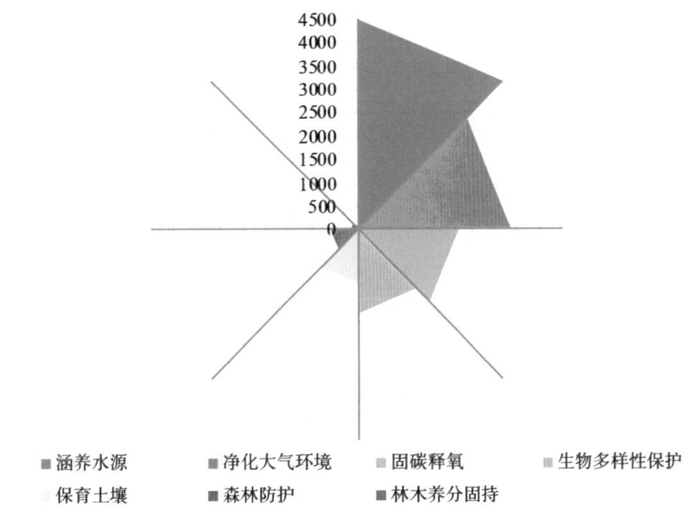

图 4-29　全国尺度退耕还林工程生态效益价值量（亿元 / 年）

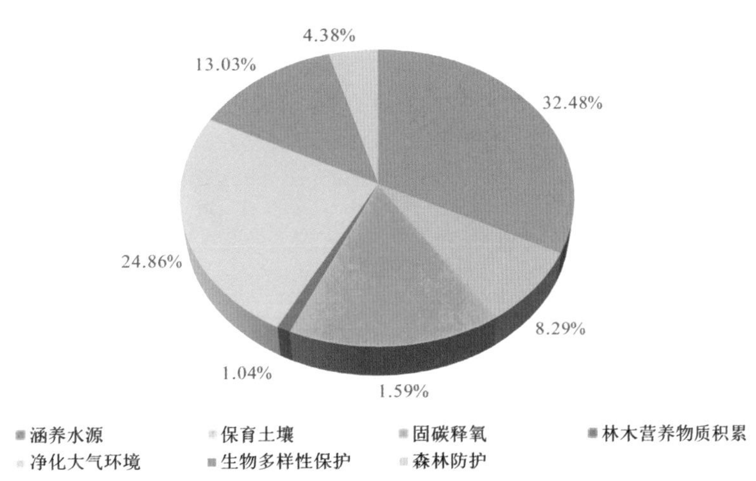

图 4-30　全国尺度退耕还林工程各项功能价值量相对比例

此次评估首次对我国退耕还林工程所有涉及省份的生态效益的物质量和价值量进行评估，全面评价了我国退耕还林工程建设成效，提高了人们对退耕还林工程的认知程度，为已有退耕还林成果巩固和新一轮退耕还林的深入推进奠定了基础，推动了我国生态文明建设。

（五）集中连片特困地区退耕还林工程生态功能监测评估实践

2011 年党中央、国务院发布的《中国农村扶贫开发纲要（2011—2020 年）》中划定的 11 个集中连片特困地区（六盘山区、秦巴山区、武陵山区、乌蒙山区、滇桂黔石漠化区、滇西边境山区、大兴安岭南麓山区、燕山—太行山区、吕梁山区、大别山区、罗霄山区）和 3 个已明确实施特殊扶持政策地区（西藏、四川藏区、南疆四地州）（以下统称集中连片特困地区），共计 689 个县，既是国家扶贫攻坚的“主战场”，也是退耕还林工程的“主战场”。退耕还林作为“生态扶贫”的重要内容和林业扶贫“四个精准”举措之一，在全面打赢脱贫攻坚战中承担了重要职责，发挥了重要作用。全面评估集中连片特困地区退耕还林工程生态效益，可以客观反映退耕还林对我国经济社会发展发挥的巨大作用。

1. 集中连片特困地区退耕还林工程生态功能监测区划

集中连片特困地区退耕还林工程覆盖区域可划分为 66 个退耕还林工程生态监测与评估区如图 4-31、表 4-9。

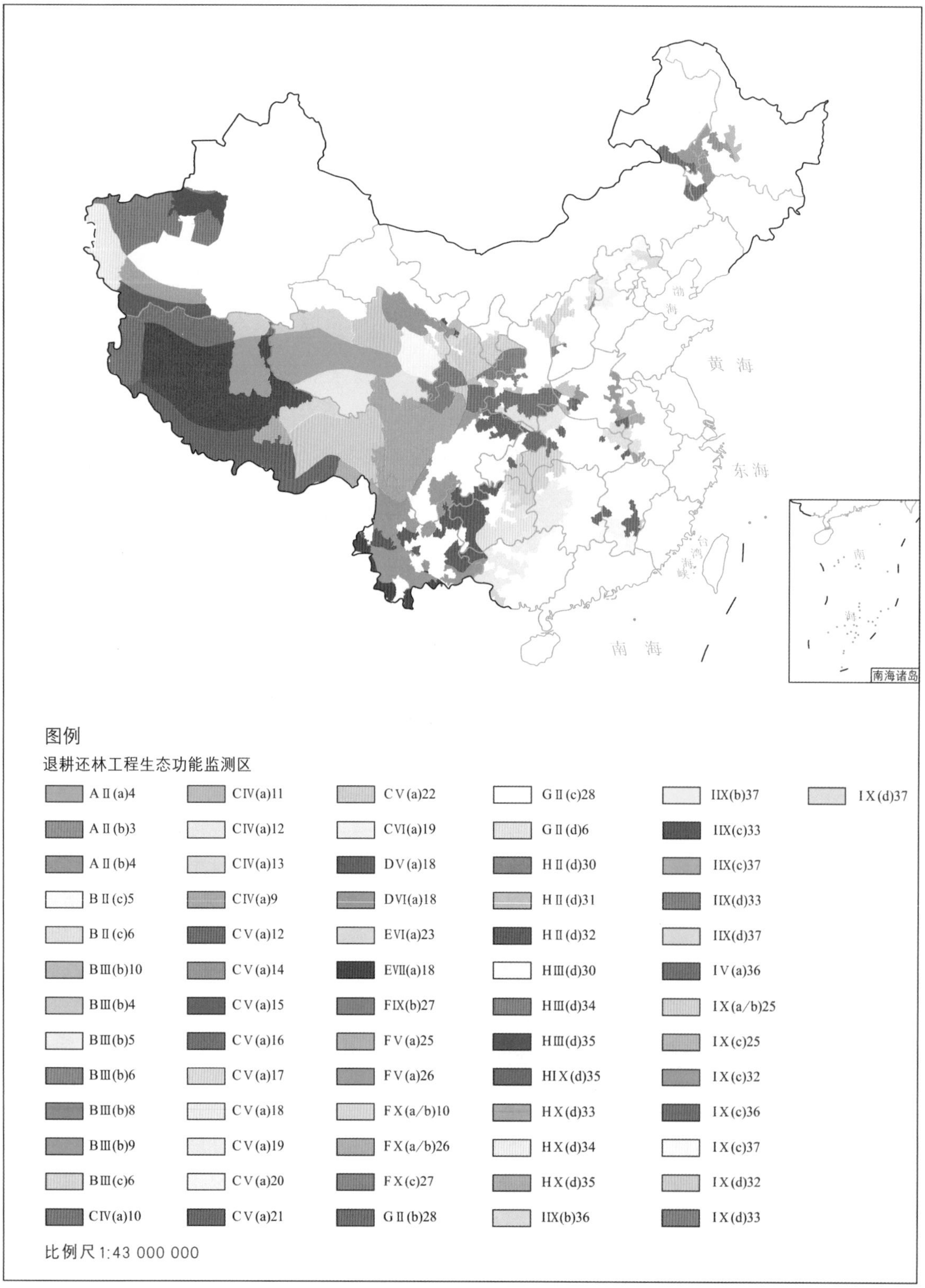

图 4-31 集中连片特困区退耕还林工程生态功能监测与评估区划示意

表 4-9 集中连片特困区退耕还林工程生态功能监测与评估区

序号	编码	分区名称	
1	AII（a）4	东北区	中温带湿润性北方农牧交错生态脆弱区
2	AII（b）3		中温带半湿润性东北森林带三江平原、松嫩平原重要湿地保护恢复区
3	AII（b）4		中温带半湿润性北方农牧交错生态脆弱区
4	BII（c）5	华北区	中温带半干旱性北方防沙带京津冀协同发展生态保护和修复区
5	BII（c）6		中温带半干旱性黄河重点生态区黄土高原水土流失综合治理区
6	BIII（b）4		暖温带半湿润性北方农牧交错生态脆弱区
7	BIII（b）5		暖温带半湿润性北方防沙带京津冀协同发展生态保护和修复区
8	BIII（b）6		暖温带半湿润性黄河重点生态区黄土高原水土流失综合治理区
9	BIII（b）8		暖温带半湿润性黄河重点生态区黄河下游生态保护和修复区
10	BIII（b）9		暖温带半湿润性沿海水陆交接带生态脆弱区
11	BIII（b）10		暖温带半湿润性黄河重点生态区秦岭生态保护和修复区
12	BIII（c）6		暖温带半干旱性黄河重点生态区黄土高原水土流失综合治理区
13	CIV（a）9	华东中南区	北亚热带湿润性沿海水陆交接带生态脆弱区
14	CIV（a）10		北亚热带湿润性黄河重点生态区秦岭生态保护和修复区
15	CIV（a）11		北亚热带湿润性南水北调工程水源地生态修复区
16	CIV（a）12		北亚热带湿润性长江重点生态区大巴山区生物多样性保护与生态修复区
17	CIV（a）13		北亚热带湿润性长江重点生态区大别山—黄山水土保持与生态修复区
18	CV（a）12		中亚热带湿润性长江重点生态区大巴山区生物多样性保护与生态修复区
19	CV（a）14		中亚热带湿润性长江重点生态区鄱阳湖、洞庭湖等河湖、湿地保护和修复区
20	CV（a）15		中亚热带湿润性西南岩溶山地石漠化生态脆弱区
21	CV（a）16		中亚热带湿润性长江重点生态区三峡库区生态综合治理区
22	CV（a）17		中亚热带湿润性长江重点生态区武陵山区生物多样性保护区
23	CV（a）18		中亚热带湿润性长江重点生态区长江上中游岩溶地区石漠化综合治理区
24	CV（a）19		中亚热带湿润性南方丘陵山地带湘桂岩溶地区石漠化综合治理区
25	CV（a）20		中亚热带湿润性南方丘陵山地带南岭山地森林及生物多样性保护区
26	CV（a）21		中亚热带湿润性南方红壤丘陵山地生态脆弱区
27	CV（a）22		中亚热带湿润性南方丘陵山地带武夷山森林及生物多样性保护区
28	CVI（a）19		南亚热带湿润性南方丘陵山地带湘桂岩溶地区石漠化综合治理区

（续）

序号	编码	分区名称	
29	DV（a）18	云贵高原区	中亚热带湿润性长江重点生态区长江上中游岩溶地区石漠化综合治理区
30	DVI（a）18		南亚热带湿润性长江重点生态区长江上中游岩溶地区石漠化综合治理区
31	EVI（a）23	华南区	南亚热带湿润性海岸带北部湾典型滨海湿地生态系统保护和修复区
32	EVII（a）18		边缘热带湿润性长江重点生态区长江上中游岩溶地区石漠化综合治理修复区
33	FV（a）25	西南高山峡谷区	中亚热带湿润性青藏高原生态屏障区藏东南高原生态保护和修复区
34	FV（a）26		中亚热带湿润性长江重点生态区横断山区水源涵养与生物多样性保护区
35	FIX（b）27		高原亚寒带半湿润性青藏高原生态屏障区若尔盖—甘南草原湿地生态保护和修复区
36	FX（a/b）10		高原温带湿润/半湿润性黄河重点生态区秦岭生态保护和修复区
37	FX（a/b）26		高原温带湿润/半湿润性长江重点生态区横断山区水源涵养与生物多样性保护区
38	FX（c）27		高原温带半干旱性青藏高原生态屏障区若尔盖—甘南草原湿地生态保护和修复区
39	GII（b）28	内蒙古东部森林草原及草原区	中温带半湿润性北方防沙带内蒙古高原生态保护和修复区
40	GII（c）28		中温带半干旱性北方防沙带内蒙古高原生态保护和修复区
41	GII（d）6		中温带干旱性黄河重点生态区黄土高原水土流失综合治理区
42	HII（d）30	蒙新荒漠半荒漠区	中温带干旱性北方防沙带天山和阿尔泰山森林草原保护区
43	HII（d）31		中温带干旱性北方防沙带河西走廊生态保护和修复区
44	HII（d）32		中温带干旱性青藏高原生态屏障区祁连山生态保护和修复区
45	HIII（d）30		暖温带干旱性北方防沙带天山和阿尔泰山森林草原保护修复区
46	HIII（d）34		暖温带干旱性北方防沙带塔里木河流域生态修复区
47	HIII（d）35		暖温带干旱性西北荒漠绿洲交接生态脆弱区
48	HIX（d）35		暖温带干旱性西北荒漠绿洲交接生态脆弱区
49	HX（d）33		高原温带干旱性青藏高原生态屏障区藏西北羌塘高原—阿尔金草原荒漠生态保护和修复区
50	HX（d）34		高原温带干旱性北方防沙带塔里木河流域生态修复区
51	HX（d）35		高原温带干旱性西北荒漠绿洲交接生态脆弱区
52	IV（a）36	青藏高原草原草甸及寒漠区	中亚热带湿润性青藏高原生态屏障区西藏“两江四河”造林绿化与综合整治修复区
53	IIX（b）36		高原亚寒带半湿润性青藏高原生态屏障区西藏“两江四河”造林绿化与综合整治修复区
54	IIX（b）37		高原亚寒带半湿润性青藏高原生态屏障区三江源生态保护和修复区
55	IIX（c）33		高原亚寒带半干旱性青藏高原生态屏障区藏西北羌塘高原—阿尔金草原荒漠生态保护和修复区

（续）

序号	编码	分区名称	
56	IIX（c）37	青藏高原草原草甸及寒漠区	高原亚寒带半干旱性青藏高原生态屏障区三江源生态保护和修复区
57	IIX（d）33		高原亚寒带干旱性青藏高原生态屏障区藏西北羌塘高原—阿尔金草原荒漠生态保护和修复区
58	IIX（d）37		高原亚寒带干旱性青藏高原生态屏障区三江源生态保护和修复区
59	IX（a/b）25		高原温带湿润/半湿润性青藏高原生态屏障区藏东南高原生态保护和修复区
60	IX（c）25		高原温带半干旱性青藏高原生态屏障区藏东南高原生态保护和修复区
61	IX（c）32		高原温带半干旱性青藏高原生态屏障区祁连山生态保护和修复区
62	IX（c）36		高原温带半干旱性青藏高原生态屏障区西藏“两江四河”造林绿化与综合整治修复区
63	IX（c）37		高原温带半干旱性青藏高原生态屏障区三江源生态保护和修复区
64	IX（d）32		高原温带干旱性青藏高原生态屏障区祁连山生态保护和修复区
65	IX（d）33		高原温带干旱性青藏高原生态屏障区藏西北羌塘高原—阿尔金草原荒生态保护和修复区
66	IX（d）37		高原温带干旱性青藏高原生态屏障区三江源生态保护和修复区

2. 集中连片特困地区退耕还林工程生态功能监测网络布局

集中连片特困地区退耕还林生态功能监测网络由57个监测站构成，23个为兼容性监测站，34个为专业型监测站。一级站22个，占比38.5%，二级站35个，占比60%，具体见表4-10。

借助集中连片特困地区退耕还林工程生态功能监测网络，可以满足集中连片特困地区内退耕还林工程生态功能监测、生态系统服务评估以及科研需求。集中连片特困地区退耕还林工程生态效益监测站点分布，如图4-32所示。

表4-10 集中连片特困地区退耕还林生态效益监测站

退耕还林工程生态效益监测站	监测站类型	监测站级别	退耕还林工程生态效益监测站	监测站类型	监测站级别
新疆阿克苏站	兼容型	二级站	四川南江站	专业型	一级站
西藏波密站	兼容型	一级站	四川宣汉站	专业型	一级站
云南宁蒗站	专业型	二级站	重庆云阳站	专业型	二级站
云南兰坪站	兼容型	一级站	重庆武陵山站	兼容型	一级站
云南禄劝站	兼容型	二级站	湖南湘西站	专业型	一级站

（续）

退耕还林工程生态效益监测站	监测站类型	监测站级别	退耕还林工程生态效益监测站	监测站类型	监测站级别
云南会泽站	专业型	一级站	湖南怀化站	兼容型	二级站
云南临沧站	专业型	一级站	湖南邵阳站	兼容型	二级站
云南普洱站	兼容型	二级站	湖北恩施站	兼容型	一级站
云南彝良站	专业型	一级站	湖北大巴山站	兼容型	二级站
云南红河站	兼容型	二级站	湖北红安站	专业型	二级站
云南广南站	兼容型	二级站	河南大别山站	兼容型	一级站
贵州毕节站	专业型	一级站	河南洛阳站	专业型	二级站
贵州水城站	专业型	一级站	河南淅川站	专业型	一级站
贵州安顺站	专业型	二级站	陕西安康站	专业型	二级站
贵州望谟站	专业型	二级站	陕西商洛站	专业型	一级站
贵州荔波站	兼容型	二级站	河北围场站	兼容型	二级站
贵州梵净山站	兼容型	二级站	河北康保站	兼容型	二级站
贵州遵义站	专业型	一级站	山西石楼站	专业型	二级站
甘肃甘南黄河站	兼容型	一级站	山西阳高站	专业型	二级站
甘肃黄土高原站	兼容型	一级站	广西百色站	专业型	一级站
甘肃庆阳站	专业型	二级站	广西河池站	兼容型	一级站
甘肃天水站	兼容型	二级站	宁夏海原站	专业型	二级站
甘肃清水站	专业型	二级站	宁夏彭阳站	专业型	二级站
四川甘孜站	专业型	一级站	内蒙古扎赉特旗站	专业型	二级站
四川大凉山站	专业型	一级站	青海德令哈站	专业型	二级站
四川峨眉山站	兼容型	二级站	青海贵南站	专业	二级站
四川叙永站	专业型	二级站	黑龙江齐齐哈尔站	专业型	二级站
四川仪陇站	专业型	二级站	安徽宿松站	兼容型	二级站
四川青川站	专业型	二级站			

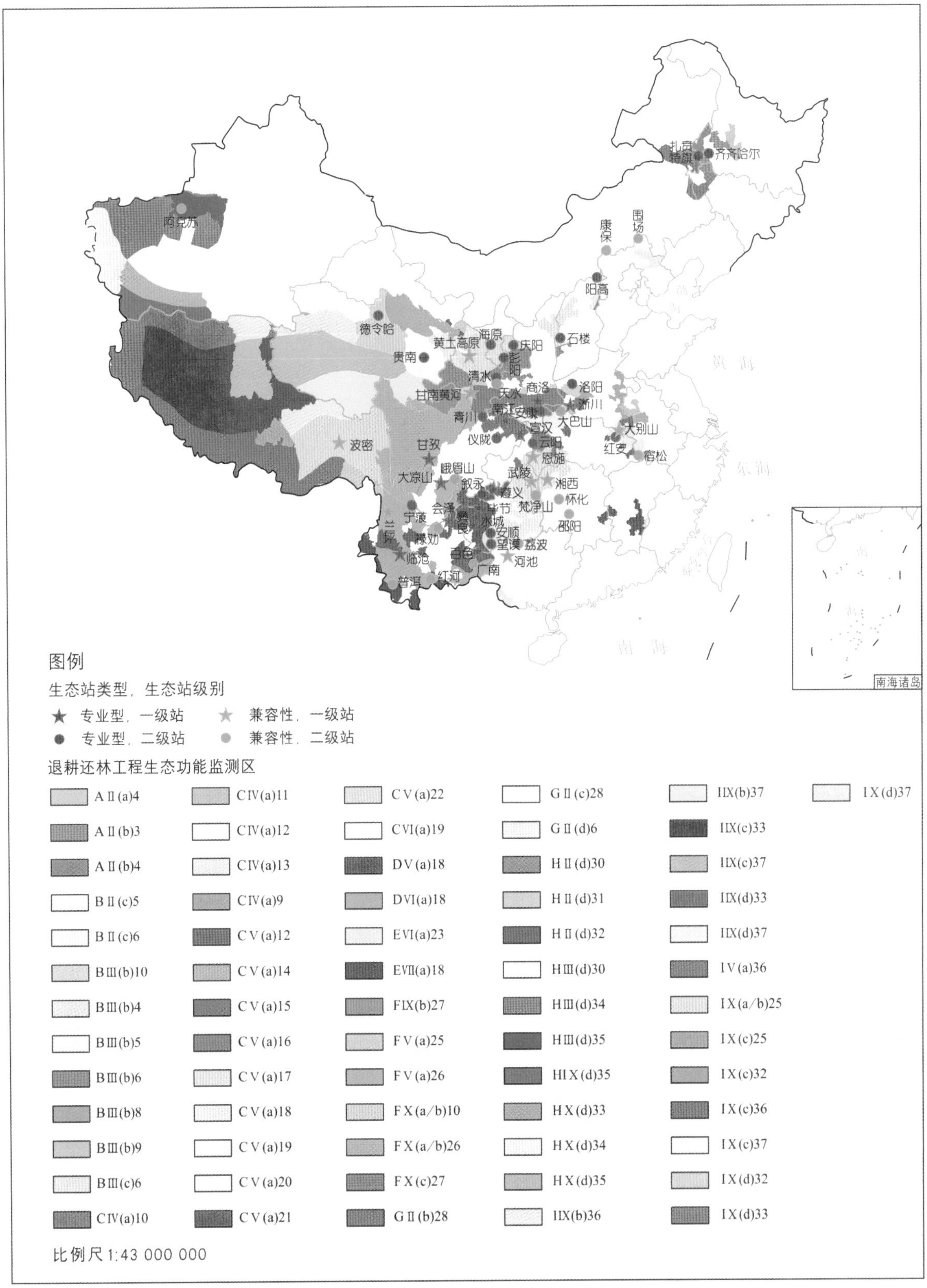

图 4-32　集中连片特困地区退耕还林工程生态功能监测网络布局

3. 集中连片特困地区退耕还林工程分布式测算评估体系

集中连片特困地区退耕还林工程生态效益评估分布式测算方法：①按照集中连片特困地

区退耕还林工程生态功能区划分为一级测算单元；②每个一级测算单元按照省划分成二级测算单元；③每个二级测算单元再按照不同退耕还林工程植被恢复类型分为退耕地还林、宜林荒山荒地造林和封山育林 3 个三级测算单元；④按照退耕还林林种类型将每个三级测算单元再分为生态林、经济林、灌木林和竹林 4 个四级测算单元，为了方便与前几次《退耕还林工程生态效益监测国家报告》评估结果进行比较，将竹林测算结果合并到生态林测算结果中。最后，结合不同立地条件的对比观测，确定相对均质化的生态效益评估单元（图 4-33）。

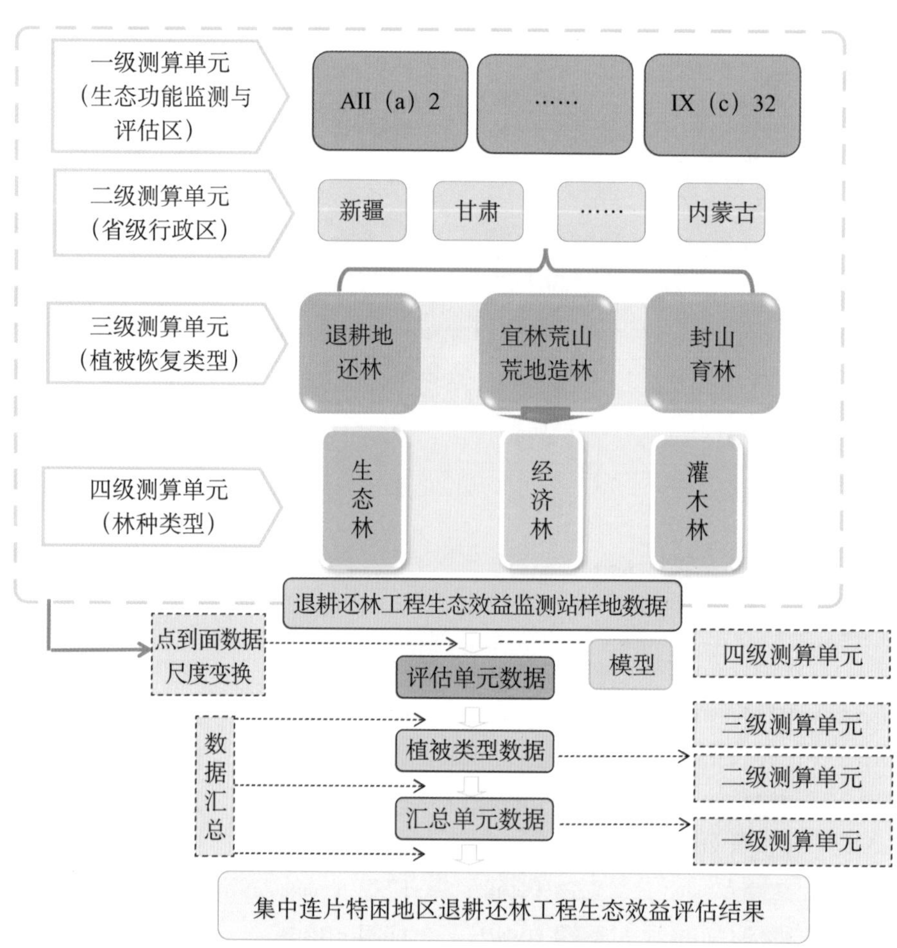

图 4-33　集中连片特困地区退耕还林工程生态效益评估分布式测算方法

4. 集中连片特困地区退耕还林工程生态功能监测评估结果

生态效益监测与评估结果表明退耕还林工程优势功能为涵养水源、固碳、净化大气环境和多样性保护等功能，涵养水源、固碳、净化大气环境功能的物质量分别如图 4-34 至图 4-36。涵养水源功能价值量最大（图 4-37），所占比重为 29.62%（图 4-38），总量相当于三峡水库蓄水深度达到 78.33 米时的库容量，即总库容（393.00 亿立方米）的 44.70%，也相当于全国生活用水量 838.10 亿立方米（水利部，2018）的 20.96%，成功发挥了“绿色水库”的作用。净化大气环境功能价值量位居第二（图 4-37），所占比重为 21.31%（图 4-39），仅次于涵养水源功能，总价值量相当于北京市 2017 年 GDP 的 4.26%，成功发挥了“绿色

氧吧库”的作用。生物多样性保护功能第三（图 4-37），所占比重为 17.91%（图 4-38），成功发挥了“绿色基因库”的作用。固碳释氧功能位列第四（图 4-37），所占比重为 14.13%（图 4-38），总量相当于每年吸收二氧化碳 7300 万吨，能够抵消 1552.80 万吨标准煤完全转化释放的二氧化碳量，成功发挥了“绿色碳库”的作用。此外，保育土壤功能价值量占总价值比重为 10.98%，固土物质量是 2014 年长江（2.75 亿吨）和黄河（0.82 亿吨）土壤侵蚀量的 0.91 倍和 3.06 倍（水利部，2015），有效降低了长江和黄河的土壤侵蚀量；保肥总量相当于 2015 年全国耕地化肥实用量（5859.41 万吨）的 16.56%（中国统计年鉴，2016）。

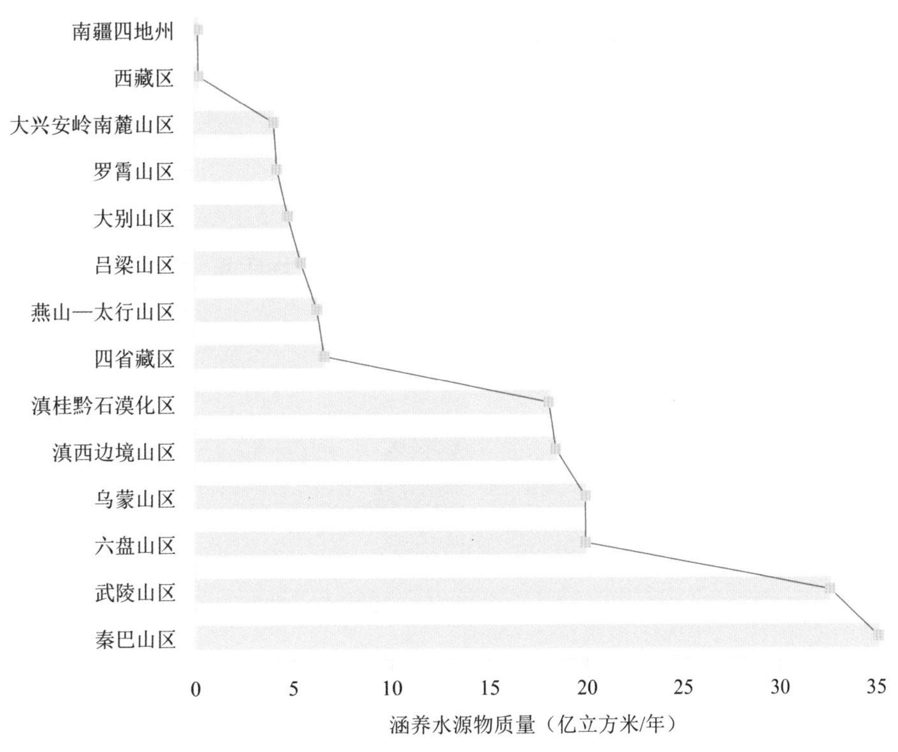

图 4-34 集中连片特困地区涵养水源物质量

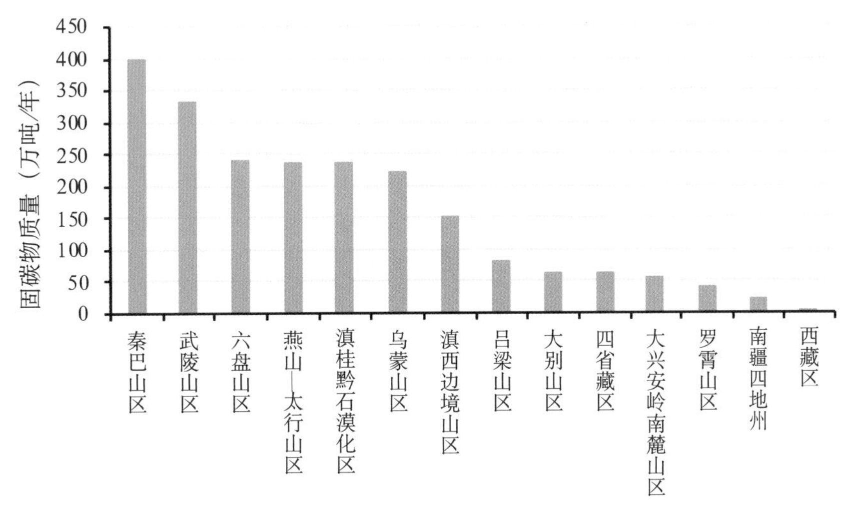

图 4-35 集中连片特困地区固碳物质量

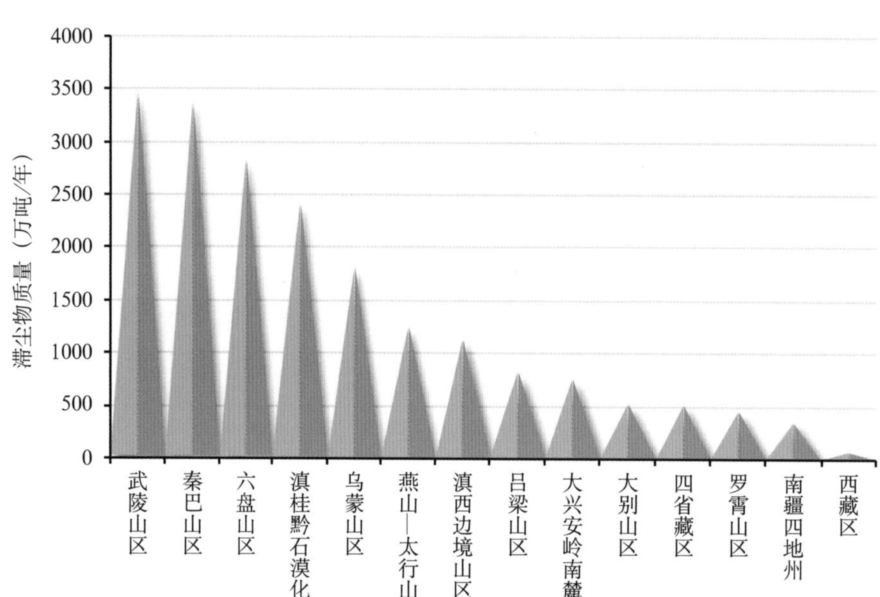

图 4-36　集中连片特困地区滞尘物质量

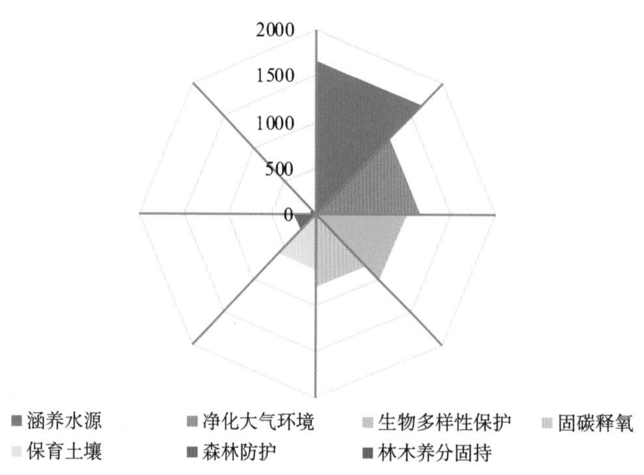

图 4-37　集中连片特困地区退耕还林工程生态效益价值量（亿元 / 年）

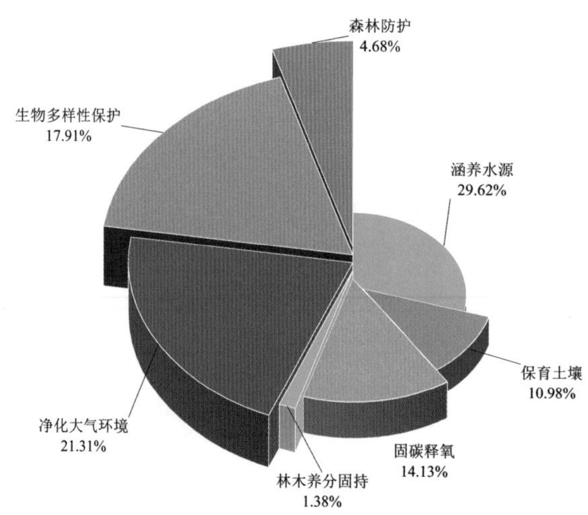

图 4-38　集中连片特困地区退耕还林工程各项生态效益价值量比例

社会经济效益监测结果表明，集中连片特困地区退耕还林工程促进了脱贫攻坚和区域社会经济发展。截至2017年年底，近七成新一轮工程任务投向集中连片特困地区，监测县参与退耕还林工程的建档立卡贫困户占建档立卡贫困户的31.25%；许多地方已形成了以林脱贫的长效机制，样本县农民在退耕林地上的林业就业率为8.01%；促进了新型林业经营主体发展，增进了农村公平，促进了农村产权制度改革；改变了农户生产生活方式，样本户家庭外出打工人数占家庭劳动力人数的比重为56.92%。同时，集中连片特困地区退耕还林工程促进了地区经济发展，加快了农村产业结构调整步伐，培育了林下经济、中药材、干鲜果品、森林旅游等新的地区经济增长点；夯实了退耕地持续经营的产权制度基础，加快了林草业民营经济发展，加快了林业后续产业高质量发展，进而激发了地区经济发展活力；促进了退耕农户林业生产经营性收入大幅增长，户均达到0.51万元，占家庭总收入的比重为7.44%；农民林业收入渠道多元化，其财政补助成为家庭收入的重要组成部分且明显提高了退耕农户短期收入，从而促进了农户家庭增收致富，对如期全面打赢脱贫攻坚战发挥了重要的不可替代的作用。

集中连片地区退耕还林工程综合效益监测评估结果表明，退耕还林工程建设实践生动诠释了习近平生态文明思想和“绿水青山就是金山银山”的发展理念；退耕还林工程不仅是一项生态修复工程，更是涉及万千农户的富民工程，为山河增绿、农民增收作出了巨大贡献。

五、退耕还林工程生态功能监测实践展望

（一）退耕还林工程碳中和能力监测

我国“十四五”规划提出力争2030年前实现碳达峰，2060年前实现碳中和的重大战略决策，事关中华民族永续发展和构建人类命运共同体。为实现碳达峰、碳中和的战略目标，既要实施碳强度和碳排放总量双控制，同时要提升生态系统碳汇能力。森林作为陆地生态系统的主体，具有显著的固碳作用，在“碳达峰”“碳中和”战略目标的实现过程中发挥着重要作用。目前，我国森林生态系统碳汇能力由于碳汇方法学存在缺陷（即：推算森林碳汇量采用的材积原生物量法是通过森林蓄积量增量进行计算的，而一些森林碳汇资源并未被统计其中，主要指特灌林和竹林；疏林地、未成林造林地、非特灌林灌木林、苗圃地、荒山灌丛、城区和乡村绿化散生林木）而被低估，为准确核算我国森林资源碳汇能力，王兵研究员等提出森林碳汇资源和森林全口径碳汇新理念（王兵等，2021）。

森林碳汇资源为能够提供碳汇功能的林木资源，包括乔木林、竹林、特灌林、疏林地、未成林造林地、非特灌林灌木林、苗圃地、荒山灌丛、城区和乡村绿化散生林木等。

森林植被全口径碳汇＝森林资源碳汇（乔木林碳汇＋竹林碳汇＋特灌林碳汇）＋疏林地碳汇＋未成林造林地碳汇＋非特灌林灌木林碳汇＋苗圃地碳汇＋荒山灌丛碳汇＋城区和乡村绿化散生林木碳汇，其中，含2.2亿公顷森林生态系统土壤年碳汇增量。

退耕还林工程通过退耕地还林、封山育林、宜林荒山荒地造林三种植被恢复模式和乔木林、经济林、灌木林三个林种类型显著增加了我国森林资源，对于我国全口径森林植被碳汇增长具有重要作用。据最新监测评估，2020 年全国退耕还林工程固碳总量（5570.26 万吨 / 年）占我国森林全口径碳汇量（4.34 亿吨 / 年）的 12.83%，相当于吸收了全国 2018 年二氧化碳排放量（100 亿吨）的 2.04%，显著发挥了碳中和作用。此外，退耕还林工程处于巩固成果、提质增效，建立长效机制的关键时期，碳中和潜力巨大。这主要由于两方面的原因，其一是由于退耕还林工程森林资源多属于中幼龄林，中幼龄林处于高生长阶段，具有较高的固碳速率和较大的碳汇增长潜力；其二是由于退耕还林工程抚育管护、补植补造、建立完善后期养护管护制度和投入机制，提高未成林地（新造林）成林率和有林地森林质量，进而提升固碳能力，充分发挥固碳潜力。由此可见，退耕还林工程对于提升森林资源全口径碳汇以及实现十四五碳达峰、碳中和的目标具有重要作用。

因此，退耕还林工程碳中和能力监测，是退耕还林工程生态功能监测网络实践的重要内容。一是明确退耕还林工程在我国碳达峰、碳中和过程中的贡献；二是掌握退耕还林工程固碳能力的时空动态变化特征，制定退耕还林工程碳汇精准提升的措施，建立政策和碳汇提升的正向反馈机制，以在碳中和过程中更好的发挥退耕还林工程作用。

（二）典型生态区生态功能效益精准监测

退耕还林工程作为全国重要生态系统保护和修复重大工程区、全国生态脆弱区、国家生态屏障区和国家重点生态功能区等典型生态区的重要生态修复措施，对于改善典型生态区生态环境，发挥涵养水源、保育土壤、固碳释氧和净化大气环境等生态服务功能具有重要作用。《国务院办公厅关于科学绿化的指导意见》指出要科学推进重点区域植被恢复，全国重要生态系统保护和修复重大工程总体布局融合了全国生态脆弱区、国家生态屏障区和国家重点生态功能区，是我国 2021—2035 年生态环境保护和修复的重点区域，因此评估全国重要生态系统保护和修复重大工程区退耕还林生态功能效益是退耕还林工程精准化监测的重点内容，而退耕还林工程生态功能监测网络体系为其实现提供了重要科技平台。

退耕还林工程生态功能监测网络体系包括退耕还林工程生态功能监测区划和退耕还林工程生态功能监测网络布局。退耕还林工程生态功能监测区划依据植被、气候、土壤和典型生态区（全国重要生态系统保护与修复重大工程区为优先）等指标将全国退耕还林工程实施区域划分为具有异质性的生态监测单元区，为全国重要生态系统保护和修复重大工程区退耕还林工程生态功能效益监测提供了基本边界范围；退耕还林工程生态功能监测网络布局以典型生态区优先布局原则，保证了全国重要生态系统保护和修复重大工程区等典型生态区退耕还林工程生态参数的可获得性。退耕还林工程生态功能监测网络布局中，83 个监测站位于全国重要生态系统保护和重大修复工程区，79 个监测站位于全国生态脆弱区，41 个监测站位于国家生态屏障区，58 个监测站位于国家重点生态功能区，可以有效实现典型生态区的

精准化监测，对于改善生态系统质量，提高生态服务功能，增强生态稳定性，基本建成国家生态安全屏障体系，优质生态产品供给能力基本满足人民群众的需求，绘就人与自然和谐共生的美丽画卷具有重要意义。

因此，开展典型生态区生态功能效益精准监测是退耕还林工程生态功能监测网络实践的长期重点方向。一是准确掌握各典型生态区退耕还林工程的生态功能效益特征，针对典型生态区域的突出生态问题，因地制宜的确定生态修复方式，有利于典型生态区退耕还林工程的科学规划实施和生态效益的精准提升，切实改善典型生态区的生态环境问题；二是用数据说话，精准评估典型生态区退耕还林工程建设成效和全国重要生态系统保护和修复重大工程区生态修复成效，向国家和人民报账。

（三）退耕还林工程生态产品价值异质性精准量化

退耕还林工程森林生态系统各要素和生态过程在空间上分布不均，在时空序列上复杂多变，人类活动及其与生态系统的相互影响在分布上具有空间分异特征，导致生态产品价值具有显著的空间异质性，这是退耕还林工程森林生态系统重要的空间特性之一。退耕还林工程生态产品空间异质性与区域的自然生态本底及其各要素分布、社会经济发展水平密切相关，这些因素存在着一定的空间关联性，在空间分布上均具有地理学的随机性和结构性特征。精准量化退耕还林工程实施区域生态产品价值的空间异质性特征，对于揭示退耕还林工程生态产品价值的时空变化分异规律，以及植被恢复措施和高质量发展的决策支持具有重要意义。此外，实现退耕还林工程生态产品价值异质性精准量化，有利于因地制宜、分区分策、分类指导、深入推进退耕还林工程高质量发展，精准评估区域退耕还林工程建设成效，加快绿水青山向金山银山转化，助力生态扶贫、乡村振兴。

退耕还林工程生态功能监测体系实现了退耕还林工程实施范围内的异质性分区和生态功能监测为实现退耕还林工程生态产品价值异质性精准量化提供了重要数据科技支撑平台。通过对生态产品价值异质性的精准量化，有助于发现退耕还林工程具体实施过程中从地方种苗选择、植被配置、恢复方式、技术手段再到抚育管护不科学，没有遵循自然规律之处，为地方吸取相关经验，按照“宜乔则乔、宜灌则灌、宜草则草”的原则，进一步调整相关修复措施和技术模式，提升工程综合效益，保障工程高质量发展。

因此退耕还林工程生态产品价值异质性精准量化是退耕还林工程生态功能监测网络实践的又一重点方向。一是进行不同区域、不同层次的异质性精准监测，以满足不同层面的生态功能效益监测需求，为评估工程建设成效、巩固退耕还林成果，引领退耕还林高质量发展提供数据支撑；二是通过生态产品价值异质性精准量化，发现未充分发挥出退耕还林工程生效益的区域，有针对性的制定调整措施，真正做到因地制宜、分区分策、分类指导、深入推进退耕还林工程高质量发展，在落实林业“三增”（森林面积、蓄积量和生态系统服务功能三增长）、实现十四五“碳达峰、碳中和”目标以及应对全球气候变化的过程中发挥更大作用。

参考文献

丁访军，2011. 森林生态系统定位研究标准体系构建 [D]. 北京：中国林业科学研究院 .

郭慧，2014. 森林生态系统长期定位观测台站布局体系研究 [D]. 北京：中国林业科学研究院 .

郭慧，王兵，牛香，2015. 基于 GIS 的湖北省森林生态系统定位观测研究网络规划 [J]. 生态学报，35（20）: 6829-6837.

国家林业局，2016. 森林生态系统长期定位观测方法（GB/T 33027—2016）[S]. 北京：中国标准出版社 .

国家林业局，2017. 森林生态系统观测指标体系（GB/T 35377—2017）[S]. 北京：中国标准出版社 .

国家林业和草原局，2020. 森林生态系统服务功能评估规范（GB/T 38582—2020）[S]. 北京：中国标准出版社 .

国家林业局和草原局，2021. 森林生态系统长期定位观测研究站建设规范（GB/T 40053—2021）[S]. 北京：中国标准出版社 .

国家林业局，2014. 退耕还林工程生态效益监测国家报告（2013）[M]. 北京：中国林业出版社 .

国家林业局，2015. 退耕还林工程生态效益监测国家报告（2014）[M]. 北京：中国林业出版社 .

国家林业局，2016. 退耕还林工程生态效益监测国家报告（2015）[M]. 北京：中国林业出版社 .

国家林业局，2018. 退耕还林工程生态效益监测国家报告（2016）[M]. 北京：中国林业出版社 .

国家林业局，2019. 退耕还林工程生态效益监测国家报告（2017）[M]. 北京：中国林业出版社 .

国家发展改革委，自然资源部，2020. 全国重要生态系统保护与修复重大工程总体规划（2021—2035 年）[R].

黄秉维，1959. 中国综合自然区划草案 [J]. 科学通报，18: 5.

黄秉维，1965. 论中国综合自然区划 [J]. 新建设（3）: 10.

黄秉维，1989a. 中国气候区划与自然地理区划的回顾与展望 [J]. 地理集刊，21: 9.

黄秉维，1989b. 中国综合自然区划纲要 [J]. 地理集刊，21: 21.

黄秉维，1989c. 中国综合自然区划图，中国自然保护图集 [M]. 北京：科学出版社，157.

黄秉维，1992. 关于中国热带界线问题：I. 国际上热带和亚热带定义 [J]. 地理科学，12（2）: 8.

黄秉维，1993. 自然地理综合工作六十年——黄秉维文集 [M]. 北京：科学出版社 .

黄秉维，2003. 新时期区划工作中应当注意的几个问题，自然地理综合研究——黄秉维文集 [M]. 北京：商务出版社 .

环境保护部，2008. 全国生态脆弱区保护规划纲要 [R].

蒋有绪, 2000. 森林生态学的任务及面临的发展问题 [J]. 世界科技研究与发展, 3: 1-3.

蒋有绪, 2001. 当前国际国内城市林业发展趋势与特点 // 中国科学技术协会 . 中国科协 2001 年学术年会分会场特邀报告汇编 [M]. 中国科学技术协会：中国水土保持学会, 329-332.

蒋有绪, 2001. 森林可持续经营与林业的可持续发展 [J]. 世界林业研究, 14（02）: 1-8.

蒋有绪，郭泉水，马娟, 2018. 中国森林群落分类及其群落学特征 [M]. 第 2 版 . 北京：科学出版社 .

李文华，2014. 森林生态服务核算——科学认识森林多种功能和效益的基础 [J]. 国土绿化，（11）: 7.

王兵, 2015. 森林生态连清技术体系构建与应用 [J]. 北京林业大学学报, 37（01）: 1-8.

王兵，崔向慧，杨锋伟, 2004. 中国森林生态系统定位研究网络的建设与发展 [J]. 生态学杂志，（4）: 84-91.

王兵，宋庆丰，2012. 森林生态系统物种多样性保育价值评估方法 [J]. 北京林业大学学报，34（2）: 155-160.

王兵，牛香，宋庆丰，2021. 基于全口径碳汇监测的中国森林碳中和能力分析 [J]. 环境保护，49（16）: 30-34.

吴征镒, 1980. 中国植被 [M]. 北京：科学出版社 .

吴中伦, 1997. 中国森林 [M]. 北京：中国林业出版社 .

张永利，杨锋伟，王兵，等 . 2010. 中国森林生态系统服务功能研究 [M]. 北京：科学出版社 .

张永民译 . 2007. 生态系统与人类福祉：评估框架 千年生态系统评估项目概念框架工作组的报告 [M]. 北京：中国环境科学出版社 .

赵士洞 . 2005. 美国国家生态观测站网络（NEON）——概念、设计和进展 [J]. 地球科学进展，20（5）: 578-583.

郑度, 2008. 中国生态地理区域系统研究 [M]. 北京：商务印书馆 .

郑度，葛全胜，张雪芹，等, 2005. 中国区划工作的回顾与展望 [J]. 地理研究，（3）: 330-334.

郑度，欧阳，周成虎, 2008. 对自然地理区划方法的认识与思考 [J]. 地理学报，（6）: 563-573.

郑度，杨勤业，赵名茶, 1997. 自然地域系统研究 [M]. 北京：中国环境科学出版社 .

中国科学院中国植被图编辑委员会，2007a. 中国植被及其地理格局（中华人民共和国植被图 1：1000000 说明书）[M]. 北京：地质出版社 .

中国科学院中国植被图编辑委员会, 2007b. 中华人民共和国植被图（1：1000000）[M]. 北京：地质出版社 .

中国森林资源核算研究项目组，2015. 生态文明制度构建中的中国森林核算研究 [M]. 北京：中国林业出版社 .

中华人民共和国国务院, 2015. 全国主体功能区规划 [M]. 北京：人民出版社 .

竺可桢, 1931. 中国气候区域论 [J]. 气象研究所集刊（1）: 124-129.

竺可桢, 宛敏渭, 1999. 物候学 [M]. 长沙：长沙湖南教育出版社 .

Committee on the National Ecological Observatory Network, 2004. NEON-Addressing the nation's environmental challenges[M]. Washington: The National Academy Press.

Costanza R, d'Arge R, de Groot R, et al, 1997. The value of the world's ecosystem services and natural capital[J]. Nature, 387（15）: 253-260.

Dick J, Andrews C, Beaumont D A, et al, 2016. Analysis of temporal change in delivery of ecosystem services over 20 years at long term monitoring sites of the UK Environmental Change Network[J]. Ecological Indicators, 68: 115-125.

Franklin J F, Bledsoe C S, Callahan J T, 1990. Contributions of the long term ecological research program[J]. Bioscience, 40: 509-523.

Guohua L, Bojie F, 1998. The principle and characteristics of ecological regionalization[J]. Techinques and Equipment For Enviro. poll. cont.

Hanson A U L, 2003. NSF hopes Congress will see the light on NEON[R].

Hobbie J E, Carpenter S R, Grimm N B, et al, 2003. The US long term ecological research program[J]. Bioscience, 53（1）: 21-32.

Lehtonen R, Särndal C E, Veijanen A, 2003. The effect of model choice in estimation for domains, including small domains[J]. Survey Methodology, 29（1）: 33-44.

Miller H J, 2004. Tobler' s first law and spatial analysis[J]. Annals of the Association of American Geographers, 94（2）: 284-289.

Miller J D, Adamson J K, Hirst D, 2001. Trends in stream water quality in environmental change network upland catchments: the first 5 years[J]. Science of the Total Environment, 265（1/3）: 27-38.

Niu X, Wang B, 2013b. Assessment of forestecosystem services in China: A methodology[J]. Journal of Food, Agriculture & Environment, 11（3&4）: 2249-2254.

Niu X, Wang B, Wei W J, 2013a. Chinese forest ecosystem research network: A platform for observing and studying sustainable forestry[M]. Journal of Food, Agriculture & Environment, 11（2）: 1008-1016.

Wang B , Wei W J , Liu C J , et al, 2013a. Biomass and carbon stock in moso bamboo forests in subtropical China: Characteristics and implications[J]. Journal of Tropical Forest science, 25(1): 137-148.

Wang B, Wang D, Niu X, 2013. Past, present and future forest resources in China and the implications for carbon sequestration dynamics[J]. Journal of Food Agriculture & Environment,

11（1）：801-806.

Wang B，Wei W J，Xing Z K，et al，2012. Biomass carbon pools of Cunninghamia lanceolata (Lamb.) Hook. forests in subtropical China: Characteristics and potential[J]. Scandinavian Journal of Forest Research，27（6），545-560.

附　表

表 1　退耕还林工程森林生态功能监测区基础信息

序号	编码	典型生态区	气候区	年均温（℃）	年均降水量（毫米）	地形地貌	土壤类型
1	AI（a）1	东北森林带大小兴安岭森林生态保育区	寒温带湿润性	-4～0	350～550	苔原、中低山、丘陵	棕色针叶林土
2	AII（a）1	东北森林带大小兴安岭森林生态保育区	中温带湿润性	-2～4	500～622	山地、低山丘陵、冲积平原	森林暗中壤、灰中壤
3	AII（a）2	东北森林带长白山森林生态保育区	中温带湿润性	-2～2.7	500～620	低山丘陵、冲积平原	山地暗棕壤、草甸土、沼泽土
4	AII（a）3	东北森林带三江平原、松嫩平原重要湿地保护恢复区	中温带湿润性	1.6～3.1	514～690	冲积平原、湖积平原、低山丘陵	草甸土、沼泽土、山地暗棕壤
5	AII（a）4	北方农牧交错生态脆弱区	中温带湿润性	0.2～4	470～700	低山丘陵、冲积平原、丘陵台地	黑土、黑钙土、草甸土、棕色森林土、山地暗棕壤、棕壤
6	AII（b）1	东北森林带大小兴安岭森林生态保育区	中温带半湿润性	-2～4	350～550	山地、低山丘陵、冲积平原	棕色针叶林土、灰色森林土、黑钙土
7	AII（b）3	东北森林带三江平原、松嫩平原重要湿地保护恢复区	中温带半湿润性	0.7～5.2	400～550	平原	黑钙土
8	AII（b）4	北方农牧交错生态脆弱区	中温带半湿润性	2.6～8.6	400～565	平原	黑钙土、棕壤、褐土、棕黄土、草甸土
9	BII（c）5	北方防沙带京津冀协同发展生态保护和修复区	中温带半干旱性	-0.3～7	400～520	盆地、低山丘陵、平原	黑土性土、栗钙土、褐土、黑垆土、棕壤、淋溶褐土
10	BII（c）6	黄河重点生态区黄土高原水土流失综合治理区	中温带半干旱性	3～10	230～514	丘陵、高原、沙漠、盆地	栗钙土、草甸土、风沙土、灰褐土、黄绵土
11	BIII（a）7	海岸带黄渤海生态综合整治与修复区	暖温带湿润性	7～13	600～900	平原	山地棕壤、滨海盐化潮土
12	BIII（b）4	北方农牧交错生态脆弱区	暖温带半湿润性	5～10	420～776	山地、丘陵	山地棕壤、褐土、淋溶褐土

（续）

序号	编码	典型生态区	气候区	年均温（℃）	年均降水量（毫米）	地形地貌	土壤类型
13	BIII（b）5	北方防沙带京津冀协同发展生态保护和修复区	暖温带半湿润性	2～13	400～620	山地、丘陵、平原	山地棕壤、褐土、淋溶褐土、盐碱土、潮土
14	BIII（b）6	黄河重点生态区黄土高原水土流失综合治理区	暖温带半湿润性	9～14	600～800	山地丘陵、盆地、高原	山地棕壤、褐土
15	BIII（b）8	黄河重点生态区黄河下游生态保护和修复区	暖温带半湿润性	12～15	600～900	平原、低山丘陵	砂姜黑土、潮土、两合土、褐色土、碳酸盐褐色土
16	BIII（b）9	沿海水陆交接带生态脆弱区	暖温带半湿润性	14	800～900	平原、低山丘陵	潮土、砂姜黑土、沙土
17	BIII（b）10	黄河重点生态区秦岭生态保护和修复区	暖温带半湿润性	8～13	700～1000	山地	淋溶褐土、黄褐土、棕壤、山地、山地草甸土、山地灰化棕壤
18	BIII（c）6	黄河重点生态区黄土高原水土流失综合治理区	暖温带半干旱性	5～10	350～700	丘陵	黄绵土、草甸土、黑垆土、褐土
19	CIV（a）9	沿海水陆交接带生态脆弱区	北亚热带湿润性	14.5～16.1	800～1800	丘陵、平原	黄棕壤、黄红壤、水稻土
20	CIV（a）10	黄河重点生态区秦岭生态保护和修复区	北亚热带湿润性	14～16	800～900	山地、盆地	黄褐土、山地棕色森林土、山地灰化土、高山草甸土
21	CIV（a）11	南水北调工程水源地生态修复区	北亚热带湿润性	13～14	700	山地、丘陵、黄土塬	黄棕壤、黄褐土、棕壤
22	CIV（a）12	长江重点生态区大巴山区生物多样性保护与生态修复区	北亚热带湿润性	9～15	800～1400	山地	山地黄壤、黄棕壤、棕壤
23	CIV（a）13	长江重点生态区大别山—黄山水土保持与生态修复区	北亚热带湿润性	15～16	900～1800	山地、丘陵、盆地	黄壤、黄棕壤、黄褐土、黄红壤、山地草甸土
24	CV（a）12	长江重点生态区大巴山区生物多样性保护与生态修复区	中亚热带湿润性	13～18.2	1000～1200	山地、丘陵、盆地	紫色土、黄壤、石灰岩、黄棕壤、黄褐土、黄红壤、山地草甸土
25	CV（a）14	长江重点生态区鄱阳湖、洞庭湖等河湖、湿地保护和修复区	中亚热带湿润性	16～18.2	1100～1600	山地、丘陵、平原	红壤、黄红壤、山地黄壤、冲积土水稻土

（续）

序号	编码	典型生态区	气候区	年均温（℃）	年均降水量（毫米）	地形地貌	土壤类型
26	CV（a）15	西南岩溶山地石漠化生态脆弱区	中亚热带湿润性	16～18	900～1800	山地、盆地	黄壤、黄红壤、紫色土、冲积土、棕色森林土、山地草甸土
27	CV（a）16	长江重点生态区三峡库区生态综合治理区	中亚热带湿润性	16～18.2	1000～1200	山地、丘陵	山地黄壤、山地黄棕壤和山地棕壤、紫色土、石灰土、水稻土
28	CV（a）17	长江重点生态区武陵山区生物多样性保护区	中亚热带湿润性	10～17.5	1200～1700	山地、丘陵、盆地	黄壤、山地黄壤、山地黄棕壤
29	CV（a）18	长江重点生态区长江上中游岩溶地区石漠化综合治理区	中亚热带湿润性	13～20	1000～1900	山地、丘陵、盆地、岩溶	红壤、黄壤、黄棕壤、棕色石灰土和黑色石灰土
30	CV（a）19	南方丘陵山地带湘桂岩溶地区石漠化综合治理区	中亚热带湿润性	16～19	1000～2200	山地、丘陵、盆地、岩溶	紫色土、红壤、黄壤、红黄壤、黄棕壤、石灰土
31	CV（a）20	南方丘陵山地带南岭山地森林及生物多样性保护区	中亚热带湿润性	18～21	1400～2000	山地丘陵	红壤、黄壤、石灰土
32	CV（a）21	南方红壤丘陵山地生态脆弱区	中亚热带湿润性	14～21	1100～2000	山地丘陵、平原、盆地	红壤、紫色土、黄壤、黄棕壤、黄褐土、红黄壤、棕色森林土、冲积土、水稻土
33	CV（a）22	南方丘陵山地带武夷山森林及生物多样性保护区	中亚热带湿润性	17～18	1500～2600	山地	红壤和黄壤
34	CVI（a）19	南方丘陵山地带湘桂岩溶地区石漠化综合治理区	南亚热带湿润性	20～22	7800～9000	石灰岩山地、砂页岩丘陵山地	赤红壤、砖红壤、红壤、石灰土
35	DV（a）18	长江重点生态区长江上中游岩溶地区石漠化综合治理区	中亚热带湿润性	15～18	1000～1200	山地、丘陵、盆地、岩溶山原	红壤、黄壤、紫色土、赤红壤、石灰土、红褐土
36	DVI（a）18	长江重点生态区长江上中游岩溶地区石漠化综合治理区	南亚热带湿润性	17～21	900～1600	岩溶山原	红壤、黄壤、赤红壤、石灰土、红褐土
37	EVI（a）23	海岸带北部湾典型滨海湿地生态系统保护和修复区	南亚热带湿润性	21～25	1300～2000	丘陵台地	砖红壤，赤红壤、红壤、黄壤、石灰土、冲积土
38	EVII（a）18	长江重点生态区长江上中游岩溶地区石漠化综合治理修复区	边缘热带湿润性	20～23	1200～2000	丘陵山地	砖红壤，赤红壤、红壤

（续）

序号	编码	典型生态区	气候区	年均温（℃）	年均降水量（毫米）	地形地貌	土壤类型
39	EVIII（a）24	海岸带海南岛热带生态系统保护和修复区	热带湿润性	23～28	1200～2900	丘陵山地、丘陵台地	砖红壤
40	FV（a）25	青藏高原生态屏障区藏东南高原生态保护和修复区	中亚热带湿润性	20	2500	山地、河谷	砖红壤、赤红壤、山地黄壤、沼泽土和冲积土
41	FV（a）26	长江重点生态区横断山区水源涵养与生物多样性保护区	中亚热带湿润性	17～21	1040～1700	高中山峡谷、山地丘陵	砖红壤、赤红壤、山地黄壤、红壤
42	FIX（b）27	青藏高原生态屏障区若尔盖—甘南草原湿地生态保护和修复区	高原亚寒带半湿润性	0.6～3.2	700	山地、盆地	高山灌丛草甸土、高山草甸土
43	FX（a/b）10	黄河重点生态区秦岭生态保护和修复区	高原温带湿润/半湿润性	8～12	400～800	山地、盆地	棕壤、褐土
44	FX（a/b）26	长江重点生态区横断山区水源涵养与生物多样性保护区	高原温带湿润/半湿润性	4～12	400～700	山地峡谷	高山灌丛草甸土、高山草甸土
45	FX（c）27	青藏高原生态屏障区若尔盖—甘南草原湿地生态保护和修复区	高原温带半干旱性	1～6	500～800	山地	栗钙土、灰褐土
46	GII（b）28	北方防沙带内蒙古高原生态保护和修复区	中温带半湿润性	0.5～1.5	500～550	山地	棕色针叶林土、灰色森林土
47	GII（c）28	北方防沙带内蒙古高原生态保护和修复区	中温带半干旱性	6～8.4	500～550	草原	栗钙土
48	GII（d）6	黄河重点生态区黄土高原水土流失综合治理区	中温带干旱性	5～9	200～500	黄土丘陵	棕钙土、灰钙土、黑垆土
49	GII（d）29	黄河重点生态区贺兰山生态保护和修复区	中温带干旱性	6～8.4	190～250	高原	棕钙土
50	HII（d）28	北方防沙带内蒙古高原生态保护和修复区	中温带干旱性	2～8	50～250	高原	棕钙土
51	HII（d）30	北方防沙带天山和阿尔泰山森林草原保护区	中温带干旱性	0～8	10～300	山地、盆地、荒漠	栗钙土、高山草甸土、灰色森林土
52	HII（d）31	北方防沙带河西走廊生态保护和修复区	中温带干旱性	7～8	40～150	冲积平原	灰棕荒漠土

（续）

序号	编码	典型生态区	气候区	年均温（℃）	年均降水量（毫米）	地形地貌	土壤类型
53	HII（d）32	青藏高原生态屏障区祁连山生态保护和修复区	中温带干旱性	4～9	35～76	平原戈壁	灰棕荒漠土
54	HIII（d）30	北方防沙带天山和阿尔泰山森林草原保护修复区	暖温带干旱性	4～9	0～10	盆地、沙漠	灰棕荒漠土
55	HIII（d）31	北方防沙带河西走廊生态保护和修复区	暖温带干旱性	6～10	35～76	冲积平原、沙漠	灰棕荒漠土
56	HIII（d）33	青藏高原生态屏障区藏西北羌塘高原—阿尔金草原荒漠生态保护和修复区	暖温带干旱性	8～10	0～50	盆地、平原	灰棕荒漠土
57	HIII（d）34	北方防沙带塔里木河流域生态修复区	暖温带干旱	8～10	10～80	冲积平原	灰棕荒漠土
58	HIII（d）35	西北荒漠绿洲交接生态脆弱区	暖温带干旱性	8～10	100～200	冲积平原	灰棕荒漠土
59	HIX（d）35	西北荒漠绿洲交接生态脆弱区	高原亚寒带干旱性	-10～-8	20～50	山地、丘陵	高山荒漠土
60	HX（d）33	青藏高原生态屏障区藏西北羌塘高原—阿尔金草原荒漠生态保护和修复区	高原温带干旱性	3以下	10～300	地、丘陵、盆地	灰棕荒漠土、盐土、高寒草原土
61	HX（d）34	北方防沙带塔里木河流域生态修复区	高原温带干旱性	0～3	50～100	山地、丘陵、盆地	高山荒漠土、高山草原土、山地棕漠土
62	HX（d）35	西北荒漠绿洲交接生态脆弱区	高原温带干旱性	0～3	100～200	山地、丘陵	高山荒漠土
63	IV（a）36	青藏高原生态屏障区西藏“两江四河”造林绿化与综合整治修复区	中亚热带湿润性	20～21	1000～3500	山地丘陵	高山荒漠土
64	IIX（b）36	青藏高原生态屏障区西藏“两江四河”造林绿化与综合整治修复区	高原亚寒带半湿润性	-3～-1	400～500	山地、丘陵、宽谷、湖盆相间	高寒草甸土
65	IIX（b）37	青藏高原生态屏障区三江源生态保护和修复区	高原亚寒带半湿润性	-4.2～0	300～550	中低山地、宽谷、湖盆	高寒草甸土

（续）

序号	编码	典型生态区	气候区	年均温（℃）	年均降水量（毫米）	地形地貌	土壤类型
66	IIX（c）33	青藏高原生态屏障区藏西北羌塘高原—阿尔金草原荒漠生态保护和修复区	高原亚寒带半干旱性	-5～0	150～300	低山、丘陵、宽谷、盆地	高山草原土、高山荒漠草原土
67	IIX（c）37	青藏高原生态屏障区三江源生态保护和修复区	高原亚寒带半干旱性	-5～0	100～300	低山、高原、丘陵	高山草原土、高山荒漠草原土
68	IIX（d）33	青藏高原生态屏障区藏西北羌塘高原—阿尔金草原荒漠生态保护和修复区	高原亚寒带干旱性	-10～3	20～150	山原	高山荒漠土、高山草原土和高山荒漠草原土
69	IIX（d）37	青藏高原生态屏障区三江源生态保护和修复区	高原亚寒带干旱性	-7～-2	100～150	山原	高山荒漠土、高山草原土和高山荒漠草原土
70	IX（a/b）25	青藏高原生态屏障区藏东南高原生态保护和修复区	高原温带湿润/半湿润性	4～12	400～1000	高山峡谷	褐色土、棕色森林土、高山灌丛草甸土
71	IX（c）25	青藏高原生态屏障区藏东南高原生态保护和修复区	高原温带半干旱性	7.5	400～550	河谷、盆地、山地	褐色土、高山草甸土
72	IX（c）32	青藏高原生态屏障区祁连山生态保护和修复区	高原温带半干旱性	8	200～300	山地、草原	荒漠土
73	IX（c）36	青藏高原生态屏障区西藏“两江四河”造林绿化与综合整治修复区	高原温带半干旱性	0～8	200～550	山地、盆地、丘陵	亚高山灌丛草原土、亚高山草原土、高山草原土、高山草甸土
74	IX（c）37	青藏高原生态屏障区三江源生态保护和修复区	高原温带半干旱性	0.2～3.4	300～400	山地、盆地	高山草原土
75	IX（d）32	青藏高原生态屏障区祁连山生态保护和修复区	高原温带干旱性	2	30～400	山地、盆地	栗钙土、灰棕荒漠土、盐土和草甸土
76	IX（d）33	青藏高原生态屏障区藏西北羌塘高原—阿尔金草原荒生态保护和修复区	高原温带干旱性	-1～1	50～77	山地宽谷、高山峡谷和洪积平原	亚高山荒漠土和荒漠草原土
77	IX（d）37	青藏高原生态屏障区三江源生态保护和修复区	高原温带干旱性	1～5	10～40	盆地、洪积平原	亚棕钙土和灰棕荒漠土

表 2　退耕还林工程森林生态功能监测网络布局

编码	气候区	典型生态区	建站数量	退耕还林工程生态效益监测站	依托已建生态站	退耕还林工程生态效益监测站站址	现状	类型	级别
AII（a）1	中温带湿润性	东北森林带大小兴安岭森林生态保育区	1	黑河站	黑龙江黑河森林生态系统国家定位观测研究站	黑龙江省黑河市	已建站	兼容型	一级站
AII（a）2	中温带湿润性	东北森林带长白山森林生态保育区	2	草河口站	辽宁辽东半岛森林生态系统国家定位观测研究站	辽宁省本溪市本溪县	已建站	兼容型	二级站
				长白山站	吉林长白山森林生态系统国家定位观测研究站	吉林省延边州敦化市	已建站	兼容型	一级站
AII（a）4	中温带湿润性	北方农牧交错生态脆弱区	1	冰砬山站	辽宁冰砬山森林生态系统国家定位观测研究站	辽宁省铁岭市西丰县	已建站	兼容型	二级站
AII（b）1	中温带半湿润性	东北森林带大小兴安岭森林生态保育区	1	阿荣旗站	内蒙古呼伦贝尔樟子松林生态系统国家定位观测研究站	内蒙古自治区呼伦贝尔市阿荣旗	已建站	兼容型	二级站
AII（b）3	中温带半湿润性	东北森林带三江平原、松嫩平原重要湿地保护恢复区	1	齐齐哈尔站	—	黑龙江省齐齐哈尔市泰来县	拟建站	专业型	二级站
AII（b）4	中温带半湿润性	北方农牧交错生态脆弱区	4	彰武站	—	辽宁省阜新市彰武县	拟建站	专业型	二级站
				松江源站	吉林松江源森林生态系统国家定位观测研究站	吉林省松原市长岭县	已建站	兼容型	一级站
				洮南站	—	吉林省白城市洮南市	拟建站	专业型	二级站
				扎赉特旗站	—	内蒙古自治区兴安盟扎赉特旗	拟建站	专业型	二级站
BII（c）5	中温带半干旱性	北方防沙带京津冀协同发展生态保护和修复区	2	康保站	河北小五台山森林生态系统国家定位观测研究站	河北省张家口市康保县	已建站	兼容型	二级站
				围场站	河北塞罕坝森林生态系统国家定位观测研究站	河北省承德市围场县	已建站	兼容型	二级站
BII（c）6	中温带半干旱性	黄河重点生态区黄土高原水土流失综合治理区	2	偏关站	—	山西省忻州市偏关县	拟建站	专业型	二级站
				阳高站	—	山西省大同市阳高县	拟建站	专业型	二级站

（续）

编码	气候区	典型生态区	建站数量	退耕还林工程生态效益监测站	依托已建生态站	退耕还林工程生态效益监测站站址	现状	类型	级别
BIII（a）7	暖温带湿润性	海岸带黄渤海生态综合整治与修复区	1	天津站	—	天津市	拟建站	专业型	二级站
BIII（b）4	暖温带半湿润性	北方农牧交错生态脆弱区	3	朝阳站	—	辽宁省朝阳市	拟建站	专业型	一级站
BIII（b）5	暖温带半湿润性	北方防沙带京津冀协同发展生态保护和修复区	2	太行山东坡站	河北太行山东坡森林生态系统国家定位观测研究站	河北省石家庄平山县	已建站	兼容型	一级站
				燕山站	北京燕山森林生态系统国家定位观测研究站	北京市怀柔区/密云区	已建站	兼容型	二级站
BIII（b）6	暖温带半湿润性	黄河重点生态区黄土高原水土流失综合治理区	5	清水站	—	甘肃省清水县	拟建站	专业型	二级站
				王屋山站	—	河南省济源市	拟建站	专业型	二级站
				中条山站	—	山西省运城市中条山	拟建站	专业型	一级站
				彭阳站	—	宁夏回族自治区固原市彭阳县	拟建站	专业型	二级站
				延安站	陕西黄龙山森林生态系统国家定位观测研究站	陕西省延安市宜川县/吴起县	已建站	兼容型	一级站
BIII（b）10	暖温带半湿润性	黄河重点生态区秦岭生态保护和修复区	3	洛阳站	—	河南省洛阳市洛宁县	拟建站	专业型	二级站
				三门峡站	—	河南省三门峡市陕州区/灵宝市	拟建站	专业型	二级站
				天水站	甘肃小陇山森林生态系统国家定位观测研究站	甘肃省天水市麦积区	已建站	兼容型	二级站
BIII（c）6	暖温带半干旱性	黄河重点生态区黄土高原水土流失综合治理区	5	黄土高原站	甘肃兴隆山森林生态系统国家定位观测研究站	甘肃省兰州市榆中县/定西市/会宁	已建站	兼容型	一级站
				海原站	—	宁夏回族自治区中卫市海原县	拟建站	专业型	二级站
				庆阳站	—	甘肃省庆阳市环县	拟建站	专业型	二级站
				石楼站	—	山西省吕梁市石楼县	拟建站	专业型	二级站
				靖边站	—	陕西省榆林市靖边县	拟建站	专业型	二级站

（续）

编码	气候区	典型生态区	建站数量	退耕还林工程生态效益监测站	依托已建生态站	退耕还林工程生态效益监测站站址	现状	类型	级别
CIV（a）10	北亚热带湿润性	黄河重点生态区秦岭生态保护和修复区	2	安康站	—	陕西省安康市旬阳县	拟建站	专业型	二级站
				商洛站	—	陕西省商洛市镇安县	拟建站	专业型	一级站
CIV（a）11	北亚热带湿润性	南水北调工程水源地生态修复区	1	淅川站	—	河南省南阳市淅川县	拟建站	专业型	一级站
CIV（a）12	北亚热带湿润性	长江重点生态区大巴山区生物多样性保护与生态修复区	1	大巴山站	湖北大巴山森林生态系统国家定位观测研究站	湖北省十堰市郧阳区	已建站	兼容型	二级站
CIV（a）13	北亚热带湿润性	长江重点生态区大别山—黄山水土保持与生态修复区	2	红安站	—	湖北省红安大别山	拟建站	专业型	二级站
				大别山站	河南鸡公山森林生态系统国家定位观测研究站	河南省信阳市光山县	已建站	兼容型	一级站
CV（a）12	中亚热带湿润性	长江重点生态区大巴山区生物多样性保护与生态修复区	1	南江站	—	四川省巴中市南江县	拟建站	专业型	一级站
CV（a）14	中亚热带湿润性	长江重点生态区鄱阳湖、洞庭湖等河湖、湿地保护和修复区	1	宿松站	安徽大别山森林生态系统国家定位观测研究站	安徽省安庆市宿松县	已建站	兼容型	二级站
CV（a）15	中亚热带湿润性	西南岩溶山地石漠化生态脆弱区	3	仪陇站	—	四川省南充仪陇县	拟建站	专业型	二级站
				宣汉站	—	四川省达州宣汉县	拟建站	专业型	一级站
				江津站	重庆缙云山森林生态系统国家定位观测研究站	重庆市江津区	已建站	兼容型	二级站
CV（a）16	中亚热带湿润性	长江重点生态区三峡库区生态综合治理区	1	云阳站	—	重庆市云阳县	拟建站	专业型	二级站
CV（a）17	中亚热带湿润性	长江重点生态区武陵山区生物多样性保护区	4	梵净山站	贵州梵净山森林生态系统国家定位观测研究站	贵州省铜仁市松桃县	已建站	兼容型	二级站

（续）

编码	气候区	典型生态区	建站数量	退耕还林工程生态效益监测站	依托已建生态站	退耕还林工程生态效益监测站站址	现状	类型	级别
CV（a）17	中亚热带湿润性	长江重点生态区武陵山区生物多样性保护区	4	武陵站	重庆武陵山森林生态系统国家定位观测研究站	重庆市酉阳县	已建站	兼容型	一级站
				湘西站	湖南慈利森林生态系统国家定位观测研究站	湖南省张家界慈利县/湘西州永顺县/龙山县	已建站	专业型	一级站
				恩施站	湖北恩施森林生态系统国家定位观测研究站	湖北省恩施州利川市	已建站	兼容型	一级站
CV（a）18	中亚热带湿润性	长江重点生态区长江上中游岩溶地区石漠化综合治理区	3	望谟站	—	贵州省黔西南望谟县	拟建站	专业型	二级站
				荔波站	贵州荔波喀斯特森林生态系统国家定位观测研究站	贵州省荔波县	已建站	兼容型	二级站
				安顺站	—	贵州省安顺市紫云县/镇宁县	拟建站	专业型	二级站
CV（a）19	中亚热带湿润性	南方丘陵山地带湘桂岩溶地区石漠化综合治理区	3	河池站	广西大瑶山森林生态系统国家定位观测研究站	广西壮族自治区河池市东兰县/凤山县	已建站	兼容型	一级站
				怀化站	湖南会同森林生态系统国家定位观测研究站	湖南省怀化市溆浦县	已建站	兼容型	二级站
				邵阳站	湖南南岭北江源森林生态系统国家定位观测研究站	湖南省邵阳市	已建站	兼容型	二级站
CV（a）20	中亚热带湿润性	南方丘陵山地带南岭山地森林及生物多样性保护区	1	桂林站	广西漓江源森林生态系统国家定位观测研究站	广西壮族自治区桂林市	已建站	兼容型	二级站
CV（a）21	中亚热带湿润性	南方红壤丘陵山地生态脆弱区	3	衡阳站	湖南衡山森林生态系统国家定位观测研究站	湖南省衡阳市耒阳市/衡南县/衡阳县	已建站	兼容型	二级站
				罗霄山区站	江西大岗山森林生态系统国家定位观测研究站	江西省罗霄山区	已建站	兼容型	一级站
				武宁站	江西庐山森林生态系统国家定位观测研究站	江西省九江市武宁县	已建站	兼容型	二级站
CV（a）22	中亚热带湿润性	南方丘陵山地带武夷山森林及生物多样性保护区	1	武夷山西坡站	江西武夷山西坡森林生态系统定位观测研究站	江西省抚州市资溪县	已建站	兼容型	二级站

（续）

编码	气候区	典型生态区	建站数量	退耕还林工程生态效益监测站	依托已建生态站	退耕还林工程生态效益监测站站址	现状	类型	级别
DV（a）18	中亚热带湿润性	长江重点生态区长江上中游岩溶地区石漠化综合治理区	9	广南监测站	云南广南石漠生态系统国家定位观测站	云南省文山州广南县	已建站	兼容型	二级站
				禄劝监测站	云南滇中高原森林生态系统国家定位观测研究站	云南省昆明市禄劝县	已建站	兼容型	二级站
				会泽监测站	—	云南省曲靖市会泽县	拟建站	专业型	一级站
				彝良监测站	—	云南省昭通市彝良县	拟建站	专业型	一级站
				遵义监测站	—	贵州省遵义桐梓县/习水县	拟建站	专业型	一级站
				水城监测站	—	贵州省六盘水市水城县	拟建站	专业型	一级站
				毕节监测站	—	贵州省毕节市	拟建站	专业型	一级站
				叙永监测站	—	四川省泸州叙永县	拟建站	专业型	二级站
				百色监测站	—	广西壮族自治区百色市隆林县	拟建站	专业型	一级站
DVI（a）18	南亚热带湿润性	长江重点生态区长江上中游岩溶地区石漠化综合治理区	2	红河监测站	云南建水石漠生态系统国家定位观测研究站	云南省红河州	已建站	兼容型	二级站
				临沧监测站	—	云南省临沧市	拟建站	专业型	一级站
EVI（a）23	南亚热带湿润性	海岸带北部湾典型滨海湿地生态系统保护和修复区	1	十万大山站	—	广西壮族自治区防城港市	拟建站	专业型	二级站
EVII（a）18	边缘热带湿润性	长江重点生态区长江上中游岩溶地区石漠化综合治理修复区	1	普洱站	云南普洱森林生态系统国家定位观测研究站	云南省普洱市澜沧县	已建站	兼容型	二级站
EVIII（a）24	热带湿润性	海岸带海南岛热带生态系统保护和修复区	2	昌江站	海南五指山森林生态系统国家定位观测研究站	海南省昌江县	已建站	兼容型	二级站
				儋州站	—	海南省儋州市	拟建站	专业型	一级站

（续）

编码	气候区	典型生态区	建站数量	退耕还林工程生态效益监测站	依托已建生态站	退耕还林工程生态效益监测站站址	现状	类型	级别
FV（a）26	中亚热带湿润性	长江重点生态区横断山区水源涵养与生物多样性保护区	6	兰坪站	云南高黎贡山森林生态系统国家定位观测研究站	云南省怒江州兰坪县	已建站	兼容型	一级站
				盐边站	—	四川省攀枝花市盐边县	拟建站	专业型	二级站
				宁蒗站	—	云南省丽江市宁蒗县	拟建站	专业型	二级站
				大凉山站	—	四川省凉山州越西县	拟建站	专业型	一级站
				峨眉山站	四川峨眉山森林生态系统国家定位观测研究站	四川省乐山市马边县	已建站	兼容型	二级站
				青川站	—	四川广元市青川县	拟建站	专业型	二级站
FX（a/b）10	高原温带湿润/半湿润性	黄河重点生态区秦岭生态保护和修复区	1	甘南黄河站	甘肃白龙江森林生态系统国家定位观测研究站	甘肃省甘南州舟曲县	已建站	兼容型	一级站
FX（a/b）26	高原温带湿润/半湿润性	长江重点生态区横断山区水源涵养与生物多样性保护区	1	甘孜站	—	四川省甘孜康定市/丹巴	拟建站	专业型	一级站
GII（b）28	中温带半湿润性	北方防沙带内蒙古高原生态保护和修复区	1	科尔沁左翼中旗站	内蒙古特金罕山森林生态系统国家定位观测研究站	内蒙古自治区科尔沁左翼中旗	已建站	兼容型	二级站
GII（c）28	中温带半干旱性	北方防沙带内蒙古高原生态保护和修复区	5	固阳站	—	内蒙古自治区包头市固阳县	拟建站	专业型	一级站
				四子王旗站	内蒙古大青山森林生态系统国家定位观测研究站	内蒙古自治区四子王旗/武川县	已建站	兼容型	一级站
				赤峰站	内蒙古赤峰森林生态系统国家定位观测研究站	内蒙古自治区赤峰市阿鲁科尔沁旗	已建站	兼容型	一级站
				锡林郭勒站	内蒙古赛罕乌拉森林生态系统国家定位观测研究站	内蒙古自治区锡林郭勒	已建站	兼容型	二级站
				鄂尔多斯站	内蒙古鄂尔多斯森林生态系统国家定位观测研究站	内蒙古自治区鄂尔多斯市准格尔旗	已建站	兼容型	二级站
GII（d）6	中温带干旱性	黄河重点生态区黄土高原水土流失综合治理区	1	盐池站	宁夏盐池沙地生态系统国家定位观测研究站	宁夏回族自治区吴忠市盐池县	已建站	兼容型	二级站

（续）

编码	气候区	典型生态区	建站数量	退耕还林工程生态效益监测站	依托已建生态站	退耕还林工程生态效益监测站站址	现状	类型	级别
GII（d）29	中温带干旱性	黄河重点生态区贺兰山生态保护和修复区	1	贺兰山站	宁夏贺兰山森林生态系统国家定位观测研究站	宁夏回族自治区银川	已建站	兼容型	一级站
HII（d）30	中温带干旱性	北方防沙带天山和阿尔泰山森林草原保护区	3	石河子站	—	新疆维吾尔自治区塔城区沙湾县	拟建站	专业型	二级站
				福海站	新疆阿尔泰山森林生态系统国家定位观测研究站	新疆维吾尔自治区阿勒泰地区哈福海县	已建站	兼容型	二级站
				伊犁站	新疆西天山森林生态系统国家定位观测研究站	新疆维吾尔自治区伊犁州尼勒克县	已建站	兼容型	二级站
HII（d）31	中温带干旱性	北方防沙带河西走廊生态保护和修复区	1	民勤站	甘肃河西走廊森林生态系统国家定位观测研究站	甘肃省民勤县	已建站	兼容型	一级站
HII（d）32	中温带干旱性	青藏高原生态屏障区祁连山生态保护和修复区	1	肃南裕固站	甘肃祁连山森林生态系统国家定位观测研究站	甘肃省肃南裕固族自治县	已建站	兼容型	一级站
HIII（d）34	暖温带干旱	北方防沙带塔里木河流域生态修复区	1	轮台站	新疆胡杨林森林生态系统国家定位观测研究站	新疆维吾尔自治区巴音郭楞蒙古自治州轮台县	已建站	兼容型	一级站
HIII（d）35	暖温带干旱性	西北荒漠绿洲交接生态脆弱区	1	阿克苏站	新疆阿克苏森林生态系统国家定位观测研究站	新疆维吾尔自治区阿克苏地区温宿县	已建站	兼容型	二级站
IX（a/b）25	高原温带湿润/半湿润性	青藏高原生态屏障区藏东南高原生态保护和修复区	1	波密站	西藏林芝森林生态系统国家定位观测研究站	西藏自治区林芝市波密县	已建站	兼容型	一级站
IX（c）37	高原温带半干旱性	青藏高原生态屏障区三江源生态保护和修复区	1	贵南站	—	青海省海南州贵南县	拟建站	专业型	二级站
IX（d）32	高原温带干旱性	青藏高原生态屏障区祁连山生态保护和修复区	1	德令哈站	—	青海省海西州德令哈市	拟建站	专业型	二级站

附　件

生态系统服务价值的实现路径

绿水青山就是金山银山。建立生态产品价值实现机制，把看不见、摸不着的生态效益转化为经济效益、社会效益，既是践行绿水青山就是金山银山理念的重要举措，更是完善生态文明制度体系的有益探索。

日前，记者采访了国家林业和草原局典型林业生态工程效益监测评估国家创新联盟首席科学家王兵，他从宏观理论到具体实践，讲述了生态产品价值实现的一些模式与路径，以及生态价值核算的最新进展，全方位展示了生态产品价值实现的重要意义。

早在2009年，我国首次公布森林生态系统服务功能的货币价值量，仅固碳释氧、涵养水源、保育土壤、净化大气环境、积累营养物质及生物多样性保护6项生态服务功能年价值量就达10.01万亿元。2014年，我国公布第二次全国森林生态系统服务功能年价值量为12.68万亿元。

王兵介绍，根据第九次全国森林资源清查结果估算，当前我国森林生态系统服务功能年价值量为15.88万亿元。在他主编的《中国森林资源及其生态功能四十年监测与评估》一书中显示，近40年间，我国森林生态功能显著增强，其中，固碳量、释氧量和吸收污染气体量实现了倍增，其他各项功能增幅也均在70%以上。

“我国具备多尺度、多目标森林生态系统服务评估能力，评估标准符合国家标准，数据科学真实。”王兵说。他介绍，科研人员在全国森林生态系统服务评估实践中，以全国历次森林资源清查数据和森林生态连清数据为基础，利用分布式测算方法，开展了全国森林生态系统服务评估；在省域尺度森林生态系统服务评估实践中，以同样的方法和科学的算法，完成了省级行政区、代表性地市、林区等60个区域的森林生态系统服务评估。

如安徽省，2014年全省森林生态系统服务年价值量为4804.79亿元，相当于当年全省GDP的23.05%。再如内蒙古自治区呼伦贝尔市，2014年全市森林生态系统服务功能年价值量为6870.46亿元，相当于当年全市GDP的4.51倍。

“核算生态服务功能的价值不是我们的目的，以货币化形式评价森林生态效益、衡量林业生态建设成效，不仅可以提高人们对森林生态效益重要性的认识，提升人们的生态文明意识，更有助于探索森林生态效益精准量化补偿的实现路径、自然资源资产负债表编制的实现路径、绿色碳库功能生态权益交易价值化实现路径等。也就是说，生态产品价值实现的实质就是将生态产品的使用价值转化为交换价值的过程。”王兵说。

森林生态效益科学量化补偿是基于人类发展指数的多功能定量化补偿，结合了森林生态系统服务和人类福祉的其他相关关系，并符合不同行政单元财政支付能力的一种给予森林生态系统服务提供者的奖励。以内蒙古大兴安岭林区森林生态系统服务功能评估为例，以此评估数据可以计算得出森林生态效益定量化补偿系数、财政相对能力补偿指数、补偿总量及补偿额度。结果表明：森林生态效益多功能生态效益补偿额度为每年每公顷232.8元，为政策性补偿额度的3倍，其中，主要优势树种（组）生态效益补偿额度最高的为枫桦，每公顷达303.53元。

自然资源资产负债表编制工作是政府对资源节约利用和生态环境保护的重要决策。内蒙古自治区已经探索出了编制路径，使国家建立这项制度、科学评价领导干部任期内的生态政绩和问责成为可能。内蒙古为客观反映森林资源资产的变化，编制负债表时创新性地设立了3个账户，即一般资产账户、森林资源资产账户和森林生态服务功能账户，还创新了财务管理系统管理森林资源，使资产、负债和所有者权益的恒等关系一目了然，对于在全区乃至全国推行自然资源资产负债表编制具有现实意义。

绿色碳库功能生态权益交易是指生产消费关系较为明确的生态系统服务权益、污染排放权益和资源开发权益的产权人和受益人之间，直接通过一定机制实现生态产品价值的模式。以广西壮族自治区森林生态系统服务的“绿色碳汇”功能为例，广西森林生态系统固定二氧化碳量为每年1.79亿吨，同期全区工业二氧化碳排放量为1.55亿吨。所以，广西工业排放的二氧化碳完全可以被森林所吸收，其生态系统服务转化率达100%，实现了二氧化碳零排放。同时，广西还可以采用生态权益交易中的污染排放权益模式，将“绿色碳库”功能以碳封存的方式交易，用于企业的碳排放权购买。

王兵介绍，生态系统服务价值化实现路径可分为就地实现和迁地实现。就地实现是在生态系统服务产生区域内完成价值化实现，如固碳释氧、净化大气环境等生态功能价值化实现。迁地实现是在生态系统服务产生区域之外完成价值化实现，如大江大河上游森林生态系统涵养水源功能的价值化实现需要在中、下游予以体现。

森林生态系统功能所产生的服务作为最普惠的生态产品，实现其价值转化具有重大的战略作用和现实意义。王兵认为，建立健全生态系统服务实现机制，既是贯彻落实习近平生态文明思想、践行绿水青山就是金山银山理念的重要举措，也是坚持生态优先、推动绿色发展、建设生态文明的必然要求。当前，我国的科研工作者还需要开展更为广泛的生态系统服务转化率的研究，将其进一步细化为就地转化和迁地转化。这也是未来生态系统服务价值化实现途径的重要研究方向。

摘自：《中国绿色时报》2020年11月10日第2版

中国森林生态系统服务评估及其价值化实现路径设计

王兵　牛香　宋庆丰

习近平总书记在《关于〈中共中央关于全面深化改革若干重大问题的决定〉的说明》中提到山水林田湖是一个生命共同体，人的命脉在田，田的命脉在水，水的命脉在山，山的命脉在土，土的命脉在树。由此可以看出，森林高居山水林田湖生命共同体的顶端，在2500年前的《贝叶经》中也把森林放在了人类生存环境的最高位置，即：有林才有水，有水才有田，有田才有粮，有粮才有人。森林生态系统是维护地球生态平衡最主要的一个生态系统，在物质循环、能量流动和信息传递方面起到了至关重要的作用。特别是森林生态系统服务发挥的"绿色水库""绿色碳库""净化环境氧吧库"和"生物多样性基因库"四个生态库功能，为经济社会的健康发展尤其是人类福祉的普惠提升提供了生态产品保障。目前，如何核算森林生态功能与其服务的转化率以及价值化实现，并为其生态产品设计出科学可行的实现路径，正是当今研究的重点和热点。本文将基于大量的森林生态系统服务评估实践，开展价值化实现路径设计研究，为"绿水青山"向"金山银山"转化提供可复制、可推广的范式。

森林生态系统服务评估技术体系

利用森林生态系统连续观测与清查体系（以下简称"森林生态连清体系"，图1），基于以中华人民共和国国家标准为主体的森林生态系统服务监测评估标准体系，获取森林资源数据和森林生态连清数据，再辅以社会公共数据进行多数据源耦合，按照分布式测算方法，开展森林生态系统服务评估。

森林生态连清技术体系

森林生态连清体系是以生态地理区划为单位，以国家现有森林生态站为依托，采用长期定位观测技术和分布式测算方法，定期对同一森林生态系统进行重复的全指标体系观测与清查的技术。它可以配合国家森林资源连续清查（以下简称"森林资源连清"），形成国家森林资源清查综合调查新体系，用以评价一定时期内森林生态系统的质量状况。森林生态连清体系将森林资源清查、生态参数观测调查、指标体系和价值评估方法集于一套框架中，即通过合理布局来制定实现评估区域森林生态系统特征的代表性，又通过标准体系来规范从观测、分析、测算评估等各阶段工作。这一套体系是在耦合森林资源数据、生态连清数据和社会经济价格数据的基础上，在统一规范的框架下完成对森林生态系统服务功能的评估。

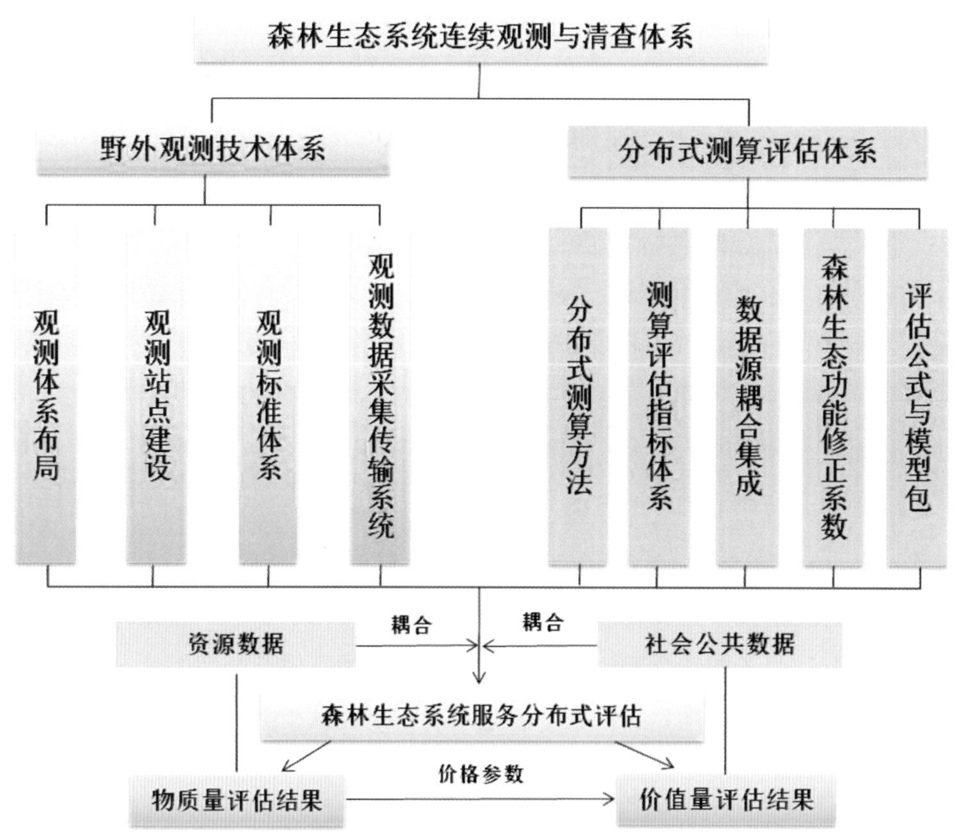

图 1　森林生态系统服务连续观测与清查体系框架

评估数据源的耦合集成

第一，森林资源连清数据。依据《森林资源连续清查技术规程》(GB/T 38590—2020)，从森林资源自身生长、分布规律和特点出发，结合我国国情、林情和森林资源管理特点，采用抽样调查技术和以"3S"技术为核心的现代信息技术，以省份为控制总体，通过固定样地设置和定期实测的方法，以及国家林业和草原局对不同省份具体时间安排，定期对森林资源调查所涉及到的所有指标进行清查。目前，全国已经开展了 9 次全国森林资源清查。

第二，森林生态连清数据。依据《森林生态系统定位观测指标体系》(GB/T 35377—2017) 和《森林生态系统长期定位观测方法》(GB/T 33027—2016)，来自全国森林生态站、辅助观测点和大量固定样地的长期监测数据。森林生态站监测网络布局是以典型抽样为指导思想，以全国水热分布和森林立地情况为布局基础，辅以重点生态功能区和生物多样性优先保护区，选择具有典型性、代表性和层次性明显的区域完成森林生态网络布局。

第三，社会公共数据。社会公共数据来源于我国权威机构所公布的社会公共数据，包

括《中国水利年鉴》《中华人民共和国水利部水利建筑工程预算定额》、中国农业信息网（http://www.agri.gov.cn/）、卫生部网站（http://wsb.moh.gov.cn/）、《中华人民共和国环境保护税法》中的《环境保护税税目税额表》。

标准体系

由于森林生态系统长期定位观测涉及不同气候带、不同区域，范围广、类型多、领域多、影响因素复杂，这就要求在构建森林生态系统长期定位观测标准体系时，应综合考虑各方面因素，紧扣林业生产的最新需求和科研进展，既要符合当前森林生态系统长期定位观测研究需求，又具有良好的扩充和发展的弹性。通过长期定位观测研究经验的积累，并借鉴国内外先进的野外观测理念，构建了包括三项国家标准（GB/T 33027—2016、GB/T 35377—2017 和 GB/T 38582—2020）在内的森林生态系统长期定位观测标准体系（图 2），涵盖观测站建设、观测指标、观测方法、数据管理、数据应用等方面，确保了各生态站所提供生态观测数据的准确性和可比性，提升了生态观测网络标准化建设和联网观测研究能力。

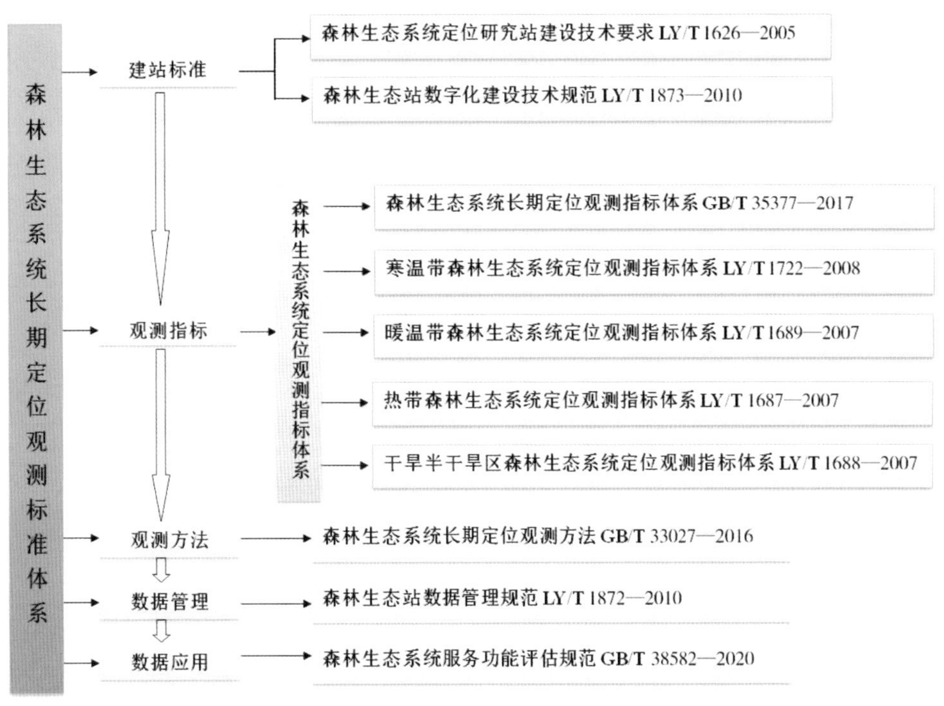

图 2 森林生态系统长期定位观测标准体系

分布式测算方法

森林生态系统服务评估是一项非常庞大、复杂的系统工程，很适合划分成多个均质化的生态测算单元开展评估。因此，分布式测算方法是目前评估森林生态系统服务所采用的一种较为科学有效的方法，通过诸多森林生态系统服务功能评估案例也证实了分布式测算方法能够保证结果的准确性及可靠性。

分布式测算方法的具体思路如下：第一，将全国（香港、澳门、台湾除外）按照省级行政区划分为第1级测算单元；第二，在每个第1级测算单元中按照林分类型划分成第2级测算单元；第三，在每个第2级测算单元中，再按照起源分为天然林和人工林第3级测算单元；第四，在每个第3级测算单元中，再按照林龄组划分为幼龄林、中龄林、近熟林、成熟林、过熟林第4级测算单元，结合不同立地条件的对比观测，最终确定若干个相对均质化的森林生态连清数据汇总单元。

基于生态系统尺度的定位实测数据，运用遥感反演、模型模拟（如IBIS—集成生物圈模型）等技术手段，进行由点到面的数据尺度转换。将点上实测数据转换至面上测算数据，即可得到森林生态连清汇总单元的测算数据，将以上均质化的单元数据累加的结果即为汇总结果。

多尺度多目标森林生态系统服务评估实践

全国尺度森林生态系统服务评估实践

在全国尺度上，以全国历次森林资源清查数据和森林生态连清数据（森林生态站、生态效益监测点以及1万余个固定样地的长期监测数据）为基础，利用分布式测算方法，开展了全国森林生态系统服务评估。其中，2009年11月17日，基于第七次全国森林资源清查数据的森林生态系统服务评估结果公布，全国生态服务功能价值量为10.01万亿元/年；2014年10月22日，原国家林业局和国家统计局联合公布了第二期（第八次森林资源清查数据）全国森林生态系统服务评估总价值量为12.68万亿元/年；最新一期（第九次森林资源清查）全国森林生态系统服务评估总价值量为15.88万亿元/年。《中国森林资源及其生态功能四十年监测与评估》研究结果表明：近40年间，我国森林生态功能显著增强，其中，固碳量、释氧量和吸收污染气体量实现了倍增，其他各项功能增长幅度也均在70%以上。

省域尺度森林生态系统服务评估实践

在全国选择60个省级及代表性地市、林区等开展森林生态系统服务评估实践，评估结果以“中国森林生态系统连续观测与清查及绿色核算”系列丛书的形式向社会公布。该丛书包括了我国省级及以下尺度的森林生态连清及价值评估的重要成果，展示了森林生态连清在我国的发展过程及其应用案例，加快了森林生态连清的推广和普及，使人们更加深入地了解了森林生态连清体系在当代生态文明中的重要作用，并把“绿水青山价值多少金山银山”这本账算得清清楚楚。

省级尺度上，如安徽卷研究结果显示，安徽省森林生态系统服务总价值为4804.79亿元/年，相当于2012年安徽省GDP（20849亿元）的23.05%，每公顷森林提供的价值平均为9.60

万元/年。代表性地市尺度上，如在呼伦贝尔国际绿色发展大会上公布的2014年呼伦贝尔市森林生态系统服务功能总价值量为6870.46亿元，相当于该市当年GDP的4.51倍。

林业生态工程监测评估国家报告

基于森林生态连清体系，开展了我国林业重大生态工程生态效益的监测评估工作，包括：退耕还林（草）工程和天然林资源保护工程。退耕还林（草）工程共开展了5期监测评估工作，分别针对退耕还林6个重点监测省份、长江和黄河流域中上游退耕还林工程、北方沙化土地的退耕还林工程、退耕还林工程全国实施范围、集中连片特困地区退耕还林工程开展了工程生态效益、社会效益和经济效益的耦合评估。针对天然林资源保护工程，分别在东北、内蒙古重点国有林区和黄河流域上中游地区开展了2期天然林资源保护工程效益监测评估工作。

森林生态系统服务价值化实现路径设计

生态产品价值实现的实质就是生态产品的使用价值转化为交换价值的过程，张林波等在国内外生态文明建设实践调研的基础上，从生态产品使用价值的交换主体、交换载体、交换机制等角度，归纳形成8大类和22小类生态产品价值实现的实践模式或路径。结合森林生态系统服务评估实践，我们将9项功能类别与8大类实现路径建立了功能与服务转化率高低和价值化实现路径可行性的大小关系（图3）。生态系统服务价值化实现路径可分为就地实现和迁地实现。就地实现为在生态系统服务产生区域内完成价值化实现，例如，固碳释氧、净化大气环境等生态功能价值化实现；迁地实现为在生态系统服务产生区域之外完成价值化实现，例如，大江大河上游森林生态系统涵养水源功能的价值化实现需要在中、下中游予以体现。基于建立的功能与服务转化率高低和价值化实现路径可行性的大小关系，以具体研究案例进行生态系统服务价值化实现路径设计，具体研究内容如下：

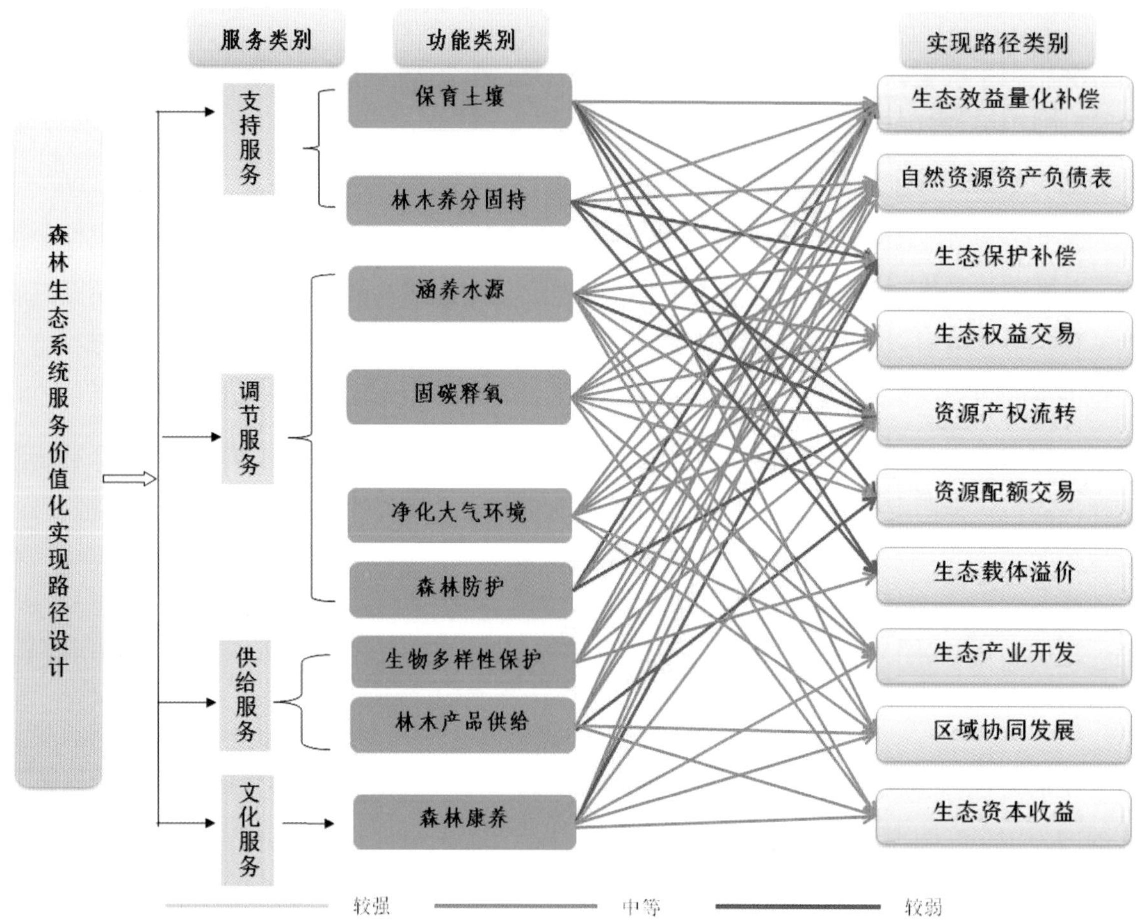

图3　森林生态系统服务价值化实现路径设计

森林生态效益精准量化补偿实现路径

森林生态效益科学量化补偿是基于人类发展指数的多功能定量化补偿，结合了森林生态系统服务和人类福祉的其他相关关系，并符合不同行政单元财政支付能力的一种对森林生态系统服务提供者给予的奖励。探索开展生态产品价值计量，推动横向生态补偿逐步由单一生态要素向多生态要素转变，丰富生态补偿方式，加快探索“绿水青山就是金山银山”的多种现实转化路径。

例如，内蒙古大兴安岭林区森林生态系统服务功能评估，利用人类发展指数，从森林生态效益多功能定量化补偿方面进行了研究，计算得出森林生态效益定量化补偿系数、财政相对能力补偿指数、补偿总量及补偿额度。结果表明：森林生态效益多功能生态效益补偿额度为 15.52 元 /（亩·年），为政策性补偿额度（平均每年每亩 5 元）的 3 倍。由于不同优势树种（组）的生态系统服务存在差异，在生态效益补偿上也应体现出差别，经计算得出：主要优势树种（组）生态效益补偿分配系数介于 0.07% ~ 46.10%，补偿额度最高的为枫桦 303.53 元 / 公顷，其次为其他硬阔类 299.94 元 / 公顷。

自然资源资产负债表编制实现路径

目前，我国正大力推进的自然资源资产负债表编制工作，这是政府对资源节约利用和生态环境保护的重要决策。根据国内外研究成果，自然资源资产负债表包括3个账户，分别为一般资产账户、森林资源资产账户和森林生态系统服务账户。

例如，内蒙古自治区在探索编制负债表的进程中，先行先试，率先突破，探索出了编制森林资源资产负债表的可贵路径，使国家建立这项制度、科学评价领导干部任期内的生态政绩和问责成为了可能。内蒙古自治区为客观反映森林资源资产的变化，编制负债表时以翁牛特旗高家梁乡、桥头镇和亿合公镇3个林场为试点创新性地分别设立了3个账户，即一般资产账户、森林资源资产账户和森林生态系统服务账户，还创新了财务管理系统管理森林资源，使资产、负债和所有者权益的恒等关系一目了然。3个林场的自然资源价值量分别为：5.4亿元、4.9亿元和4.3亿元，其中，3个试点林场生态服务服务总价值为11.2亿元，林地和林木的总价值为3.4亿元。

退耕还林工程生态环境保护补偿与生态载体溢价价值化实现路径

退耕还林工程就是从保护生态环境出发，将水土流失严重的耕地，沙化、盐碱化、石漠化严重的耕地以及粮食产量低而不稳的耕地，有计划、有步骤地停止耕种，因地制宜地造林种草，恢复植被。集中连片特困区的退耕还林工程既是生态修复的“主战场”，也是国家扶贫攻坚的“主战场”。退耕还林作为“生态扶贫”的重要内容和林业扶贫“四个精准”举措之一，在全面打赢脱贫攻坚战中承担了重要职责，发挥了重要作用。经评估得出：退耕还林工程在集中连片特困区产生了明显的社会和经济效益。

1. 退耕还林工程生态保护补偿价值化实现路径

生态保护补偿狭义上是指政府或相关组织机构从社会公共利益出发向生产供给公共性生态产品的区域或生态资源产权人支付的生态保护劳动价值或限制发展机会成本的行为，是公共性生态产品最基本、最基础的经济价值实现手段。

退耕还林工程实施以来，退耕农户从政策补助中户均直接收益9800多元，占退耕农民人均纯收入的10%，宁夏一些县级行政区达到了45%以上。截至2017年年底，集中连片特困地区的341个被监测县级行政区共有1108.31万个农户家庭参与了退耕还林工程，占这些地方农户总数的30.54%，农户参与数分别为1998年和2007年的369倍和2.50倍，所占比重分别比1998年和2007年上升了23.32个百分点和14.42个百分点。黄河流域的六盘山区和吕梁山区属于集中连片特困地区，参与退耕还林工程的农户数分别为16.69万户和31.50万户，参与率分别为20.92%和38.16%。通过政策性补助的方式，提升了参与农户的收入水平。

2. 退耕还林工程生态产品溢价价值化实现路径

一是以林脱贫的长效机制开始建立。新一轮退耕还林工程不限定生态林和经济林比例，

农户根据自己意愿选择树种，这有利于实现生态建设与产业建设协调发展，生态扶贫和精准扶贫齐头并进，以增绿促增收，奠定了农民以林脱贫的资源基础。据监测结果显示，样本户的退耕林木有六成以上已成林，且 90% 以上长势良好，三成以上的农户退耕地上有收入。甘肃省康县平洛镇瓦舍村是建档立卡贫困村，2005 年通过退耕还林种植 530 亩核桃，现在每株可挂果 8 千克，每亩收入可达 2000 元，贫困户人均增收 2200 元。

二是实现了绿岗就业。首先，实现了农民以林就业，2017 年样本县农民在退耕林地上的林业就业率为 8.01%，比 2013 年增加了 2.26 个百分点。自 2016 年开始，中央财政安排 20 亿元购买生态服务，聘用建档立卡贫困群众为生态护林员。一些地方政府把退耕还林工程与生态护林员政策相结合，通过购买劳务的方式，将一批符合条件的贫困退耕人口转化为生态护林员，并积极开发公益岗位，促进退耕农民就业。

三是培育了地区新的经济增长点。第一，林下经济快速发展。2017 年，集中连片特困地区监测县在退耕地上发展的林下种植和林下养殖产值分别达到 434.3 亿元和 690.1 亿元，分别比 2007 年增加了 3.37 倍和 5.36 倍。宁夏回族自治区彭阳县借助退耕还林工程建设，大力发展林下生态鸡，探索出“合作社 + 农户 + 基地”的模式，建立产销一条龙的机制，直接经济收入达到了 4000 万元。第二，中药材和干鲜果品发展成绩突出。2017 年，集中连片特困地区监测县在退耕地上种植的中药材和干鲜果品的产量分别为 34.4 万吨和 225.2 万吨，与 2007 年相比，在退耕地上发展的中药材增长了 5.97 倍，干鲜果品增长了 5.54 倍。第三，森林旅游迅猛发展。2017 年集中连片特困地区监测县的森林旅游人次达到了 4.8 亿人次，收入达到了 3471 亿元，是 2007 年的 4 倍、1998 年的 54 倍。

绿色水库功能区域协同发展价值化实现路径

区域协同发展是指公共性生态产品的受益区域与供给区域之间通过经济、社会或科技等方面合作实现生态产品价值的模式，是有效实现重点生态功能区主体功能定位的重要模式，是发挥中国特色社会主义制度优势的发力点。

潮白河发源于河北省承德市丰宁县和张家口市沽源县，经密云水库的泄水分两股进入潮白河系，一股供天津生活用水；一股流入北京市区，是北京重要水源之一。根据《北京市水资源公报（2015）》，北京市 2015 年对潮白河的截流量为 2.21 亿立方米，占北京当年用水量（38.2 亿立方米）的 5.79%。同年，张承地区潮白河流域森林涵养水源的“绿色水库功能”为 5.28 亿立方米，北京市实际利用潮白河流域森林涵养水源量占其“绿色水库功能”的 41.83%。

滦河发源地位于燕山山脉的西北部，向西北流经沽源县，经内蒙古自治区正蓝旗转向东南又进入河北省丰宁县。河流蜿蜒于峡谷之间，至潘家口越长城，经罗家屯龟口峡谷入冀东平原，最终注入渤海。根据《天津市水资源公报（2015）》，2015 年，天津市引滦调水量为4.51亿立方米，占天津市当年用水量（23.37亿立方米）的19.30%。同年，张承地区滦河流域森林涵养水源的“绿色水库功能”为25.31亿立方米/年，则天津市引滦调水量占其滦河流域森林“绿色水库功能”的17.81%。

作为京津地区的生态屏障，张承地区森林生态系统对京津地区水资源安全起到了非常重要的作用。森林涵养的水源通过潮白河、滦河等河流进入京津地区，缓解了京津地区水资源压力。京津地区作为水资源生态产品的下游受益区，应该在下游受益区建立京津—张承协作共建产业园，这种异地协同发展模式不仅保障了上游水资源生态产品的持续供给，同时为上游地区提供了资金和财政收入，有效地减少了上游地区土地开发强度和人口规模，实现了上游重点生态功能区定位。

净化水质功能资源产权流转价值化实现路径

资源产权流转模式是指具有明确产权的生态资源通过所有权、使用权、经营权、收益权等产权流转实现生态产品价值增值的过程，实现价值的生态产品既可以是公共性生态产品，也可以是经营性生态产品。

在全面停止天然林商业性采伐后，吉林省长白山森工集团面临着巨大的转型压力，但其森林生态系统服务是巨大的，尤其是在净化水质方面，其优质的水资源已经被人们所关注。森工集团天然林年涵养水源量为48.75亿立方米/年，这部分水资源大部分会以地表径流的方式流出森林生态系统，其余的以入渗的方式补给了地下水，之后再以泉水的方式涌出地表，成为优质的水资源。农夫山泉在全国有7个水源地，其中之一便位于吉林长白山。吉林长白山森工集团有自有的矿泉水品牌——泉阳泉，水源也全部来自于长白山。

根据“农夫山泉吉林长白山有限公司年产99.88万吨饮用天然水生产线扩建项目”环评报告（2015年12月），该地扩建之前年生产饮用矿泉水80.12万吨，扩建之后将会达到99.88万吨/年，按照市场上最为常见的农夫山泉瓶装水（550毫升）的销售价格（1.5元），将会产生27.24亿元/年的产值。“吉林森工集团泉阳泉饮品有限公司”官方网站数据显示，其年生产饮用矿泉水量为200万吨，按照市场上最为常见的泉阳泉瓶装水（600毫升）的销售价格（1.5元），年产值将会达到50.00亿元。由于这些产品绝大部分是在长白山地区以外实现的价值，则其价值化实现路径属于迁地实现。

农夫山泉和泉阳泉年均灌装矿泉水量为299.88万吨，仅占长白山林区多年平均地下水天然补给量的0.41%，经济效益就达到了81.79亿元/年。这种以资源产权流转模式的价值化实现路径，能够进一步推进森林资源的优化管理，也利于生态保护目标的实现。

绿色碳库功能生态权益交易价值化实现路径

森林生态系统是通过植被的光合作用，吸收空气中的二氧化碳，进而开始了一系列生

物学过程，释放氧气的同时，还产生了大量的负氧离子、萜烯类物质和芬多精等，提升了森林空气环境质量。生态权益交易是指生产消费关系较为明确的生态系统服务权益、污染排放权益和资源开发权益的产权人和受益人之间直接通过一定程度的市场化机制实现生态产品价值的模式，是公共性生态产品在满足特定条件成为生态商品后直接通过市场化机制方式实现价值的唯一模式，是相对完善成熟的公共性生态产品直接市场交易机制，相当于传统的环境权益交易和国外生态系统服务付费实践的合集。

森林生态系统通过“绿色碳汇”功能吸收固定空气中的二氧化碳，起到了弹性减排的作用，减轻了工业减排的压力。通过测算可知广西壮族自治区森林生态系统固定二氧化碳量为 1.79 亿吨 / 年，但其同期工业二氧化碳排放量为 1.55 亿吨，所以，广西壮族自治区工业排放的二氧化碳完全可以被森林所吸收，其生态系统服务转化率达到了 100%，实现了二氧化碳零排放，固碳功能价值化实现路径则为完成了就地实现路径，功能与服务转化率达到了 100%。而其他多余的森林碳汇量则为华南地区的周边地区提供了碳汇功能，比如广东省。这样，两省（区）之间就可以实现优势互补。因此，广西壮族自治区森林在华南地区起到了绿色碳库的作用。广西壮族自治区政府可以采用生态权益交易中污染排放权益模式，将森林生态系统“绿色碳库”功能以碳封存的方式放到市场上交易，用于企业的碳排放权购买。利用工业手段捕集二氧化碳过程成本 200 ~ 300 元 / 吨，那么广西壮族自治区森林生态系统“绿色碳库”功能价值量将达到 358 亿～ 537 亿元 / 年。

森林康养功能生态产业开发价值化实现路径

生态产业开发是经营性生态产品通过市场机制实现交换价值的模式，是生态资源作为生产要素投入经济生产活动的生态产业化过程，是市场化程度最高的生态产品价值实现方式。生态产业开发的关键是如何认识和发现生态资源的独特经济价值，如何开发经营品牌提高产品的“生态”溢价率和附加值。

“森林康养”就是利用特定森林环境、生态资源及产品，配备相应的养生休闲及医疗、康体服务设施，开展以修身养心、调适机能、延缓衰老为目的的森林游憩、度假、疗养、保健、休闲、养老等活动的统称。

从森林生态系统长期定位研究的视角切入，与生态康养相融合，开展的五大连池森林氧吧监测与生态康养研究，依照景点位置、植被典型性、生态环境质量等因素，将五大连池风景区划分为 5 个一级生态康养功能区划，分别为氧吧—泉水—地磁生态康养功能区、氧吧—泉水生态康养功能区、氧吧—地磁生态康养功能区、氧吧生态康养功能区和生态休闲区，其中氧吧—泉水—地磁生态康养功能区和氧吧—地磁生态康养功能区所占面积较大，占区域总面积的 56.93%，氧吧—泉水—地磁生态康养功能区所包含的药泉、卧虎山、药泉山和格拉球山等景区。

2017年，五大连池风景区接待游客163万人次，接纳国内外康疗和养老人员25万人次，占旅游总人数的15.34%，由于地理位置优势，俄罗斯康疗和养老人员9万人次，占康疗和养老人数的36%。有调查表明，37%的俄罗斯游客有4次以上到五大连池疗养的体验，这些重游的俄罗斯游客不仅自己会多次来到五大连池，还会将五大连池宣传介绍给亲朋好友，带来更多的游客，有75%的俄罗斯游客到五大连池旅游的主要目的是为了医疗养生，可见五大连池吸引俄罗斯游客的还是医疗养生。

五大连池景区管委会应当利用生态产业开发模式，以生态康养功能区划为目标，充分利用氧吧、泉水、地磁等独特资源，大力推进五大连池森林生态康养产业的发展，开发经营品牌提高产品的“生态”溢价率和附加值。

沿海防护林防护功能生态保护补偿价值化实现路径

海岸带地区是全球人口、经济活动和消费活动高度集中的地区，同时也是海洋自然灾害最为频繁的地区。台风、洪水、风暴潮等自然灾害给沿海地区的生命安全和财产安全带来严重的威胁。沿海防护林能通过降低台风风速、削减波浪能和浪高、降低台风过程洪水的水位和流速，从而减少台风灾害，这就是沿海防护林的海岸防护服务。同时，海岸带是实施海洋强国战略的主要区域，也是保护沿海地区生态安全的重要屏障。

经过对秦皇岛市沿海防护林实地调查，其对于降低风对社会经济以及人们生产生活的损害，起到了非常重要的作用。通过评估得出：秦皇岛市沿海防护林面积为1.51万公顷，其沿海防护功能价值量为30.36亿元/年，占总价值量的7.36%。其中，4个国有林场的沿海防护功能价值量为8.43亿元/年，占全市沿海防护功能价值量的27.77%，但是其沿海防护林面积为5019.05公顷，占全市沿海防护林总面积的33.24%。那么，秦皇岛市可以考虑生态保护补偿中纵向补偿的模式，以上级政府财政转移支付为主要方式，对沿海防护林防护功能进行生态保护补偿，使沿海地区免遭或者减轻了风对于区域内生产生活基础设施的破坏，能够维持人们的正常生活秩序。

植被恢复区生态服务生态载体溢价价值化实现路径

以山东省原山林场为例，原山林场建场之初森林覆盖率不足2%，到处是荒山秃岭。但通过开展植树造林、绿化荒山的生态修复工程，原山林场经营面积由1996年的4.06万亩增加到2014年的4.40万亩，活力木蓄积量由8.07万立方米增长到了19.74万立方米，森林覆盖率由82.39%增加到94.4%。目前，原山林场森林生态系统服务总价值量为18948.04万元/年，其中以森林康养功能价值量最大，占总价值量的31.62%，森林康养价值实现路径为就地实现。

原山林场目前尝试了生态载体溢价的生态服务价值化实现路径，即旅游地产业，通过

改善区域生态环境增加生态产品供给能力，带动区域土地房产增值是典型的生态产品直接载体溢价模式。另外，为了文化产业的发展，依托在植被恢复过程中凝聚出来的“原山精神”，已经在原山林场森林康养功能上实现了生态载体溢价。原山林场应结合目前以多种形式开展的“场外造林”活动，提升造林区域生态环境质量，结合自身成功的经营理念，更大限度地实现生态载体溢价的生态服务价值化。

展　望

根据研究结果 / 案例，在生态系统服务价值化实现路径方面开展更为详细的设计，使生态系统服务价值化实现逐步由理论走向实践。生态系统服务价值化实现的实质就是生态产品的使用价值转化为交换价值的过程。虽然生态产品基础理论尚未成体系，但国内外已经在生态系统服务价值化实现方面开展了丰富多彩的实践活动，形成了一些有特色、可借鉴的实践和模式。森林生态系统功能所产生的服务作为最普惠的生态产品，实现其价值转化具有重大的战略作用和现实意义。因此，建立健全生态系统服务实现机制，既是贯彻落实习近平生态文明思想、践行“绿水青山就是金山银山”理念的重要举措，也是坚持生态优先、推动绿色发展、建设生态文明的必然要求。

生态系统功能是生态系统服务的基础，它独立于人类而存在，生态系统服务则是生态系统功能中有利于人类福祉的部分。对于两者的理论关系认识较早，但迫于技术限制开展的研究相对较少，因此在现有森林生态系统功能与服务转化率研究结果的基础上，开展更为广泛的生态系统服务转化率的研究，进一步细化为就地转化和迁地转化，这也成为未来生态系统服务价值化实现途径的重要研究方向。

摘自：《环境保护》2020 年 14 期

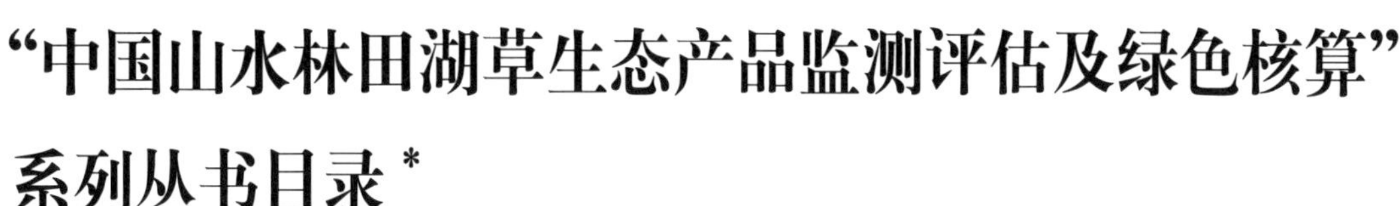

“中国山水林田湖草生态产品监测评估及绿色核算”系列丛书目录*

1. 安徽省森林生态连清与生态系统服务研究，出版时间：2016 年 3 月
2. 吉林省森林生态连清与生态系统服务研究，出版时间：2016 年 7 月
3. 黑龙江省森林生态连清与生态系统服务研究，出版时间：2016 年 12 月
4. 上海市森林生态连清体系监测布局与网络建设研究，出版时间：2016 年 12 月
5. 山东省济南市森林与湿地生态系统服务功能研究，出版时间：2017 年 3 月
6. 吉林省白石山林业局森林生态系统服务功能研究，出版时间：2017 年 6 月
7. 宁夏贺兰山国家级自然保护区森林生态系统服务功能评估，出版时间：2017 年 7 月
8. 陕西省森林与湿地生态系统治污减霾功能研究，出版时间：2018 年 1 月
9. 上海市森林生态连清与生态系统服务研究，出版时间：2018 年 3 月
10. 辽宁省生态公益林资源现状及生态系统服务功能研究，出版时间：2018 年 10 月
11. 森林生态学方法论，出版时间：2018 年 12 月
12. 内蒙古呼伦贝尔市森林生态系统服务功能及价值研究，出版时间：2019 年 7 月
13. 山西省森林生态连清与生态系统服务功能研究，出版时间：2019 年 7 月
14. 山西省直国有林森林生态系统服务功能研究，出版时间：2019 年 7 月
15. 内蒙古大兴安岭重点国有林管理局森林与湿地生态系统服务功能研究与价值评估，出版时间：2020 年 4 月
16. 山东省淄博市原山林场森林生态系统服务功能及价值研究，出版时间：2020 年 4 月
17. 广东省林业生态连清体系网络布局与监测实践，出版时间：2020 年 6 月
18. 森林氧吧监测与生态康养研究——以黑河五大连池风景区为例，出版时间：2020 年 7 月
19. 辽宁省森林、湿地、草地生态系统服务功能评估，出版时间：2020 年 7 月
20. 贵州省森林生态连清监测网络构建与生态系统服务功能研究，出版时间：2020 年 12 月

* 本套丛书中 1 ~ 20 种原丛书名为“中国森林生态系统连续观测与清查及绿色核算”系列丛书

21. 云南省林草资源生态连清体系监测布局与建设规划，出版时间：2021 年 8 月

22. 云南省昆明市海口林场森林生态系统服务功能研究，出版时间：2021 年 9 月

23. “互联网 + 生态站”：理论创新与跨界实践，出版时间：2021 年 11 月

24. 东北地区森林生态连清技术理论与实践，出版时间：2021 年 11 月

25. 天然林保护修复生态监测区划和布局研究，出版时间：2022 年 2 月

26. 湖南省森林生态系统服务功能研究，出版时间：2022 年 4 月

27. 国家退耕还林工程生态监测区划和布局研究，出版时间：2022 年 5 月